普通高等教育化学类专业"十四五"系列教材

化学综合实验（第2版）

主　编　张　雯

副主编　郭丽娜　解云川

U0290679

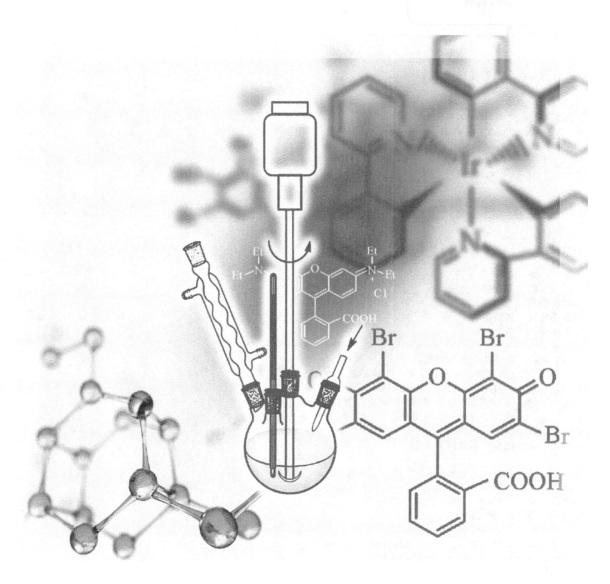

西安交通大学出版社

XI'AN JIAOTONG UNIVERSITY PRESS

内容提要

化学综合实验是针对本科高年级学生开设的一门专业实验课程。此课程旨在帮助学生进一步巩固和提高有关各类化合物的合成及各种性能测试的综合实验能力。近年来,一些新试剂、新反应和新的合成技术不断涌现,为便于读者系统了解近代化学合成技术的发展概况,本书专门设置了一章进行简要介绍。此外,还在附录中列出了化学综合实验的实验室规则与安全常识、部分大型仪器简介与操作规程,以及常用的物理、化学数据,以便查询。

与第 1 版相比,第 2 版增设了 20 个实验,使全书包含的实验总数达 70 个。编排顺序也进行了调整,按照无机化学、分析化学、有机化学和高分子化学等大类排序,涵盖从化合物的合成、分离纯化、结构表征、实际应用到创新设计的整个环节,力求在实验实践中提高学生的实验设计能力和科研创新能力。

新实验的选编原则是增加有代表性的经典实验,注重理论体系和实验基础的关联性;增加精准可控、具有原子经济性的绿色合成化学实验,注重强化资源的有效利用和可持续发展概念;增加多尺度结构功能调控的材料化学实验,注重传统的化学学科与生命、能源、电子等热点研究领域的协同创新。其中部分实验改编自我院教师的科研成果,充分体现了科研和实践教学的相互支撑。

本书适合理工类院校化学及相关专业的学生使用,也可供相关技术人员参考。

图书在版编目(CIP)数据

化学综合实验 / 张雯主编. —2 版. —西安 : 西安交通大学
出版社,2021.7(2023.8 重印)
ISBN 978-7-5693-1769-5

Ⅰ. ①化… Ⅱ. ①张… Ⅲ. ①化学实验－高等学校－教材
Ⅳ. ①O6-3

中国版本图书馆 CIP 数据核字(2020)第 121008 号

书　　名	化学综合实验(第 2 版)	
	HUAXUE ZONGHE SHIYAN (DI 2 BAN)	
主　　编	张　雯	
副 主 编	郭丽娜　解云川	
责任编辑	王　欣　张　梁	
责任校对	雷萧屹	
封面设计	任加盟	
出版发行	西安交通大学出版社	
	(西安市兴庆南路 1 号　邮政编码 710048)	
网　　址	http://www.xjtupress.com	
电　　话	(029)82668357　82667874(市场营销中心)	
	(029)82668315(总编办)	
传　　真	(029)82668280	
印　　刷	西安日报社印务中心	
开　　本	787mm×1092mm　1/16　印张 16.5　字数 392 千字	
版次印次	2021 年 7 月第 2 版　2023 年 8 月第 2 次印刷	
书　　号	ISBN 978-7-5693-1769-5	
定　　价	39.80 元	

参编人员

丁书江　　段新华　　高国新　　高　品　　龚红红

郭丽娜　　胡　敏　　贾钦相　　李　菲　　李健军

李骁勇　　李　瑜　　吕东梅　　孙　杨　　唐玉海

王栋东　　王　耿　　魏　巍　　吴　勇　　解云川

杨　帆　　张军杰　　张　雯　　张彦峰　　张　祯

张志成　　郑阿群　　周桂江

第 2 版前言

　　培养学生的创新精神和实践能力是高等教育改革的重要目标之一。教与学相互促进、科研反哺教学是研究型大学培养高水平、创新型人才的重要环节。通过教材的滚动更新，将优秀科研成果的一部分内容合理转化为新的实验、编入新的章节，补充到教材中来，有利于学生了解学科研究前沿、开拓视野，培养学生的创新思维能力。为此，我们对 2014 年出版的《化学综合实验》教材进行了修订，总结七年来的教学实践经验，结合本学科教师的研究领域，将更前沿更新的研究成果进行转化，引入到综合实验教学中，目的是使学生更广泛地接触当前热点研究领域，进一步适应国家对高校创新的要求。

　　本书适用对象为化学专业及选修开放实验的学生。本书参编的教师有二十多位，都是化学教学和科研的一线教师。全书共计 70 个实验，分为基础与综合性实验和设计性实验。内容主要围绕量子与新能源材料化学、医药化学与生物有机合成化学、功能高分子化学与物理三个重点发展方向，旨在引导学生由浅入深地进一步领会基本原理，提高综合运用基本知识和基本技能的能力，培养其科研素养和创新能力。第 2 版新增了近代化学合成技术与方法一章，便于读者系统地了解化学合成常用的方法和技术；附录编入了常用的物理、化学数据和所用到的部分大型仪器的简介及基本操作方法，以便查阅。

　　本书具有以下特点。

　　(1)特色鲜明。所选实验精选自一线教师的教学积累和近期科研成果，与西安交通大学化学学科重点发展的专业方向紧密结合。

　　(2)趣味性强。合成和表征生活中的常见化学品，使学生体验到"科技让生活更美好"的研究乐趣，激发学习兴趣、提高综合创新能力。

　　(3)循序渐进。实验内容由浅入深，采用递进式设计，逐步培养学生分析解决较复杂问题的能力，增强创新意识，提升综合素质。

　　《化学综合实验(第 2 版)》对学生掌握知识的深度和广度都有了更高的要求，有利于学生深入领会知识间的内在联系，更好地掌握相关的理论知识。本书是化学学科全体教师的一项共同成果，每个实验后都附有相关编写教师和校对教师姓名；附录部分由杨帆老师整理编写；郭丽娜、解云川老师为本书的副主编，全书由张雯主编并统稿。

　　本书在编写的过程中得到了西安交通大学化学教学实验中心、西安交通大学教务处的大力支持，并得到了化学学院领导和知名教授、实验教学前辈和同事的鼎力相助，在此向所有参编者和为本书编写提供帮助的同事表示最真诚的感谢！

　　由于编者水平有限，书中难免存在不妥之处，恳请读者批评指正。

编　者

2020.2

第 1 版前言

化学实验教学是化学教育中培养科学思维方式、发展创新意识、提高科研能力的重要教学环节之一，尤其是对化学专业的学生而言，循序渐进的实验课程训练更是必不可少的。

近年来，强化实践教学、着力培养学生的创新能力受到了普遍的重视，而随着科学研究创新成果的不断涌现，也急需将最新的研究成果向实践教学课堂进行转化。我校应用化学系的蓬勃发展也迫切需要一部适应本专业教学科研需要的实验教材。鉴于此，根据化学学科的发展规划，结合本学科教师的研究领域，同时考虑到化学专业学生的实践学习规律，我们在教学实践的基础上编写了《化学综合实验》这本教材。本书对学生掌握知识的深度和广度都有较高的要求，有利于同学们深入领会知识间的内在联系，更好地掌握相关的理论知识。

全书共计 50 个实验，分为三个层次，即基础性实验、综合性实验和设计性实验。内容主要围绕量子与新能源材料化学、医药化学与生物有机合成化学、功能高分子化学与物理三个重点发展方向，旨在由浅入深地引导学生进一步领会基本原理，提高其综合运用基本知识和基本技能的能力，培养其科研素养和创新能力。附录编入了所用到的部分大型仪器的简介和基本操作方法及常用的化学数据，以方便查阅。

本书具有以下特点：

（1）特色鲜明。所有实验均精选自一线教师的教学积累和近期科研成果，与西安交通大学化学学科重点发展的专业方向紧密结合。

（2）趣味性强。合成和表征生活中的常见化学品，使学生体验到"科技让生活更美好"的研究乐趣，激发学习兴趣、提高综合创新能力。

（3）循序渐进。实验内容由浅入深，采用递进式设计，逐步培养学生分析解决较复杂问题的能力，增强创新意识，提升综合素质。

本书适用对象为化学专业及选修开放实验的学生。本书是应用化学系全体教师的一项共同成果，参编的教师有二十多位，都是化学教学和科研的一线教师，每个实验后都附有相关编写教师和校对教师信息，郭丽娜、胡敏、李健军老师作为副主编倾注了大量的心血，全书由张雯主编并统稿。

在本书的编写过程中，我们得到了西安交通大学化学教学实验中心、西安交通大学教务处的大力支持，并得到了理学院、化学学科领导和教授及实验教学前辈和同事的鼎力相助。在此向所有作者和提供帮助的同事表示最真诚的感谢！

由于编者水平所限，书中难免存在不妥之处，恳请读者批评指正。

编 者

2013.6

目　录

第1章　近代化学合成技术与方法

21 世纪全球科技发展空前活跃,呈现飞速发展的态势,而这一全方位、多层次变革的物质基础是材料创新。化学作为自然科学的三大支柱之一,在新材料合成与组装方面具有得天独厚的发展优势。一方面化学合成更加注重通过分子设计和控制物质转化,发展具有特定性质和功能的精准化制备;另一方面,作为基础学科的化学,积极拓展与能源、生命、环境等相关学科和领域的交叉融合,力求实现高效和高选择性的合成与组装,借鉴生命体系的生物合成和转化过程,结合物理等学科的研究方法和技术,发展新的合成策略和具有开发原子经济性的绿色可持续和精准可控的合成方法,以推动重大科学问题的解决,促进国民经济和社会发展。

随着科学技术的迅速进步,先进的合成技术和方法层出不穷,分类方式也多种多样。依据合成条件不同可将其分为经典的合成、特殊的合成及极端条件下的合成等;按合成反应中各物质的聚集状态可分为气相法、液相法、固相法;按合成对象的化学组成可分为有机化合物合成、无机化合物合成、高分子材料合成等;按合成产物的形貌可分为纳米粉体合成、晶体生长、非晶材料合成等。各种分类方法之间也无明确界限,一种物质的合成方法可以被划分在多个不同类别中。

本书实验部分涉及多种不同的化学合成方法,为了便于对这些合成技术形成整体的认识,在此按照合成条件的分类进行介绍,如图 1-1-1 所示,经典合成主要包括固相合成、溶胶-凝胶合成、水热与溶剂热合成、化学气相沉积、无水无氧合成;特殊合成主要包括电化学合成、光化学合成、微波与超声合成、仿生合成等;极端条件下的合成主要包括超高温高压合成、等离子体合成、激光辅助合成。下面我们将分别讨论。

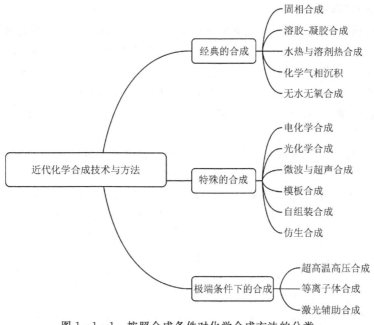

图 1-1-1　按照合成条件对化学合成方法的分类

1.1　经典的合成

1.1.1　固相合成

固相合成狭义上是指固体和固体物质之间发生化学反应生成新的固体产物的反应,即反应物均为固体且不使用液体溶剂。虽然人类祖先很早就通过固相反应烧制陶器,但在化学合成的发展历史中,固相反应一直都未得到足够的重视。直至 1912 年,德国化学家 J. A. Hedvall 发表了一篇直接利用 CoO 和 ZnO 粉末制备"林曼绿"的论文,固相化学合成的研究才受到越来越多的关注。

固相反应发生时,固体界面间经接触、反应、成核、晶体生长反应而生成具有特种性能的无机功能材料和化合物,如含氧酸盐类、复合氧化物、二元或多元金属陶瓷化合物等,这类固相合成的先进材料在现代高科技领域占有重要的地位,例如制备耐磨、耐腐蚀的机件,高硬度、高强度的钻头,高速切削刀具,火箭、导弹的燃烧室火焰喷口,人造卫星、宇宙飞船的耐高温耐热震部件等。

固相反应的发生与液相、气相反应类似,均源于反应物分子的扩散接触,进而发生化学反应,并生成产物分子。但由于固相各质点之间的作用力很大,扩散受到严重限制,扩散速率比气相、液相当中的扩散速率慢几个数量级,故反应只能在界面上进行。热力学和动力学因素在固相反应中极为重要。热力学因素通过考察一个特定反应的自由能来判断该反应是否能够发生,而动力学因素则决定反应进行的速率。根据 $\Delta G = \Delta H - T\Delta S$ 可知,对于纯固相反应过程,$\Delta S \approx 0$,所以 $\Delta G \approx \Delta H$,只有当 $\Delta H < 0$(即放热反应)时固相反应才能自发发生。如果反应体系中有气体或者液体参与,则该规则不适用。固相反应的一般动力学关系由多步骤构成,整个过程的速率将由其中速率最慢的一个环节控制。

固相反应的共同特点

固相反应初始生成的产物分子分散在母体反应物质中,以杂质或缺陷的分散形式存在;当产物分子聚集到一定大小时,产物的晶核出现;当晶核长大到一定的大小后,出现产物的独立晶相。即固相反应经历四个阶段:扩散—反应—成核—生长。各个阶段并不是截然分开的,而是连续地相互交错进行着。总体来说,固相反应具有以下共同特点。

(1)固体质点(离子、原子或分子)间具有很高的结合能力,反应活性低,反应速度慢,反应通常需在高温下进行。

(2)在远低于反应物熔点或反应物间最低共熔点的温度条件下,固相反应已经开始发生,这是因为在较低温度下反应物表面的质点已经开始迁移。

(3)固相反应首先在反应物界面紧密接触处发生,反应物通过产物层进行扩散迁移。随着温度的升高,扩散加剧,逐渐向反应物内部深入,使反应继续进行。因此,固相反应一般包括相界面的化学反应和固相内的物质迁移。

(4)当固相反应中随温度的增高有气相和液相产生且参与反应时,可增加扩散的途径、提高扩散速度、加大反应面积,反应将不局限于物料直接接触的界面,有可能沿着反应物颗粒的自由表面同时进行,大大促进了固相反应的进行。

总体而言,固相反应包含一些基本过程:产生缺陷,原来的晶格受到破坏;多晶转变,晶格进行调整;固溶体的生成或分解;扩散(内扩散、表面扩散);重结晶;溶解、熔化;液相中结晶;升华;分解;化学作用等。

影响固相反应的因素

影响固相反应的因素包括以下几方面。

(1)反应物的化学组成与结构的影响。反应物的结构状态、质点之间的化学键性质、各种缺陷的多少都会影响到化学反应速率。可以利用多晶转变、热分解、脱水反应等过程引起晶格效应来提高合成效率。

(2)反应物颗粒尺寸及分布的影响。反应物颗粒尺寸可以改变反应界面、扩散界面及颗粒表面结构,颗粒越小,比表面积越大,反应界面越大,反应能力和扩散能力越强,反应越剧烈。

(3)反应温度和压力与气氛的影响。温度升高,质点动能增加,化学反应能力增强,扩散能力增强。通常扩散活化能小于反应活化能,温度变化对化学反应影响较大。对于纯固相而言,压力可以显著改变粉体颗粒之间的接触状态,缩短颗粒之间的距离,增大接触面积,从而提高固相反应的速率。对于一系列能够形成非化学计量比的氧化物而言,气氛可以直接影响晶体表面缺陷的浓度和扩散机制与速度。

(4)矿化剂的影响。矿化剂虽然不参与固相化学反应,但可以降低体系熔点,影响晶核的生成速度、结晶速度及晶格结构;也可能形成某种活化中间体,或对于反应物中的离子产生一定的极化作用,使其晶格畸变,促进固相化学反应的发生。

因此,提高固相反应速率的方法通常有提高反应温度、粉碎原料颗粒、混合均匀、加压使原料充分接触、加入助溶剂。

固相反应具有高选择性、高产率、不使用溶剂、污染少、工艺过程简单等优点,是制备新型固体材料的主要手段之一。根据反应温度的不同,固相反应大致可分为低温固相反应(低于100℃)、中温固相反应(100～600℃)和高温固相反应(高于600℃)。

高温固相反应只限于制备热力学稳定的化合物,对于低温条件下稳定的亚稳态化合物或动力学上稳定的化合物不宜采用高温合成。中温固相反应可使产物保留反应物的结构特征,得到亚稳态的化合物。低温固相反应又称为室温固相反应,在室温附近或者在100℃以下进行,此类反应除具有固相反应的一般优点,还节约了大量能源,符合当今社会绿色化学合成的要求。

1.1.2　溶胶-凝胶合成

溶胶-凝胶合成法(Sol-gel Method)将含高化学活性组分的化合物作为前驱体,在液相下将原料均匀混合,在溶液中经过水解、缩合等化学反应形成稳定的透明溶胶体系,经陈化,溶胶胶粒间缓慢聚合,颗粒长大、团聚从而形成三维空间网状结构的凝胶,溶剂在凝胶网络间失去流动性;再经过干燥、烧结固化、粉碎、研磨等得到纳米结构的材料。溶胶-凝胶合成法是在温和条件下合成无机化合物或无机材料的重要方法,在超细陶瓷粉体的制备中有广泛的应用。其流程如下。

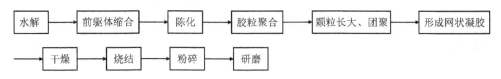

现代溶胶-凝胶技术的研究始于 19 世纪中叶。1846 年,法国化学家 J. J. Ebelmen 发现 $SiCl_4$ 与乙醇混合后在湿空气中发生水解可以形成凝胶;20 世纪 30 年代,W. Geffcken 证实金属醇盐的水解和凝胶化可以制备氧化物薄膜;1971 年,德国的 H. Dislich 报道了通过金属醇盐水解得到溶胶,经胶凝化,制备了 $SiO_2 - B_2O - Al_2O_3 - Na_2O - K_2O$ 多组分玻璃,引起了材料科学界的高度重视。1975 年,B. E. Yoldas 和 M. Yamane 将凝胶干燥制得整块陶瓷材料及多孔透明氧化铝薄膜。在此基础上,科学家们相继在低温下制成透明的 PLZT 铁电陶瓷和 Pyrex 耐热玻璃。20 世纪 80 年代以来,溶胶-凝胶技术的发展进入高峰时期,在玻璃、氧化物涂层、功能陶瓷粉料及传统方法难以制得的复合氧化物材料等领域得到了成功的应用。

溶胶-凝胶法是湿化学反应方法之一,所用的前驱物不管是无机盐还是金属醇盐,其主要反应步骤均是前驱物溶于溶剂(水或有机溶剂)中形成均匀的溶液,溶质与溶剂发生水解或醇解反应,生成物聚集为 1 nm 左右的粒子并组成溶胶,经蒸发干燥转变为凝胶。基本反应原理如下。

(1)溶剂化:能电离的金属盐的金属阳离子 M^{z+} 吸引水分子形成溶剂单元 $M(H_2O)_n^{z+}$(z 为 M 离子的化合价),同时强烈地释放 H^+,即

$$M(H_2O)_n^{z+} \rightleftharpoons M(H_2O)_{n-1}(OH)^{(z-1)+} + H^+$$

(2)水解反应:非电离式分子前驱体,如金属醇盐 $M(OR)_n$(R 代表烷基)与水反应,反应可持续进行,最终生成 $M(OH)_n$,即

$$M(OR)_n + xH_2O \longrightarrow M(OH)_x(OR)_{n-x} + xROH$$

由于在溶胶-凝胶法中所用的前驱体既有无机盐又有有机化合物,因此它们的水解反应因前驱体的不同而有所不同。

①金属无机盐的水解。金属盐在水溶液中的性质常受金属离子半径、配位数、电负性等因素的影响,金属无机盐溶解于纯水中常电离析出 M^{z+} 离子并溶剂化,水解继续进行将产生氢氧桥键(也称氢氧桥键合作用),根据溶液的酸碱性,反应存在如下的平衡关系

$$[M(OH)_2]^{z+} \rightleftharpoons [O—M—OH]^{(z-1)+} + H^+ \rightleftharpoons [O—M—O]^{(z-2)+} + 2H^+$$

由上式,一般可将无机前驱体的水解产物粗略地表示为 $[MO_NH_{2N-n}]^{(z-n)+}$(N 是金属 M 的配位分子数,z 是 M 的化合价,n 为水解的物质的量比)。当 $n=0$ 时,$[M(OH_2)_N]^{z+}$ 是水合离子;当 $n=2N$ 时,生成 $[O—M—O]$ 形式的产物 $MO_N^{(2N-z)-}$;当 $0<n<2N$ 时,有多种形式的分子生成,溶液中产物以何种形式存在与 pH 值有很大关系。

②金属醇盐的水解(以硅醇盐为例)。硅醇盐的水解机理被推测为是水中的氧原子与硅醇盐中的硅原子作亲核结合的过程,该推测已通过同位素 ^{18}O 验证,即

$$—Si—OR + H^{18}OH \rightleftharpoons —Si—^{18}OH + ROH$$

在该反应中同样存在溶剂化效应。在水解过程中,溶剂的极性、偶极矩及对活泼质子的获取能力均有着重要影响。理论上,可以将醇盐的水解看作是双分子的亲核取代反应,若是硅酸盐水解反应则可记为 $S_N2 - Si$。在水解过程中,当溶剂的烷基不同于醇盐的烷基时,会发生转移性酯化反应:$R'OH + Si(OR)_4 \longrightarrow Si(OR)_3(OR') + ROH$。铝醇盐的水解和硅醇盐水解有着某些方面的差异,二者最主要的不同点在于铝醇盐在水解前已经缔合成齐聚物,包括二聚物及更多分子的齐聚物。

(3)缩聚反应:可分为失水缩聚和失醇缩聚,反应式分别为

失水缩聚　　—M—OH ＋ HO—M———→ —M—O—M— ＋ H_2O

失醇缩聚　　—M—OR ＋ HO—M———→ —M—O—M— ＋ ROH

反应生成物是各种尺寸和结构的溶胶体粒子。

影响溶胶制备的主要因素有水的加入量、滴加速率、pH 值、反应温度等。经缩聚反应形成的溶胶粒子在陈化过程中进一步聚集长大,形成大粒子簇,液相逐渐被包裹于固相骨架中而失去流动性,形成凝胶。胶凝陈化时间对于产物的微观结构影响也非常重大,陈化时间过短,颗粒尺寸不够均匀;而陈化时间过长,粒子长大团聚,不易形成超细结构。

干凝胶的获得需要通过干燥的手段把湿凝胶中所包裹的大量溶剂和水除去。若目标产物是粉体,则干燥控制相对简单;而若目标产物是薄膜或块体材料,则需要非常仔细地进行控制。干燥过程中凝胶体收缩,很容易导致材料的开裂。开裂的应力主要来自于毛细管力,在干燥过程中应注意减少毛细管力、增强固相骨架强度。目前控制干燥的方法主要有两种,一种是在溶胶制备过程中加入适当的化学添加剂,如甲酰胺、草酸等蒸气压较低、挥发性低的添加剂,通过减小不同孔径中纯溶剂的不均匀蒸发,降低干燥应力,避免凝胶的开裂;另一种方法是利用超临界干燥,将湿凝胶中的有机溶剂和水加热加压至超临界温度和超临界压力,系统中气液相界面消失,凝胶中的毛细管力消失,进而从根本上避免导致凝胶开裂的应力产生。

目前,溶胶-凝胶合成法可制得的材料主要有五大类:块状材料、纤维材料、涂层和薄膜材料、超细粉末材料及复合材料。该方法的优点在于:反应温度低,反应过程易于控制;产物的均匀度和纯度较高;化学计量准确,易于改性,掺杂的范围宽;从同一种原料出发改变工艺过程即可获得不同的产品;工艺简单,不需要昂贵的设备。但目前这种方法也存在一定问题,例如所用的金属醇盐等有机溶剂价格昂贵;凝胶制备过程时间很长;若制备薄膜材料容易发生开裂等问题。

1.1.3　水热与溶剂热合成

水热与溶剂热合成(Hydrothermal Synthesis and Solvothermal Synthesis)法又称热液法,是以水或其他有机溶剂为反应体系,在一定温度和压力条件下,将前驱物的溶液放置在高压釜中进行反应,经分离、洗涤、干燥等后处理而制备稳定化合物的方法。

水热合成的提出最初是在 19 世纪中叶,源于地质学家模拟自然界成矿作用的研究。1900年后,逐渐建立起了水热合成的理论,开始了沸石分子筛和其他晶体材料的合成,进而转向功能材料的合成。溶剂热合成则是近二十年来发展起来的,主要是研究非水有机溶剂热条件下的合成。水热与溶剂热合成研究在高温高压条件下溶液的化学行为和规律,温度一般在100~1000 ℃,压强在 1~100 MPa,与传统的溶液化学反应条件相差很大,其特点是研究体系一般处于非理想非平衡的状态,需要应用非平衡热力学来研究物质合成化学的问题。

与溶胶-凝胶法和共沉淀法相比,水热法不需高温煅烧即可直接得到结晶粉末,避免了微粒硬团聚的形成,可制备出固相反应难以制备出的熔点低、蒸气压高、分解温度高的物质,克服了某些高温制备难以解决的晶型转变、挥发、分解等难题。水热条件下中间态、亚稳态和特殊相易于生成,能合成亚稳态或其他特殊凝聚态的化合物,并能进行均匀掺杂。与气相法和固相法相比,水热法的低温溶液条件有利于制备取向好、缺陷极少的晶体,且合成产物结晶度高。水热法制备的产物具有明显优点,如粉末纯度高、分散性好、均匀、无团聚、形貌可控、利于环境

净化等。水热与溶剂热合成具有其他合成方法无法替代的优势,因此非常具有吸引力。

影响水热与溶剂热制备产物性能的因素主要有温度、压力、pH 值、前驱体成分和添加剂(矿化剂、刻蚀剂)等。合成过程中可通过调节反应条件来控制微粒的晶体结构、结晶形态和晶粒纯度,既可制备单组分微小单晶体,又可制备双组分或多组分的特殊化合物粉末,应用广泛。利用水热与溶剂热合成法制备的材料主要有以下几类。

(1)各种氧化物、复合氧化物和复合氟化物。在水热条件下可一次性合成各种氧化物、复合氧化物和复合氟化物,大大降低了高温固相反应所需的条件,也无需盐类或氢氧化物的分解。生成的材料结晶度高、团聚少、尺寸分布较窄,已制得了几乎所有重要的光、电、磁功能复合氧化物和复合氟化物。合成方法操作简单、环境友好。

(2)微孔、介孔材料。微孔、介孔材料一般采用非平衡态的水热与溶剂热方法合成。迄今为止,人们已经通过这种方法成功地合成出了多种亚稳态的微孔晶体材料,如沸石分子筛、ZSM 系列分子筛和 MOF 大孔单晶等。这类材料具有分子尺度的周期排布的孔道结构,在吸附、催化、非线性光学、化学传感、环境保护及生命科学领域有越来越多的应用。

(3)单晶培育。模拟自然界中宝石的生长环境,在高温、高压、水热、溶剂热条件下,从籽晶培养长成为大的单晶,例如人造水晶、金刚石单晶。

(4)薄膜材料。以无机盐或氢氧化物水溶液为前驱体,在高压容器内、高温高压的流体中放置单晶硅金属片、载玻片、三氧化铝陶瓷片等为衬底,在 300 ℃以下进行适当的水热或溶剂热处理,最终在衬底上可形成稳定的结晶相薄膜。

1.1.4　化学气相沉积

化学气相沉积(Chemical Vapor Deposition,CVD)是利用气态或蒸气态的物质在气相中反应或在气固相界面上反应,生成固态沉积物的技术。与物理气相沉积相对应,化学气相沉积强调沉积过程中发生了化学反应。

20 世纪 50 年代,CVD 技术开始发展,初期主要用于制备刀具的涂层。以碳化钨为基材的硬质合金刀具通过 CVD 方法镀上碳化钛、氮化钛、三氧化铝等涂层,经处理后切削性能显著提高。20 世纪 60 年代,CVD 技术不但是生产超纯多晶硅的唯一方法,也是单晶外延生长砷化镓等半导体薄膜的基本生产方法。20 世纪 70 年代,原子氢的引入开创了低压 CVD 金刚石薄膜生长技术,也成为高温超导体薄膜发展的主要制备技术。

用于化学气相沉积的化学反应类型主要有以下几类。

(1)简单热分解和热分解反应沉积。某些低周期元素的氢化物,如 CH_4、SiH_4、B_2H_6、PH_3 等气体,加热后容易分解出相应的元素,很适合作为 CVD 的原料气;某些金属羰基化合物如 $Ni(CO)_4$,容易挥发成蒸气,经热分解在基体表面沉积金属;金属氢化物和有机烷基化合物在高温下都不稳定,经热分解产生的气体立即发生化学反应,如 $Ga(CH_3)_3$ 和 AsH_3 的混合气在 630~670 ℃条件下反应生成 GaAs 沉积膜。

(2)合成反应沉积。两种或者两种以上的原料气在沉积反应腔中发生化学反应,得到所需的无机薄膜,通常有氧化物、氮化物、金属薄膜几类。

(3)化学输运反应沉积。有些物质高温气化分解过后在沉积反应腔较冷的地方沉积生成薄膜、晶体或粉末;有些原料物质不易发生分解,这时需添加另一种物质(输运剂)来促进中间产物的形成。

化学气相沉积除了装置简单、易于实现之外,还有以下的优点:可以控制生成材料的形态,析出物质的形态有单晶、多晶、无定型、管状、纤维、薄膜等多种;可以控制材料的晶体沿某一结晶方向排列;产物可以在相对较低的温度条件下进行固相合成,可以在低于材料熔点的温度下合成材料;可以在基片和粉体表面涂层,也可一次对大量基片进行镀膜,薄膜的纯度高、致密性好、成本较低;容易控制产物的均匀程度和化学计量比,可以调整各元素的组成比,可以改变沉积层的化学成分,从而获得梯度沉积物或得到混合沉积层;能够实现掺杂剂浓度的控制及亚稳态物质的合成;结构控制一般能够从微米级到亚微米级,甚至在某些条件下可以达到原子级水平。

化学气相沉积过程是涉及反应热力学和动力学的复杂过程,实际反应中的动力学问题包括反应气体对表面的扩散、在表面的吸附,在表面的化学反应,反应副产物从表面解吸与扩散等过程。

随着科学技术的发展,化学气相沉积和物理气相沉积技术也发生了一定的融合,发展出了等离子增强型化学气相沉积(PE-CVD)、金属有机物化学气相沉积(MO-CVD)、激光化学气相沉积(L-CVD)等。采用等离子体和激光辅助技术可以显著促进化学反应,使沉积在较低的温度下进行,使一些原来无法实现的反应变得可行。还有利用磁控溅射或者离子轰击使得金属气化,再通过气相反应生成氧化物或氮化物薄膜的各种新型 CVD 技术。

1.1.5　无水无氧合成

在化学实验中,经常会遇到一些对空气(主要为水和氧)十分敏感的化合物或反应的中间体产物。如果在空气中反应,可能造成收率下降、产物颜色不同、副产物多,从而造成后处理难,甚至反应失败。在这种情况下,需要在无水无氧条件下进行实验。例如,锂电池的组装、过渡金属催化的偶联反应、自由基反应等,多需要在惰性气体氛围中进行。无水无氧操作技术已经在有机化学和无机化学制备中较广泛地运用。目前采用的无水无氧操作技术分三种:直接保护、手套箱(Glove-Box)和史兰克线(Schlenk-Line)技术。

(1)直接保护。对于要求不太高的体系,可以采用直接将惰性气体通入反应体系,置换出空气的方法进行保护。氮气或者氩气是最常用的保护气体。这种方法简便易行,但保护程度有限,对于一些对氮气敏感的物质如金属锂的操作就必须用氩气。

(2)手套箱。手套箱技术是将高纯惰性气体注入箱体内,并循环过滤掉其中的活性物质的实验装备,也称为真空手套箱、惰性气体保护箱等。手套箱可用于操作大量固体或液体。通常使用循环气体净化器或快速气流(H_2 含量为 5%~10% 的混合气体或惰性气体)进行冲洗以降低气氛气流中的水、氧等杂质。手套箱一般用来存放或称量一些对空气敏感的物质,如贵金属催化剂、配体等。手套箱也可用于转移放射性物质、有毒物质和具有危险性的生物试剂。手套箱一般有两种类型:有机玻璃外壳的和不锈钢外壳的。

有机玻璃外壳的手套箱比较便宜,但是无法进行真空换气,所以就无法达到低氧分压、低水分压的要求,只能在一些要求较低的情况下使用。不锈钢外壳的手套箱比较贵,由氯丁橡胶手套、抽气口、进气口和密封良好的玻璃窗组成,可以进行真空抽换气,能达到高惰性气体比例、低氧分压、低水分压的要求,应用在一些高标准的反应操作中。无水无氧条件下的称量、研磨等复杂操作一般在手套箱内进行。

手套箱主要由主箱体、过渡室两部分组成,如图 1-1-2 所示。手套箱主箱体的前方通常有两个手套操作接口;在箱体的前方有观察窗,操作者能够清楚地观察到箱体内的操作过程;主箱体上安装有阀门和接嘴,在需要维持气压平衡而对主箱体放气或充气时可以使用(手套口之间的三通阀必要时也可以用来放气)。手套箱过渡室的阀门上也有抽气与充气接嘴,在需要抽气或充气时可由此接入。

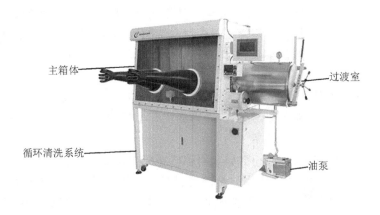

主箱体　　　　　　　　　　　　　　　　　　过渡室

循环清洗系统　　　　　　　　　　　　　　　油泵

图 1-1-2　惰性系统结构示意图

手套箱使用操作步骤

手套箱操作主要分为物品放取、气体抽排和实验操作三个部分,其中实验操作除需小心锐器割破橡胶手套外,与正常实验操作无异,因此不再赘述。下面主要介绍手套箱物品放取和气体抽排的操作。

物品放取的方法:

①放置物品时先将过渡室的内门关上,打开过渡室的外门,将物品放入,然后关上外门,利用过渡室上的两个阀门进行抽气和充气(重复三次),务必使主箱体和过渡室内的压力与大气压基本平衡,才能打开过渡室的内门,将物品放进主箱体。

②取出时先将物品放入过渡室,关紧过渡室内门,如过渡室内气压与大气压基本平衡,即可打开过渡室外门将物品取出。

抽真空与充气:

①手套箱主箱体不能单独抽真空,过渡室则可以单独抽真空。

②先打开过渡室内门,然后关上所有手套接口压盖、阀门和过渡室外的门。

③打开手套口之间的三通阀(逆时针旋转),使手套接口压盖与手套之间的空间接通箱体,使得抽气时手套内外(箱体和接口)同时抽真空,保持两边气压平衡。

④将真空泵接到过渡室一个阀门上,开启真空泵,缓缓打开此阀门,对系统抽气(如打开阀门的速度太快,可能引起手套膨胀)。

⑤待真空表指针下降并稳定在 -0.1 MPa 时抽真空完成,此时应先关阀门再关真空泵。

⑥然后通过另一阀门向箱体内充入惰性气体,直至压强比大气压(气压表指数为 0 MPa)略高一点,使箱体内、外的压强基本平衡,且内部略高于外部,以保证空气不会渗入箱体内部(如果想使箱体内的气体更纯净,最好将以上抽气和充气过程重复几次)。关掉连接手套接口的三通阀,打开手套接口上的压盖,就可以进行操作了。

(3)史兰克线。史兰克线也称无水无氧操作线,其核心是制造一种隔绝氧气和水蒸气的空间环境,并在此环境中实施化学实验。史兰克线更适合有机化学反应。针对对空气和潮湿气体敏感的反应,使常规的实验在真空和惰性环境的切换下实现保护。史兰克操作线一般由惰性气体源(也常用氮气)、减压阀、调节阀、双排管、冷阱、真空泵、鼓泡器等部件搭建而成。核心部件双排管如图 1-1-3 所示。双排管是两根分别具有 4~8 个支管口的平行玻璃管,一条为惰气线,另外一条为真空线,通过特殊的活塞来进行切换。我们主要通过控制双排管连接处的双斜三通活塞,对体系反复进行抽真空-充惰性气体操作,以实现反应体系的无水无氧。

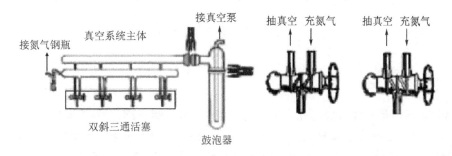

图 1-1-3　双排管的结构示意图

史兰克线技术的核心是通过对体系反复抽真空-充气将无水无氧气体导入反应体系中,故要求体系的气密性好,常使用特殊的玻璃仪器进行操作,常用的史兰克操作瓶见图 1-1-4。

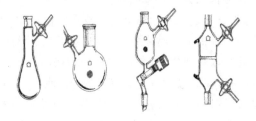

图 1-1-4　常用的史兰克操作瓶

史兰克瓶操作步骤

①实验所需的仪器、药品、溶剂必须根据实验的要求事先进行无水无氧处理。

②安装史兰克型容器并与双排管连接好,然后小火加热烘烤器壁进行抽真空-充惰性气体操作,至少重复三次以上,把吸附在器壁上的微量水和氧移走(用热风枪来回烘烤器壁除去吸附的微量水分,惰性气体一般用氩气,也常用氮气)。

③加料。固体药品可以在抽真空前先加入,也可以在抽真空后加,但一定要在惰性气体保护下进行;液体药品一般可以在抽真空后用注射器加入。

④反应过程中,注意观察鼓泡器的冒泡速度,使双排管内始终保持一定的正压(但要注意冒泡速度,避免惰性气体的浪费)。

⑤实验完成后,及时关闭惰性气体钢瓶的阀门(先顺时针方向关闭总阀,指针归零;再反时针松开减压阀,同样让指针归零,关闭节制阀),最后,打扫卫生,清洗双排管,维护好实验仪器。

惰性气体在一定压力下经干燥柱初步除水、除氧,再除去因除氧而产生的微量水分,继而通过 Na-K 合金管以除去残余的水和氧。如果体系不能引入氮气,可再将气体通入锂屑或灼热的镁屑,最后经过截油管进入双排管。在干燥柱中,常填充脱水能力强并可再生的干燥剂,如 5A 分子筛;在除氧柱中则选用除氧效果好并能再生的除氧剂,如银分子筛。经过这样的脱水除氧系统处理后的惰性气体,就可以导入反应系统或其他操作系统了。

史兰克线技术将体系反复抽真空-充惰性气体,这一充排方式比手套箱操作方便,对真空度要求不高,更加安全有效,其操作量从几克到几百克,一般化学反应操作,包括回流、搅拌、滴加液体、固体投料及分离、纯化、样品储存、转移等都可以用此方法,因此在有机合成中被广泛应用。

1.2　特殊的合成

1.2.1　电化学合成

电化学法不仅是一种重要的化学分析方法,还可用于制备纳米材料和有机合成等。外接电源可以提供最强的氧化还原能力,并且其氧化还原能力可以通过电压方便地进行调节,具有很好的灵活性。电化学合成为制备纳米材料开辟了新的天地,原则上只要在电极上可以电解的物质,都可以通过电化学方法制备出纳米粒子。另外,它还可以与其他的合成方法相结合,灵活方便地制备出适合于不同要求的纳米材料。为了在电解过程中获得高的成核速率和小的成核直径,可以对电解质溶液进行剧烈的搅拌,也可以采用脉冲电流来获得较高的电流密度。如果电解的速率或成核的速率很高,而晶体长大的速率相对较小,就有利于产生超细的粉体。电化学方法制备纳米材料,设备简单、操作方便、易于控制,反应的条件比较温和,所得的纳米颗粒纯度高,对环境的污染小,是一种非常有前途的制备纳米颗粒、组装纳米粒子形成有序阵列的方法。

电化学法还可以和模板法嵌套使用,制备特殊纳米结构的材料。例如,选择具有纳米孔径的多孔材料作为阴极,利用物质在阴极的电化学还原反应,使得材料定向地进入纳米孔道中,模板的孔壁将限制所合成的材料的形状和尺寸,从而得到一维的纳米材料。

有机电化学合成是有机合成与电化学技术相结合的一门交叉科学,是一个既古老又新颖的领域。有机电化学反应是指有机物在电场(电能)的作用下而发生的反应。通过给反应体系通电,使有机分子或催化媒介在"电极/溶液"界面上实现电能与化学能的相互转化,实现旧化学键的断裂和新化学键的生成。

早在 1849 年德国化学家 Kolbe 就研究了一系列羧酸盐水溶液的电解反应。反应中,羧酸根离子在阳极氧化成烷基自由基,然后烷基自由基发生二聚反应生成烷烃(如下所示),该反应称为 Kolbe 反应,这是由羧酸制备碳链增长烷烃的有效方法。然而,由于种种原因,有机电化学合成技术的发展并未引起人们的关注,这种状况直到近二十年才有所改善。

$$阳极:RCO_2^- \xrightarrow{-e^-} RCO_2 \cdot \xrightarrow{-CO_2} R\cdot$$
$$2R\cdot \longrightarrow R{-}R$$

有机电化学原理

有机电化学反应一般在电解池中进行,发生反应的电极称为工作电极。阴极为发生还原反应的工作电极,阳极为发生氧化反应的工作电极。热化学反应中,反应物间或反应物与试剂间紧密接触,电子转移形成活化络合物,进而转化成产物。与热化学反应不同,在电化学反应中,两种反应分子并不彼此接触,它们通过电解池的外界回流远距离交换电子。电流可以通过电压调控。

$$热化学反应\quad A+B \longrightarrow [A\ B] \longrightarrow C+D$$

$$电化学反应\quad 阴极\ A+e^- \rightleftharpoons [A]^- \longrightarrow C$$

$$阳极\ B-e^- \rightleftharpoons [B]^+ \longrightarrow D$$

　　除了直接电解反应外,非电活性的物质在加入某些电活性物质后也可以发生间接电解反应。间接电解分为电化学催化和电生试剂两种。电化学催化是指化合物 B 由于具有高的过电位或反应速度太慢而无法直接电解还原(或氧化)为 B',但当另一种电活性物质 W 与 B 一同电解时,W 的还原(或氧化)形式 W' 能与 B 迅速反应生成 B',这就实现了电化学催化,其中 W 称为电子转移媒介或电催化剂;电生试剂是指对于在合成中需要用到的一些特殊试剂如强氧化剂或强还原剂、危险试剂等可以用电化学方法原位生成。

$$②\begin{cases} W \xrightarrow{\ +e^-\ 或\ -e^-\ } W' \\ W'+B \longrightarrow W+B' \\ B' \longrightarrow D \end{cases}$$

　　在一般的电化学合成中,电能的利用往往只有一半,要么利用阳极氧化反应,要么利用阴极还原反应,因此造成资源浪费。美国化学家 Baizer 提出了"配对电解"的策略,一般配对电合成在非分隔池中进行,由阴极和阳极两端同时产生不同的中间体或试剂,两者再作用形成产物。

$$③\begin{cases} 阴极\ A+e^- \rightleftharpoons [A]^- \\ 阳极\ B-e^- \rightleftharpoons [B]^+ \\ [A]^- +[B]^+ \longrightarrow C+D \end{cases}$$

　　通常,电化学反应过程分为五步:①反应物通过扩散到达电极表面;②反应物吸附、活化;③活化反应物放电、反应;④活化产物失活、脱附;⑤产物扩散至溶液。

　　最简单的电解池由直流电源、阴极、阳极和盛有电解质的容器组成,可以在实验室自己组装,如图 1-2-1 所示。为了避免反应后的物质在另一电极上再发生其他反应,往往用半透膜或其他多孔膜将阴、阳极隔开。有些反应也可以采用非分隔池。

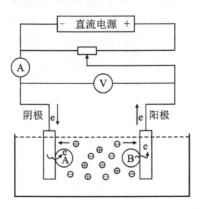

图 1-2-1　电解池的装置图

　　有机电化学合成的影响因素比较多,除了常规反应条件(酸碱性、溶剂、浓度等)外,还要考虑电压、电极材料和电解质等。其中,电极材料是关键因素,应满足导电性能好,耐化学腐蚀,具有优良的化学稳定性、良好的电化学活性等特点。常用的阴极材料有汞、铅、铜、铁、铂和碳等。常用的阳极材料有铂、金和碳等。

目前大多数电化学反应主要在液相体系中进行,水、甲醇、乙腈是最为常用的反应溶剂。对于那些不能直接在水-乙醇或甲醇、乙腈溶液中进行的电化学反应的底物而言,在实验中应尽量选择低电阻的溶剂(如二氧六环、甘醇二甲醚、N,N-二甲基甲酰胺等)溶解底物,同时需要加入碱金属卤化物高氯酸盐、烷基铵高氯酸盐、四氟硼酸盐、对甲苯磺酸盐等支持电解质以增强电极间的电子传递能力。

有机电合成相对于传统的有机合成具有显著的优势:①直接利用清洁的电子为"试剂",避免了化学当量的化学氧化剂或还原剂的使用,符合绿色化学和可持续发展的要求;②选择性很高,减少了副反应,产品纯度和收率均较高,大大简化了产品分离和提纯工作;③反应在常温常压或低压下进行,对节约能源、降低设备投资十分有利;④工艺流程简单,反应容易控制。因此引起了研究者的广泛关注,并为有机合成方法学提供了新的策略和思路。

近年来,电化学在有机合成中已取得了一些重大突破,例如 P. S. Baran 课题组报道了电化学烯丙基位氧化(*Nature*,2016,533,78-81)及 S. S. Stahl 课题组报道了电化学醇氧化成醛的反应(*Nature*,2016,535,406-410)。然而,有机电化学合成在大规模合成工艺中的应用仍旧存在一定局限。常规的有机溶剂电导率较低,因而在体系中还需加入化学计量的电解质以保证溶液的导电性。在设计大规模的电化学合成时,由于两电极之间的距离较大,反应需要在大电流密度下进行。因此开发新型的流动反应、减少电解质的使用是有机电化学合成的一个重要研究方向,对从事有机电化学合成研究领域的工作者具有较为重要的参考意义。

1.2.2　光化学合成

光化学合成是把光化学研究中得到的知识、成果加以利用,把光化学反应作为合成化合物的手段。光化学合成的主要特点在于某些新颖结构化合物的合成及新的合成途径的开发,主要用于制备通过其他方法很难或不可能得到的或具有特征结构的化合物,如金属、半导体、绝缘体等的激光光助镀膜、光催化分解制取氢气和氧气、汞的光敏化制取硅烷、硼烷等。

早在 1912 年,意大利化学家 Ciamician 就提出过"光能或许可以被用作有机合成反应中的绿色能源"的重要设想。但由于缺少光源技术和分离分析困难等因素,有机光化学的研究进展一直较慢。直到 19 世纪 70 年代,光催化才逐渐地运用到有机合成中,并得到迅猛发展。

与热化学反应不同,一些光化学反应是以反应物的激发态电子状态进行反应的。分子从基态到激发态所吸收的能量有时远远超出一般热化学反应可以得到的能量,因此光化学反应能够实现许多热化学无法实现的反应。

光化学反应的基本原理

分子吸收与辐射能量是量子化的,能量大小与吸收光的波长成反比

$$E=h\nu=hc/\lambda$$

式中,h 是普朗克常数,6.626×10^{-34} J·s;ν 是光辐射的频率;c 是光速,2.9979×10^{8} m/s;λ 是光的波长,nm。1 mol 分子吸收的能量为

$$E=N_Ah\nu=N_Ahc/\lambda=1.2\times10^{5}/\lambda \text{ kJ·mol}^{-1}$$

根据此方程可以算出一定波长光的能量。从表 1-2-1 可以看出,近紫外及可见光的能量范围涵盖了大多数有机化合物的键能($200\sim500$ kJ·mol^{-1})。因此,分子吸收一定波长的光能就可以使比其能量低的化学键断裂而发生化学反应。

表 1-2-1　不同波长光的能量与不同化学键断键所需能量

波长/nm	能量/(kJ·mol^{-1})	化学键	键能/(kJ·mol^{-1})
200	598.2	HO—H	498.0
250	478.6	H—Cl	431.0
300	398.8	H—Br	364.0
350	341.8	Ph—Br	336.8
400	299.1	H—I	297.1
450	265.9	Cl—Cl	242.7
500	239.3	Me—I	238.5
550	217.5	HO—OH	213.0
600	199.4	Br—Br	192.5
650	184.1	I—I	150.6

　　电子跃迁过程中有两种自旋取向,一种是自旋反转,光谱中呈现三条谱线,这种激发态称为三重态,用 T 表示;一种是自旋保持不变,这种激发态称为单重态,用 S 表示。激发三重态能量较激发单重态略低。第一激发态用 S_1 和 T_1 表示。更高激发态用 S_2、T_2、S_3、T_3 表示(见图 1-2-2)。只有处于激发态的活性中间体才能发生能量传递或电子转移。大部分有机分子或有机金属络合物的基态是单重态(S_0),即全部电子都是自旋反平行配对的。受光激发后,处于最高占有轨道(HOMO)的电子被激发到分子的其他高能空轨道,生成激发态。

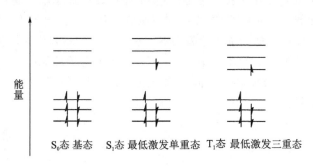

S_0态 基态　　S_1态 最低激发单重态　　T_1态 最低激发三重态

图 1-2-2　S_0、S_1、T_1 态分子轨道与电子排布

　　光化学反应第一定律(Grotthuss-Draper 定律)指出,只有被分子吸收的光子才能引起该分子发生光化学反应。但并不是每一个被分子吸收的光子都一定产生化学反应,其激发能可能通过荧光、磷光或碰撞等方式失去(见图 1-2-3)。

　　可见,并不是每个被激发的分子都能发生光化学反应。发生反应的分子数与吸收的光量子数之比,称为量子产率,用 Φ 表示

$$\Phi = \frac{发生反应的分子数}{吸收的光量子数}$$

这个产率是吸光后生成反应产物的效率的度量。当 $\Phi = 1$ 时,每一个被激发的分子都变成了产物;当 $\Phi = 0.1$ 时,表示每 100 个被激发的分子中有 10 个变成了产物;当 $\Phi > 1$ 时,表示该反应是链式反应。

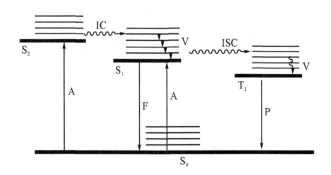

A—吸收(约 10^{-15} s);F—荧光($10^{-9}\sim10^{-5}$ s);P—磷光($10^{-9}\sim10^{-3}$ s);
S_1,S_2—单重态(S_0 为基态);T_1—三重态;
V—振动阶式失活(约 10^{-10} s);IC—内部转换(约 10^{-10} s);
ISC—系间窜越(约 10^{-6} s)

图1-2-3　分子激发与失活的主要途径

光化学反应类型

(1)直接光分解反应。在光的照射下,一些底物 S 可直接吸收光能量使分子变为激发态 S* 进而发生裂解或转化反应。例如,臭氧可被太阳中的紫外光(UV)分解成为氧分子和一个处于激发态的氧原子,如图1-2-4所示。

(2)光催化(敏化)反应。因为大部分有机化合物都不能直接吸收可见光,所以一般可见光催化反应依赖于在光照下具有可以与底物(S)发生能量转移或单电子转移作用的光敏剂。一种催化模式是光催化剂 PC(光敏剂)在光照射下吸收能量进入到激发态(PC*),通过能量转移作用于反应底物(S),使反应底物进入激发态 S*,进而引发一系列化学转化。另一种催化模式是激发态的 PC* 对反应物进行单电子氧化(D→D·+)或单电子还原(A→A·-),产生离子自由基中间体,进而发生一系列化学转化。催化循环过程如图1-2-5所示。反应中,光敏剂不参与化学键的形成和断裂。

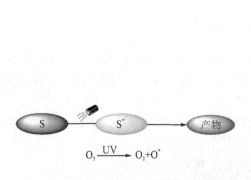

$$O_3 \xrightarrow{UV} O_2+O^*$$

图1-2-4　紫外光催化模式

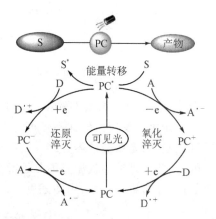

图1-2-5　可见光催化模式

除了上述催化模式外,光敏剂(PC)与过渡金属催化剂(TM)还可以协同催化以促进反应发生。其中,过渡金属参与化学键的形成和断裂。此外,一些过渡金属与配体作用后也可直接作为光敏剂,吸收光能后通过氧化还原或能量转移作用于反应底物,促使化学反应发生。理想光敏剂的三重态能量必须比受体分子的三重态能量高,或光敏剂激发态的氧化还原电势比受体分子的高,而且光敏剂的三重态必须有足够长的寿命来完成能量或电子转移。常用的光催化剂根据结构可以分为四类(见图 1 - 2 - 6):①过渡金属,如铱、钌等与吡啶类配体的复合物,如 Ir(ppy)$_3$、Ru(bpy)$_3^{2+}$ 等;②有机染料分子,如荧光素、EosinY、9,10 -二氰基蒽等;③三苯基吡喃盐类分子;④异质半导体,如介孔碳氮化合物、金属氧化物及硫化物等。

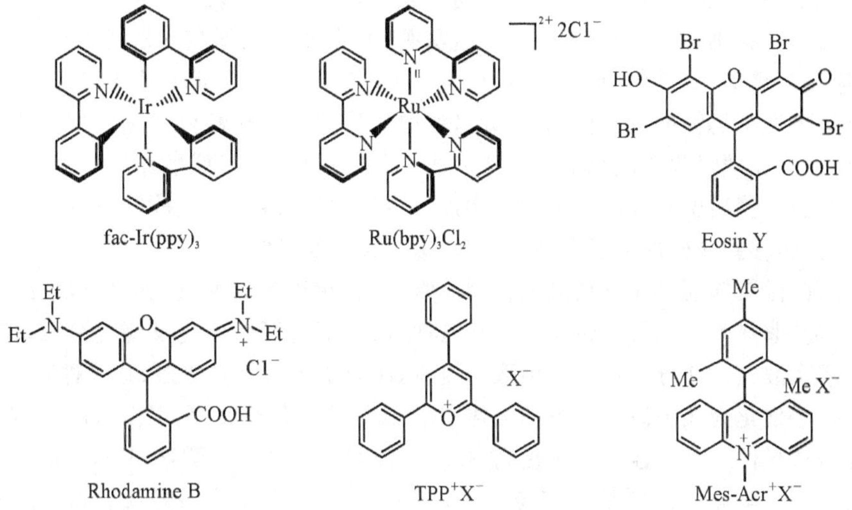

fac-Ir(ppy)₃　　　　Ru(bpy)₃Cl₂　　　　Eosin Y

Rhodamine B　　　　TPP⁺X⁻　　　　Mes-Acr⁺X⁻

图 1 - 2 - 6　常见的光催化剂

分子的吸收光谱要与光源发光范围有一定重叠,才能吸收光到分子激发态。因此,搞清楚反应物、光敏剂和反应器等的吸收光谱以及光源的性质非常重要。光源是辐射能量的主要来源,早期的光化学反应研究中,常用的光源有碘钨灯、氙灯、汞灯等。碘钨灯发射波长低于 200 nm 的连续紫外光;氙灯提供 147 nm 的紫外光;汞灯主要发射光波波长为 254 nm、313 nm 和 366 nm。近年来,因可见光储量丰富、绿色环保、操作简便等优点,使得可见光催化成为有机合成研究的热门领域之一。反应中,常用 LED 灯作可见光光源。光化学反应容器的选择也很重要,必须选择可透过合适光源的反应容器。Pyrex 玻璃允许透过的波长大于 300 nm,而石英玻璃允许透过的波长可达 200 nm 左右,其他材料可透过光的波长介于二者之间。此外,反应器与光源的距离、反应规模的大小也对反应的效果有一定的影响。目前,光催化反应的装置越来越规范、统一。图 1 - 2 - 7 为一款光催化反应的装置。

相对于热化学反应,可见光催化化学反应具有以下优势:①可见光来源广泛,储量丰富;②反应条件温和,对于各种官能团的容忍性强;③避免加热或者冷却降低能耗,操作更安全,更环保;④可结合现阶段流动化学的发展实现连续、低成本合成。目前,可见光催化在有机合成领域取得了巨大的突破,已发展成为强有力的合成手段,不仅在有机小分子合成方面,而且在具有生物活性的天然产物、医药、香料及高

图 1 - 2 - 7　光催化反应装置图

分子材料的合成中也具有广泛的应用。

1.2.3　微波与超声合成

微波是指波长从 1 mm～1 m,频率从 300 MHz～300 GHz 的超高频电磁波,国际上规定科学研究、工业生产、医学及家用等民用微波频率一般为 900（±15）MHz 和 2450（±50）MHz。微波作为一种传输介质和加热能源已被广泛应用于各学科领域。早在 1969 年,美国科学家 Vanderhoff 就利用家里的微波炉进行了化合物聚合,结果发现微波加热明显加快了反应物的聚合速度。1986 年,加拿大化学家 Gedye 等发现微波辐射可使氰基苯氧离子与氯苄的 S_N2 亲核取代反应速率提高 1240 倍,同时产率也有不同程度的提高。微波提高有机反应速度的原理,主要是对极性有机物的选择性加热,即微波的热致效应。极性分子内的电荷分布不平衡,在微波场中能快速地吸收微波辐射的电磁波能量,进而通过分子偶极作用和超高速振动提高分子的平均能量,使温度和反应速度快速增加;但在非极性溶剂中吸收微波辐射的能量后,通过分子碰撞而转移到非极性分子上,将使加热速率大幅度降低。

综合而言,微波辐射对化学反应的作用非常复杂,除热效应外,还有对反应分子间行为的作用而引起的"非热效应",具体包括以下几点:①微波辐射可以活化反应物分子,使反应的诱导期缩短;②微波辐射使分子运动产生取向效应,使分子运动相对加强,有效碰撞频率增加,反应速率加快;③催化剂在微波辐射下的加热速度比周围介质更快,在表面形成"热点",进而活化分子,使得选择性和反应速率得到提高;④电磁波对极性分子的诱导和取向作用促进了反应物的活化,增大了碰撞能量和概率,引起 Arrhenius 公式中活化能的降低和指前因子的增加,从而加快反应速率。与传统加热方法相比,微波加热具有反应速率快、收率高、操作和后处理简单等特点,被广泛应用于有机合成、材料制备等方面。

超声波化学又称声化学（Sonochemistry）,是一门新兴的交叉学科。20 世纪 20 年代人们就发现超声波能加速化学反应,但长期以来并未引起化学家们的关注。直到 80 年代中期,由于大功率超声波设备的普及与发展,超声波在化学、化工中的应用研究才迅速发展起来。声化学合成是声化学领域最活跃的分支之一,1990 年的国际声化学会议的中心议题就是声化学合成。声化学采用的激励源主要是高能量的超声波,频率范围为 20 kHz～50 MHz 甚至 500 MHz。超声合成一般在液相中进行,因此,我们主要讨论超声波对液体介质的作用。

与微波促进的合成不同,超声波促进的合成并不是声场与反应物分子直接作用。常用超声波的能量（频率为 20 kHz～10 MHz）比较低,甚至不足以激发分子的转动,因而并不能引发化学反应。超声波之所以能产生化学效应主要是超声空化作用。超声波作为一种机械波作用于液体时,周期性地对液体形成压缩和稀疏作用,从而在液体内形成大量小气泡。小气泡形成的原因之一是液体局部出现拉应力而形成负压,压强的降低使原来溶于液体的气体过饱和,而从液体中逸出;另一个原因是强大的拉应力使分子间距离超过分子保持液态所需的临界距离而产生微小的气泡或空穴。这些小气泡会随着周围介质的振动而不断运动、长大并剧烈地崩溃。其崩溃瞬间产生的能量因作用范围小而导致微环境的温度、压力剧增,并伴生强烈的冲击波和微射流等。在空化泡高速崩裂的极短时间内,其周围极小空间范围内可产生 1900～5200 K 的高温和超过 50 MPa 的高压,瞬时温度变化率高达 10^9 K·s^{-1},在该过程中会产生强烈的冲击波和瞬时速度高达 400 km·h^{-1} 的微射流,使得介质在空化泡内发生化学键破裂、水相燃烧或热分解,并促进均相界面的扰动和相界面的更新,从而加速界面间的传质和传热过程。

正如美国 Suslick 教授所说,空化作用可使"瞬时热点"产生高如太阳表面的温度,强如海底的压力,短如闪电的寿命,其加热/冷却速度比铁棒投入水中的冷却速度快一百万倍。空化作用会引起分子热裂解、分子离子化及产生自由基等,从而导致一系列化学变化。此外,超声波的许多次级效应,如机械振荡、乳化、扩散等也可加速反应体系传热及传质过程,促进反应进行。超声波作用于反应体系有两种方法:一种是将反应瓶浸入超声波反应器中;一种是将超声波探头直接插入反应体系。影响声化学合成的因素有声频、溶剂、反应温度等。

超声波作为一种新的能量形式用于有机反应,不仅可以加速化学反应,还可以使一些难以进行甚至不能进行的反应得以顺利进行。近年来,超声波技术已经被广泛地应用于高聚物化学、合成化学、分析化学、生物化学、电化学及环境保护等领域,比传统合成方法更加高效便捷,具有加热均匀、快速及渗透力强等特点,超声波已被广泛应用在聚合物的合成、纳米材料的制备、金属有机骨架的制备等方面。

1.2.4　模板合成

模板合成法是通过选用具有特定结构的物质作为模板,在模板中合成并构建有序纳米结构体系的合成方法。它利用其空间限域作用和调控作用来引导纳米材料的制备与组装,将模板的结构复制到产物中,实现对纳米材料的组成、结构、形貌、尺寸、取向和排布等的控制,使制备的材料具有各种预期的或特殊的物理、化学性质。这是一种新发展起来的纳米微粒控制合成制备方法,已广泛应用于电子、光学、生物医药等领域纳米功能材料的合成。

根据模板自身的特点和限域能力的不同,可分为软模板法(Soft Template)和硬模板法(Hard Template)两大类。

硬模板法多以材料的内表面或外表面为模板,填充到模板的单体进行化学或电化学反应,通过控制反应时间,除去模板后可以得到纳米颗粒、纳米棒、纳米线或纳米管、空心球和多孔材料等。经常使用的硬模板包括分子筛、多孔氧化铝膜、聚合物膜、碳纳米管和聚苯乙烯微球等。硬模板在制备纳米结构方面有着更强的限域作用,能够严格控制纳米材料的大小和尺寸。但采用硬模板法合成低维材料的后处理一般比较麻烦,常需使用一些强酸、强碱或有机溶剂除去模板,增加了工艺流程,同时易破坏模板内的纳米结构。此外,反应物与模板的相容性也影响着纳米结构的形貌。

软模板一般是没有固定的组织结构、但在一定空间范围内具有限域能力的分子体系,主要包括液晶、单分子层模板、表面活性剂形成的胶束模板、囊泡、LB 膜、自组装膜以及高分子的自组织结构和生物大分子等。与硬模板相比,软模板并不能严格地控制产物的尺寸和形状,但软模板多是两亲分子的有序聚集体,可以很好地模拟生物矿化,且软模板具有方法简单、操作方便、成本较低等优点,是制备、组装纳米材料的重要手段之一。下面介绍几种常见的模板法。

1)多孔氧化铝模板

多孔氧化铝模板是高纯铝片经过脱脂、电抛光、阳极氧化、二次阳极氧化、脱膜、扩孔而得到的,膜内孔洞分布均匀有序、孔径大小一致,具有良好的取向性。多孔氧化铝模板有以下特点:①氧化膜成型后具有良好的化学稳定性;②氧化过程和电镀过程工艺简单,不需特殊的反应条件,可大大降低成本,实现大面积生长;③多孔膜和纳米晶粒的成长过程易于控制,取向性好;④模板孔径小,孔与孔之间相互平行且严格垂直于表面、孔分布均匀、孔隙密度大,纳米阵列和基体易于分离;⑤组装纳米颗粒时,组装模板和纳米颗粒之间具有识别作用,模板对组装过程具有指导作用,使组装过程更完善;⑥电镀液可循环使用,可降低成本、避免污染,更为绿色环保。

2)分子筛模板法

分子筛结构的特点是具有均匀尺寸的中空笼状结构。将纳米微粒置于分子筛笼中,可以制备出尺寸均匀、具有周期性构型的有序纳米材料。目前,相关领域的热门研究集中于分子筛孔道内组装纳米客体构筑新型纳米复合材料的研究。过程是将分子筛作为主体,纯物质或复合材料作为客体,在沸石孔道内定向生长或分布排列生长出具有可控微观结构的纳米客体。反应原理是作为主体的纳米级分子筛孔道网格在控制客体定向排列的同时,将客体微粒的生长尺度控制在纳米级。与此同时,分子筛对网格内量子点等纳米客体起到动力学阻碍作用,使纳米客体产生"钝化"的稳定作用。分子筛模板法使在分子水平生产光学、电子、磁学等元件成为可能,促进了零维量子点型纳米结构向一维量子线和三维量子晶体超格子结构方向发展。

3)表面活性剂模板

表面活性剂在适宜条件下会形成超分子阵列,即液晶结构,离子型表面活性剂分子与无机物离子间存在静电作用,在孔结构形成后,表面活性剂模板仍与无机物间以离子键相连,难以脱除,常通过煅烧、离子交换、溶剂萃取等方法除去模板剂。中性表面活性剂模板剂和无机物间存有氢键或分子间作用力,通过溶剂萃取即可除去模板剂。与离子型表面活性剂模板相比,通过中性表面活性剂模板合成的中孔分子筛具有较厚的孔壁,提高了产物孔骨架结构的热稳定性及水热稳定性。常用的中性表面活性剂模板剂主要有长链伯胺、烷基磷酸酯及聚氧乙烯醚非离子表面活性剂。

4)生物大分子模板

蛋白质、DNA等生物大分子因具有特定的晶格结构及分子识别功能,故可作为模板,合成纳米结构的金属和无机化合物。其良好的化学性质和结构多样性,可实现对材料形状和大小的精确控制。DNA分子或片段是很典型的纳米团簇组装模板,与简单有机分子模板不同,其组装过程既通过模板和纳米团簇的简单相互作用,也通过与纳米团簇结合的低聚核苷酸分子与模板间的分子识别而实现。

例如,在纳米管上组装富含组氨酸的有序肽链作为模板,利用肽的生物识别作用,可以选择金离子形成纳米晶种,随着金离子减少,纳米管上长出高分散性的金纳米晶,其大小和密度由多肽的构象和电荷分布控制。

1.2.5　自组装合成

材料的性能与物质的结构密切相关。结构不同,即使由相同元素组成的物质,其性质也会有显著的不同。物质的性质还受到聚集状态的强烈影响,同一化学组成的块体材料与纳米级材料,多晶和单晶材料,球形纳米粒子与纳米棒、纳米线、纳米管等,性质都有显著的差异。

自组装的提出源自于超分子化学的发展。1937年,Wolf首先提出了超分子的概念,用以描述由配合物形成的高度组织的实体。目前,自组装技术是指分子和纳米颗粒等结构单元在没有外来干涉的情况下,通过非共价键作用自发地结合成热力学稳定、结构稳定、组织规则的聚集体的过程。按照作用尺度可以将其分为分子自组装、介观和宏观自组装;按工作原理可分为热力学自组装和编码自组装。

形成自组装或超分子体系要满足两个重要条件,即存在足够量的非共价键或氢键,同时,自组装体系的能量较低。分子识别是实现自组装的前提和关键。分子识别是指组装体各个部件之间的相互识别,主要包括两方面内容:①分子(或模块)之间的尺寸、几何形状的相互识别;②分子对氢键、正负电荷、π-π 相互作用等非共价键相互作用的识别。

自组装能否实现取决于基本结构单元的特性,即外在驱动力,如表面形貌、形状、表面官能团和表面电势等,最后的组装体具有最低的自由能。组装体中各部分的相互作用多呈现加和性和协同性,并具有一定的方向性和选择性。

构建不同几何形状图案和修饰材料表面是自组装技术最简单、最初步的应用。选择一定结构、形状的分子,通过自组装技术可以构筑不同形状的图案,如通过富勒烯衍生物的自组装构建以 C_{60} 为中心、衍生物的长链为外壳的稳定的纳米球,并以不同的纳米球形成纳米网。借助于自组装技术可以制备出许多具有新奇的光、电、催化等功能和特性的自组装材料,主要有以下几种。

(1)超分子光响应材料。光敏剂可以把光能传递给氧气,产生高活性单线态氧,以此杀灭病变的组织和微生物。卟啉类分子是一类常用的光敏剂,但在水溶液中容易聚集,导致荧光淬灭,单线态氧产生效率降低。研究者们基于葫芦脲主客体相互作用构建了一种超分子光敏剂,与传统的卟啉类光敏剂相比,该超分子光敏剂的单线态氧产生效率和杀菌效率都有显著提高。

(2)超分子铁电材料。铁电性是电介质晶体中固有偶极矩产生的,晶胞中正负电荷中心不重合而出现电偶极矩,产生不等于零的电极化强度,使晶体具有自发极化,且电偶极矩方向可以因外电场而改变。传统铁电性材料的研究主要集中在无机化学领域,近年来研究发现,纯有机化合物形成的规整组装体中,由于非共价键的正负电荷中心不重合,同样可以在外场作用下发生极化,从而表现出铁电性。

(3)自愈合材料。超分子聚合物中部分链段通过非共价作用(或可逆共价键)连接,在机械强度上不如传统高分子,但因其可逆性,被广泛应用于自愈合材料。

1.2.6　仿生合成

仿生合成(Biomimetic Synthesis)是指利用自然原理来指导材料的合成,即模仿或利用生物体结构、生化功能和生化过程设计生产材料,以制备性能接近生物或超过生物材料优异性能的新材料,或是利用天然生物合成的方法获得所需的材料。精密、复杂无机材料的仿生合成本质是模拟生物矿化,即在生物体内形成矿物质/无机生物矿的过程。生物矿化的奇妙之处在于其过程是一个天然存在的高度可控的过程。受生物机体内在机制的调控,通过有机大分子和无机物离子在界面处的相互作用,可以实现从分子水平到介观水平对无机矿物相的形状、大小、结构取向和排列的精准控制和组装,从而形成复杂的多级结构,使材料具备特殊的光、电和力学性能。

生物矿化为人类提供了一个独特的材料制备典范,生物体能够在常温常压下利用周围环境当中极其简单、常见的无机成分,通过分子组装、模板成型等一系列途径,实现温和条件下的材料制备,不仅高效利用资源,而且高度环保。

生物矿化中,细胞分泌的有机物对无机物起模板作用,使无机矿物具有一定的形状、尺寸、取向和结构,具体过程一般分为四个阶段。

(1)有机大分子预组织。在矿物沉积前构造一个有组织的反应环境,决定着无机物成核的位置,而在真实生物体内矿化的有机基质是动态的。

(2)界面分子识别。在有机大分子组装体的控制下,无机物在有机-无机界面处成核。分子识别体现在有机大分子在界面处通过晶格几何特征、静电势相互作用、极性、立体化学因素、空间对称性和基质形貌等方面,影响并控制无机物成核的位置、结晶物质的选择、晶型、取向和形貌。

(3)生长调制。无机相通过晶体生长进行组装得到亚单元,同时形态、大小、取向和结构受到有机分子组装体的控制。

(4)细胞加工。在细胞参与下亚单元组装成高级结构。

生物矿化的四个阶段给无机复合材料的合成的重要启示是:仿生合成技术模仿了无机物在有机物调制下形成的机理,合成过程中先形成有机物的自组装体,无机前驱物在自组装聚集体和溶液的相界面发生化学反应,在自组装体的模板作用下,形成无机-有机复合体,再将有机物模板去除即可得到具有一定形状的有组织的无机材料。

仿生合成法是一种新的制备新型材料的化学合成方法,促使纳米材料的合成朝着分子设计和化学"裁剪"的方向发展,具有传统物理和化学方法无可比拟的优点:①对晶体的结晶粒径、形态和晶向等微观结构进行严格控制;②实验过程不需后续热处理,降低了能耗;③合成的薄膜膜厚均匀、多孔,基体不受限制;④在常温常压下进行,成本较低。

仿生合成材料具有特殊的结构,有着特殊的物理、化学性能。目前,仿生合成法已用于以下几种材料的制备。

1)纳米材料

无机纳米材料的仿生合成是以有机分子在水溶液中形成逆向胶束、微乳液、磷脂囊泡及表面活性剂囊泡为无机底物材料的空间受体和反应界面,将无机材料的合成限制在有限的纳米级空间,从而合成纳米级无机材料。

纳米微粒的仿生合成主要有两种思路:一种是利用表面活性剂在溶液中形成反相胶束、微乳或囊泡,其内部的纳米级水相区域限制了无机物成核的位置和空间,相当于纳米尺寸的反应器,在其中发生化学反应即可合成出纳米微粒,表面活性剂头基对产物的晶型、形状、大小等有影响。另一种是利用表面活性剂在溶液表面自组装形成 Langmuir 单层膜或在固体表面用 Langmuir-Blodget 技术形成 LB 膜,进而利用单层膜或 LB 膜的表面活性剂头基与晶相之间存在立体化学匹配、电荷互补和结构对应等关系影响晶体颗粒的形状、大小、晶型和取向等。通过仿生合成已制备出半导体、催化剂和磁性材料的纳米粒子,如 CdS、Pt、Co、Al_2O_3 和 Fe_3O_4 等。

2)多孔材料

1992 年 Mobil 公司的 Kresge 等首次以阳离子表面活性剂为模板合成了 SiO_2 分子筛,并发现改变疏水链的长度可以调整孔径大小,该类材料主要以表面活性剂在水中自组装形成的液晶(六方、立方和层状)和囊泡为仿生合成中的有机模板,通过干燥、萃取、溶解和煅烧等方法脱去模板。通过改变表面活性剂的种类、疏水链的长度和添加有机溶剂等,成功制备出了不同孔径的 SiO_2 分子筛,根据作为模板的液晶的结构,目前已仿生合成了六方(H)、立方(C)和层状(L)3 种结构类型的 SiO_2 分子筛,此外,还仿生合成了其他物质的多孔分子筛,如氧化铝(H)、氧化钛(H)、磷酸氧锆(H)、Zn、Pb、Fe、Mg、Mn、Co、Ni 和 Ga 的氧化物(L),以及 Sn、W、Mo 的硫化物(L)等。

3)薄膜材料

仿生合成薄膜和涂层具有很多优点:①可以在低温条件下低成本合成薄膜材料;②不需后续热处理即可制备致密的晶态膜;③可以制备厚度均匀、形态复杂且多孔的薄膜和涂层;④基体不受限制,可以是塑料和其他温度敏感材料;⑤微观结构易于控制;⑥可以直接制备一定图案的薄膜。

　　4）类生物材料

　　生物分子具有完善且严密的分子识别功能，可以对纳米材料的合成进行精确控制，同时具有外形多样、尺寸小、自组装生物模板重复性高、价廉、可再生、环境友好等优点。通过仿生合成可以制备出与天然生物矿物形貌相似的无机材料，该类仿生合成通过有机物模板控制微观结构和宏观形貌，具有多级特点。典型的该类仿生材料是二元协同纳米界面材料，即当通过某种特殊的表面加工后，在介观尺度能形成交错混杂的两种性质不同的二维表面相区，每个相区的面及两相构建的"界面"是纳米尺寸的。此类二元协同纳米界面材料在宏观表面上呈现出超常规的界面物性。按照界面性能可以将二元协同纳米界面材料分为三大类：①超双亲性界面物性材料；②超双疏性界面物性材料；③纳米两相共存的高效光催化界面材料。

1.3　极端条件下的合成

　　开展极端条件下合成新物质的研究，对材料科学的发展具有重要的意义。极端条件通常包括超高压、超高温、超低温、高真空、无重力、强磁场或电场、等离子体、激光等。极端条件下合成的物质，在性质上往往表现出显著不同的特性。例如，在太空的高真空、无重力环境下，可以合成出没有位错的高纯晶体；超高压下，物质的禁带宽度及内外层轨道的距离均会发生变化，从而使元素的稳定价态与通常条件下的有所差别。许多特种材料只能在极端条件下才能够被合成。

1.3.1　超高温高压合成

　　超高温高压合成用于合成常态下很难生成的物质，不但可以帮助人们从更深层次了解承压条件下的物理现象和物质性质，而且可以发现只在高温高压环境当中才能出现的新现象、新规律，制备特殊性能的新物质。

　　人造金刚石的合成，大大促进了超高温高压合成研究的开展。超高温高压作为一种特殊的手段，可以有效地改变物质原子之间的间距和原子合成状态。作为一种新的物质合成手段，获得的材料往往具备不同的结构，以及特殊的物理化学性能。

　　高压分为静高压和动高压两种不同情况。静高压是指以外界机械加载的方式，逐渐地施加压力到被研究的物体或试样上，使其体积缩小并在内部产生很大的压力；而动高压则是指利用爆炸等在瞬间内产生的冲击波高速作用在物体上，可以使得物体内部的压力达到 10^{10} Pa，甚至 10^{12} Pa 量级，同时伴随着温度的骤然升高。1955 年，美国通电气公司用高温净高压制备了世界上第一批人造金刚石晶体；不久，杜邦公司又发明了爆炸法，并利用爆炸瞬间产生的高温高压，获得了毫米尺度的人造金刚石。除金刚石外，另一些具有原子晶体结构的材料，如立方氮化硼、石英等，也可以利用爆炸的方法进行合成。

　　高温自蔓延合成法是利用材料本身化学反应释放出的热能制备材料的一种方法。起源于 1885 年，德国冶金学家发现很多金属氧化物与铝混合加热时都可以被还原，得到相应的金属或合金，同时反应释放出大量的热，可产生 1500～4000 ℃高温，大大高于常规的合成方法。近几十年，人们利用此方法合成出了包括碳化物、氮化物、硅化物、硫化物、氢化物、磷化物、氧化物、复合氧化物、合金、超导体、有机物等 500 多种物质。一些很难用常规方法合成的梯度功能材料和特种复合材料也能利用此方法合成出来。

高温自蔓延合成法具有独特的优越性:合成过程能够充分地利用化学反应产生的能量,产品纯度高、产量高。反应过程经历很大的温度变化,具有非常高的加热和冷却速率,使得产物中的缺陷和非平衡相比较集中,比传统方法制备的材料活性更大,更易烧结,可以制造出某些非化学剂量化合物及中间的亚稳相。高温自蔓延合成技术还可以用于空间试验加热源,很好地进行高真空、无重力条件下的冶金。

1.3.2 等离子体合成

等离子态是物质的"第四态",等离子体是由大量的带电粒子和中性粒子组成的系统,从化学角度来看,等离子体空间富集的离子、电子、激发态的原子、分子及自由基极其活泼,这些高活性物质在普通的热化学反应当中是不易得到的,但在等离子体中可源源不断地产生。等离子技术在微电子、新材料、环保等领域有着广阔的应用前景。

等离子技术与催化化学相结合可以展示出特异的化学现象,在非平衡态条件下制备相应的催化剂或进行催化剂的改性。例如,在 α - Al_2O_3 载体表面用等离子体处理。高能电子、离子对表面的轰击可降低催化剂分解和还原温度,有效促进金属和载体的粘附力和相互作用,可获得具有新的表面性能和高稳定性的催化活性新材料。

借助等离子体可冶炼一般方法难于冶炼的材料,例如直接从氯化锆、氧化钽、氯化钛当中用等离子体熔融快速固化法制备高熔点的锆、钽、钛金属粉体。等离子体冶炼的优点是产品的成分及微结构的一致性好,避免了容器材料的污染。用等离子体沉积快速固化的方法,可以将特种材料的粉末喷入等离子体中熔化,并喷涂到基体上,使之快速地冷却固化,形成高质量的表面涂层。

1.3.3 激光辅助合成

激光是一种受激发射而放大的特殊光源,具有高亮度、单色性、聚能与方向性强等特点。1960 年,美国物理学家梅曼成功研制红宝石固体激光器,标志着激光技术的创立。

激光聚焦可以产生极高的温度,常用来辅助超高温合成。利用激光的高能量来熔化或附加材料,可以实现激光焊接、切割、表面改性等多种工艺。激光熔覆是用高能激光束熔化涂层材料和薄层基材并使之结合在一起,形成具有一定厚度却没有裂纹空隙的材料的堆焊工艺。激光熔覆常被用于材料的表面改性,增强基材的抗腐蚀、抗磨损、抗氧化性能。激光熔覆技术的难点在于融合涂层材料与基体材料的物理性质,包括熔点热膨胀系数可能差异较大,会导致涂层内部存在应力,产生开裂或剥落的现象,难有较好的结合。

激光辅助燃烧合成利用激光束引燃反应体系,发生自蔓延反应,原位生成所需要的涂层,同时自蔓延反应本身释放出的大量热与激光的能量将使反应产物熔化,最后与基材形成冶金涂层。这种技术兼具激光熔覆和燃烧合成的优点,可使陶瓷涂层原位合成组织分布均匀,在体材快速冷却下迅速凝固,组织细小,制备的涂层厚度容易控制,内部孔洞裂纹少,结合紧密。用激光辅助燃烧合成可以制备出高硬、高强、耐磨性能好的三氧化铝-碳化硼-碳化钛复合涂层,比传统的热熔覆涂层性能更好,缺陷少、耐磨损性能强、基体结合更加紧密。此种技术的缺点是难以在复杂结构的部件表面制备涂层,尤其是管道内表面或者是曲面。

第 2 章　基础与综合性实验

实验一　室温固相反应法合成 CuO 纳米粉体及其催化性能表征

一、实验目的

(1)了解低温固相合成法的影响因素;

(2)熟悉低温固相合成法的基本原理;

(3)掌握无机纳米粉体的常用表征技术。

二、实验原理

纳米材料是在 20 世纪 80 年代兴起并迅速发展的一类材料。它可分为两个层次,纳米微粒和纳米固体。纳米微粒是指单个颗粒尺度为纳米级的粒子,通常指粒度为 $1\sim100$ nm 的细微粒子;纳米固体则是由纳米微粒聚集而成,包括三维的纳米块体、二维的纳米薄膜和一维的纳米线。

由于纳米粒子是由数目较少的原子或分子聚集形成的,处于介稳状态,在热力学上是不稳定的,所以被视为一种新的物理状态。相较于同类的块体材料,纳米材料的一些物理化学性质表现出一些奇异的特性。例如比表面积特别大,有很高的表面张力,熔点降低,光、电、磁、力学等性质发生显著变化。

纳米粒子呈现出的许多奇异特性,主要可归结为以下四方面。

(1)表面与界面效应。表面效应是由于纳米粒子尺寸很小所致,由于表面积增大,表面结合能增大,表面原子所处的环境和结合能与内部原子不同,许多悬空键具有很大的活性。这一特性不但会引起纳米粒子表面原子输运和构型的变化,也会引起表面电子自旋构象和电子能谱的变化。

(2)小尺寸效应。当颗粒的尺寸与光波波长、德布罗意波长尺度相当或更小时,晶体周期性的边界条件被破坏,非晶态纳米微粒的表面附近原子密度减小,导致声、光、电、磁、热、力学等特性随尺度减小而发生显著变化。

(3)量子尺寸效应。当颗粒尺寸降到某一值时,费米能级附近的电子能级由准连续能级变为离散能级。纳米半导体微粒存在不连续的最高占据分子轨道和最低未占分子轨道,出现能级变宽的现象。表现在光学光谱吸收上出现具有分立结构的谱带,引起颗粒的磁化率、比热容、介电常数和光谱线发生位移,与宏观特性有显著不同。

(4)宏观量子隧道效应。纳米粒子一些宏观特性如磁化强度、磁通量、电荷等具有贯穿势垒的能力。宏观量子隧道效应与量子尺寸效应一起确定了微电子器件进一步微型化的极限,也限定了采用磁带、磁盘等进行信息存储的最短时间。

纳米粒子展现出的一系列新颖特性,为人们认识自然和发展新材料提供了新的机遇,因此受到了广泛的关注。

纳米粒子的制备方法很多,按基本原理主要分为两种类型,一是"从上到下"的方式,即将大块的固体破裂分散成纳米粒子;二是"从下到上"的方式,即形成颗粒时控制粒子的生长,使其维持在纳米尺寸。固相制备纳米粒子的方法属于第一种类型,包括低温粉碎法、超声波粉碎法、机械合金化法、爆炸法、固相热分解法等;液相和气相制备纳米粒子的方法属于第二种类型,主要有沉淀法、络合沉淀法、水解法、水热合成法、溶剂热合成法、醇盐水解法、溶胶-凝胶法、微乳液法、溶剂蒸发法、喷雾热分解法、冷冻干燥法、真空蒸发法、等离子体法、化学气相沉积法、激光气相合成法等。

纳米 CuO 是具有广泛用途的化工产品,其电学性质对外界环境如温度、湿度、光等条件十分敏感,因此可作为传感器的敏感材料,提高传感器的响应速度、灵敏性和选择性。纳米 CuO 对多种化学反应有催化作用,是汽车净化器中的催化转化材料;纳米 CuO 还是 p 型半导体材料,也是一种很好的光敏材料,可用作光催化降解有机染料。纳米 CuO 的红外吸收峰呈现出明显宽化,并有明显的蓝移现象。利用这种蓝移现象可以设计波段可控的光吸收材料,使其在微波吸收、雷达波吸收、隐形战机涂层等方面显示出良好的应用前景。

本实验采用室温固相化学反应法合成纳米粉体,该方法具有简便快速、产率高、选择性好、合成工艺环境友好等特点。采用 X 射线衍射仪、透射电镜、红外光谱仪对纳米材料进行表征,并用纳米 CuO 催化碘苯生成苯胺的反应来表征其催化性能。

三、仪器与试剂

1. 仪器

研钵、水浴锅、真空烘箱、马弗炉、蒸发皿、电子天平、温度计、烧杯(100 mL)、抽滤装置、真空泵、X 射线衍射仪、红外光谱仪、透射电镜、烧瓶(15 mL)、分液漏斗、回流装置一套、磁力加热搅拌装置一套、旋转蒸发仪、层析柱、ZF-1 三用紫外分析仪、离心分离机。

2. 试剂

$CuSO_4 \cdot 5H_2O$、$CuCl_2 \cdot 2H_2O$、$Cu(Ac)_2 \cdot H_2O$、NaOH、草酸、无水乙醇、蒸馏水、碘苯、KOH、质量分数 25% 的氨水、乙酸乙酯、无水硫酸钠、柱层析硅胶、高效薄层层析硅胶板。

四、实验内容

1. 三种纳米 CuO 的制备

称取 10 mmol $CuSO_4 \cdot 5H_2O$ 与 25 mmol NaOH,分别充分预研磨(约 30 min),然后将两者混合。置于研钵中,一经研磨,立即有黑色产物生成;充分研磨约 15 min,反应体系颜色由浅蓝完全变成黑色。用蒸馏水和无水乙醇交替洗涤产物两次,自然干燥,所得样品记作Ⅰ号。

以 $CuCl_2 \cdot 2H_2O$ 与 NaOH 为反应物,以同样的反应物用量和配比进行反应,步骤及反应现象同上,所得样品记作Ⅱ号。

称取 10 mmol $Cu(Ac)_2 \cdot H_2O$ 与 10 mmol 草酸作为反应物,分别充分预研磨(约 30 min),然后将两者混合。置于研钵中充分研磨约 15 min,50 ℃水浴加热 1 h,固相产物 70 ℃真空干燥 4 h,得到前驱物 CuC_2O_4。将 CuC_2O_4 置于马弗炉中加热升温至 300 ℃,保持 2 h,可得黑色的纳米 CuO 粉末,所得样品记作Ⅲ号。

2. 纳米 CuO 的结构形貌表征

取少量上述三种合成的 CuO 样品,做 XRD 图谱。与标准粉末衍射 PDF 卡片(050661)对照,可以判断固相反应制得的纳米氧化铜的晶体类型。根据氧化铜的特征衍射峰宽化可以得知产物的氧化铜粒径变小。根据谢乐公式计算三种氧化铜纳米颗粒的平均粒径为

$$D = \frac{0.9\lambda}{\cos\theta \sqrt{W^2 - W_0^2}}$$

式中,D 为晶粒平均粒径,nm;λ 为 X 射线波长,nm;θ 为 Bragg 衍射角(2θ)的一半;W 为测得的半峰宽度;W_0 为标准半峰宽度。

若有条件,可同时做 CuO 样品的透射电镜照片,观察 CuO 纳米粒子的形貌、粒径大小及分布,与 XRD 衍射峰计算结果相比较。

取少许三种 CuO 纳米颗粒进行红外光谱分析,结合对比三种 CuO 纳米颗粒的大小,分析低温固相合成法制备纳米颗粒的影响因素。

3. 纳米 CuO 的催化性能表征

向洁净的 15 mL 烧瓶中加入 204 mg (1 mmol)碘苯、112 mg (2 mmol)KOH、16 mg(0.2 mmol)纳米 CuO 和 2 mL 无水乙醇,再加入 340 mg (5 mmol)质量分数 25% 的氨水,密封体系,将混合物在 90 ℃下搅拌反应 16 h;反应结束后冷却至室温,加入 5 mL 蒸馏水,用乙酸乙酯分别萃取 3 次(每次 10 mL),合并有机层,经无水硫酸钠干燥,抽滤,旋转蒸发除去乙酸乙酯,粗产品通过柱层析分离提纯。

不加纳米 CuO,其他条件同上,再进行一组实验,对比两组反应产物的产率。

反应结束后静置,冷却至室温;用针筒小心抽出反应液,用适量乙酸乙酯分 3 次洗涤烧瓶底部的残留固体;加入 2 mL 蒸馏水充分搅拌,针筒抽取注入离心管,加入适量水后置于离心机中分离,如此反复 3 次,以除去体系中的 KOH;得到的固体经真空干燥后备用。

五、注意事项

(1)预研磨必须充分,反应物混合均匀后也需充分研磨。

(2)用透射电镜观察纳米 CuO 颗粒时,需将纳米粉体溶于少量乙醇溶液(95%)中,用研钵研磨 20 min,再用超声分散 20 min 以破坏团聚体,之后,再将样品滴在具有支持膜的铜网上,在透射电镜下进行观察。

六、思考题

(1)纳米粒子为什么会呈现出与相应块体材料显著不同的许多奇异特性?

(2)纳米 CuO 还有哪些常见的制备方法?对比体会不同制备方法的优缺点。

参考文献

[1] 俞建群,徐政,方明豹,等. 一步室温固相化学反应法合成 CuO 纳米粉体[J]. 同济大学学报,2000,28(3):364-367.

[2] 刘科辉,颜流水,罗国安. 纳米氧化铜催化化学发光性能及其氨基酸检测[J]. 分析化学,2005,33(6):847-849.

[3] 吕良忠,徐欢,丁元华,等. 纳米氧化铜催化碘代芳烃的氨基化反应[J]. 扬州大学学报(自然科学版),
　　2012,15(4):38-41.

(编写:张雯;校对:杨帆)

实验二　Y_2O_3:Eu 荧光材料的高温固相合成和光谱性能的测定

一、实验目的

(1)了解荧光材料的发光原理;

(2)了解光致发光材料 Y_2O_3:Eu 的合成与荧光性能测定;

(3)学会荧光材料发射光谱和激发光谱的测定方法。

二、实验原理

荧光材料是指在高能辐射激发下可以产生荧光的一类功能材料,其发射出的光子的能量比激发辐射的能量低。荧光发光材料主要由基质和激活剂组成,还可以在一些材料中掺杂另一种杂质离子来提高发光效率,称其为敏化剂。发光材料的发光特性取决于激活剂阳离子的电子能态迁移。荧光材料晶体被能量激发后,就会以一定的方式吸收能量并激发晶体中的电子;当被激发电子回到基态时,晶体材料就会发出荧光。具有发光行为的跃迁称为辐射跃迁,无发光行为的跃迁称为无辐射跃迁。

荧光材料的制备方法很多,如燃烧法、溶胶-凝胶法、共沉淀法、微波辅助加热法、高温固相合成法等。其中高温固相反应合成荧光材料的工艺比较成熟,能保证形成良好的晶体结构,在实际生产中应用最为广泛。高温固相反应本质上是反应物在晶粒界面或界面临近的反应物晶格中生成新的晶核,并且晶核进一步长大的过程。高温有利于各种离子之间的相互扩散、迁移,有利于晶体的生长。此外,一些因素也影响到高温固相反应的进行。如把各种反应物研磨成很细碎的颗粒,并使它们均匀混合,可以使反应物之间有尽可能大的接触面积和短的扩散距离;在反应物中加入助溶剂,助溶剂的熔点较低,在高温下熔融可以提供一个半流动的环境,有利于反应物之间的相互扩散,促进高温固相反应的进行。制备出的荧光材料的光谱特性可用荧光光谱仪测定。

荧光光谱仪主要由光源、激发单色器、发射单色器、样品室、检测器五部分组成。激发光源应有足够的强度,适用波长范围宽,稳定,常见的有氙弧灯,能发射出强度较大的连续光谱,且在 200~800 nm 范围内强度几乎相等,故较常用。激发单色器置于光源和样品室之间,又称第一单色器,筛选出特定的激发光谱。发射单色器置于样品室和检测器之间,又称第二单色器,常采用光栅为单色器,筛选出特定的发射光谱。样品室通常由石英池(液体样品用)或固体样品架(粉末或片状样品用)组成。测量液体时,光源与检测器成直角布置;测量固体时,光源与检测器成锐角布置。检测器一般采用光电管或光电倍增管,可将光信号放大并转为电信号。

荧光光谱仪氙弧灯发出的光经单色器照射到样品池中,激发样品中的荧光物质发出荧光,荧光经过滤和反射后,被光电倍增管所接收,然后以图形或数字的形式显示出来。选择某一固定波长的光激发样品,记录样品中产生的荧光发射强度与发射波长间的函数关系,即得荧光发射光谱。选定某一荧光发射波长记录荧光发射强度作为激发光波长的函数,即得荧光激发光谱。

三、仪器与试剂

1. 仪器

FLsp920 全功能型稳态/瞬态荧光光谱仪、马弗炉、研钵、坩埚。

2. 试剂

氧化钇(光谱纯)、氧化铕(光谱纯)、硼酸(AR)、氟化钡(AR)。

四、实验内容

1. 试样的制备

根据荧光粉的分子式计算出各原料组分的重量。精确称取氧化钇、氧化铕,再称取一定量硼酸(质量分数约 3%)、氟化钡放置于研钵中,混合均匀后,置于刚玉坩埚内,并加盖。移入高温炉内,升温到 1000 ℃并保温 1 h,待温度降至 200 ℃以下出炉,得到 $Y_2O_3:Eu$ 荧光材料。灼烧后的样品用研钵破碎,用 200 目尼龙纱网过筛。粉末颗粒度的大小也会影响发光性能。

2. 试样的测试

在 FLsp920 全功能型稳态/瞬态荧光光谱仪固体支架上放置样品,选择254 nm激发波长,测定样品 $Y_2O_3:Eu$ 的荧光发射光谱,再以最强的发射光谱波长(约 610 nm)测定其激发光谱。

操作步骤如下:

(1)依次打开氙弧灯、检测器制冷器和样品室开关;

(2)约 45 min 后,冷却器温度应达到 -16 ℃以下;

(3)打开计算机,启动软件 F900;

(4)打开"Signal Rate",选择最佳激发、发射波长,调节两个 $\Delta\lambda$,使 CPS 到 100000 以下;

(5)打开 New Spectral λ,选择测试项目,设置条件;

(6)开始测试并保存实验结果;

(7)退出软件 F900,依次关闭样品室、检测冷却器、氙弧灯开关。

五、注意事项

(1)注意开、关机顺序。

(2)为延长仪器使用寿命,扫描速度、负高压、狭缝的设置一般不宜选在高挡。

(3)关机后必须半小时(等氙弧灯温度降下)后方可重新开机。

(4)取高纯药品时药勺不能混用;每称一种换一张称量纸,以防造成药品污染。

(5)整个材料制备过程应避免接触金属器皿。

六、思考题

(1)什么是激发光谱? 什么是发射光谱?

(2)荧光材料的发光机理是什么?

(3)影响荧光粉发光性能的因素有哪些?

七、附录

氧化钇铕的激发光谱和氧化钇铕的发射光谱如图 2-2-1 所示。

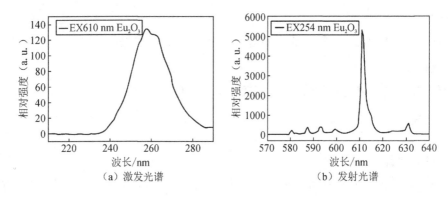

图 2-2-1 氧化钇铕的激发光谱和发射光谱

参考文献

[1] 李珺. 综合化学实验[M]. 西安:西北大学出版社,2003.

[2] 孙家跃,杜海燕,胡文祥. 固体发光材料[M]. 北京:化学工业出版社,2003.

[3] 刘军,康明,孙蓉,等. 高温固相法制备 CaCO₃:Eu³⁺,Li⁺ 红色荧光粉[J]. 中国粉体技术,2008,14(3):28-31.

(编写:张军杰;校对:张雯)

实验三 阿司匹林及其铜配合物的制备和表征

一、实验目的

(1)了解阿司匹林和阿司匹林铜的理化性质,掌握酯化反应的基本原理及其在阿司匹林制备中的应用;

(2)掌握减压过滤、重结晶等基本操作;

(3)掌握用酸碱滴定法测定阿司匹林铜的原理和方法,以及用碘量法测定铜含量的原理。

二、实验原理

阿司匹林是一种经典的镇痛药,用于治疗伤风感冒、头痛、神经痛、关节痛及风湿病等。近年来,又证明它具有抑制血小板凝聚的作用,可预防血栓形成,治疗心血管疾患。阿司匹林学名乙酰水杨酸,为白色针状或片状晶体,易溶于乙醇,可溶于氯仿、乙醚,微溶于水。通常是由

水杨酸和乙酸酐在浓硫酸催化下合成的。其反应方程式如下

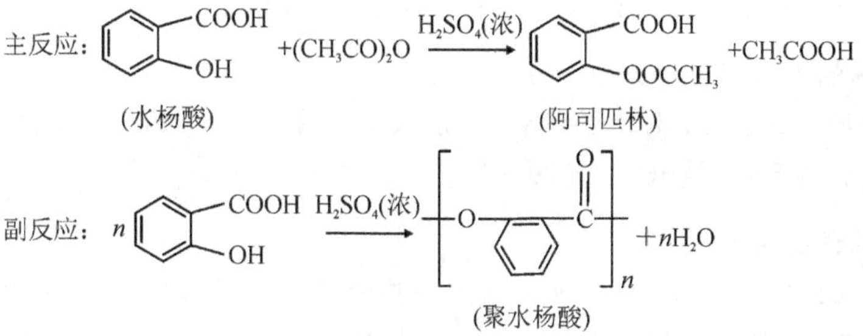

主反应：（水杨酸）$+(CH_3CO)_2O$ $\xrightarrow{H_2SO_4(浓)}$ （阿司匹林）$+CH_3COOH$

副反应：n（水杨酸）$\xrightarrow{H_2SO_4(浓)}$ （聚水杨酸）$+nH_2O$

水杨酸具有酚羟基，能与三氯化铁试剂发生颜色反应，此性质可用作阿司匹林的纯度检验。

阿司匹林类药物虽然疗效显著，但它存在严重的消化道不良副作用，血药浓度愈高，副作用愈明显。研究表明，阿司匹林与铜络合后，抗炎作用增强数十倍，可以在减少药量的情况下提高其疗效，降低副作用。阿司匹林铜具有比阿司匹林更好的消炎镇痛、防癌抗癌、抗糖尿病和抗辐射活性等作用，且毒副作用小，胃肠不良反应较轻，是一种有着广泛应用前景的新药。

阿司匹林铜为亮蓝色结晶粉末，无吸湿、风化，不挥发，不溶于水、醇、醚及氯仿等溶剂，微溶于二甲亚砜，可溶于氨水，与盐酸反应可解离出阿司匹林和铜离子。阿司匹林铜受热不稳定，可生成一种浅绿色混合物。将硫酸铜转化成$Cu_2(OH)_2CO_3$沉淀，再跟阿司匹林进行反应，即可制得阿司匹林铜。

三、仪器与试剂

1. 仪器

250 mL 锥形瓶（烘干）、10 mL 量筒（烘干）、布氏漏斗、抽滤瓶、水泵、水浴锅、温度计、冰浴。

2. 试剂

水杨酸（固体）、乙酸酐[相对密度 1.080（与 4 ℃时同体积的水相比）]、乙醇（95%）、浓硫酸、1% $FeCl_3$ 溶液、$CuSO_4 \cdot 5H_2O$、无水碳酸钠。

四、实验内容

1. 阿司匹林的制备

在 250 mL 锥形瓶中加入 2.0 g 水杨酸和 4.0 mL 乙酸酐，摇匀。向混合物中加入 3 滴浓硫酸搅匀。反应开始时会放热，若锥形瓶不变热，就再向混合物中加 1 滴浓硫酸。当感到锥形瓶变热时，将反应混合物放到 50 ℃的水浴中加热 5～10 min，使其反应完全。取出锥形瓶，边摇边滴加 1 mL 冷蒸馏水，然后快速加入 20 mL 冷蒸馏水，立即浸入冰浴冷却，使白色沉淀产生。待晶体完全析出后用布氏漏斗抽滤，用少量冷蒸馏水分两次洗涤锥形瓶，再洗涤晶体，抽干，得粗品。

2. 粗品的重结晶

将粗制乙酰水杨酸放入锥形瓶中，再加入 95% 乙醇 4～6 mL 于水浴（50～60 ℃）上加热片

刻,若仍未溶解完全,可再补加适量乙醇使其溶解,趁热过滤,在滤液中加入 2.5 倍体积(10～15 mL)的热水,冷却后析出白色结晶。减压过滤,抽干。称重,计算产率。

3. 阿司匹林的检验与红外光谱分析

取几粒晶粒加入盛有 5 mL 水的试管中,加入 1～2 滴 1% 的 $FeCl_3$ 溶液,观察有无颜色反应。取少许干燥后的晶体进行红外光谱分析。

4. 阿司匹林铜的制备

称取 1.3 g $CuSO_4 \cdot 5H_2O$ 和 0.7 g 无水碳酸钠分别溶解于水中,冷却后在冰水环境下混合反应得到蓝色沉淀,直到洗涤出来的滤液无 SO_4^{2-} 为止。称取先前制备好的阿司匹林 2.0 g,与上述蓝色沉淀体系混合,并用磁力搅拌器进行搅拌,得到与碱式碳酸铜不同的亮蓝色沉淀,抽滤,先用水洗涤,向洗涤后的沉淀滴加 1～2 滴稀盐酸,应无气泡产生,若有气泡则要加入阿司匹林让其充分反应,再用乙醇洗涤,然后用水洗涤,干燥得到产品,称重,计算产率并测定产物的红外光谱。

五、注意事项

(1)制备阿司匹林时,若冰浴后无晶体或油状物出现,可在冰水浴中用玻棒摩擦内壁,使白色晶体析出。

(2)乙酸酐、浓硫酸等在使用过程中应注意安全。

六、思考题

(1)阿司匹林制备中滴加浓硫酸有什么作用?

(2)进行酯化反应时所用的水杨酸和玻璃器材都必须是干燥的,为什么?

参考文献

[1] 刘涛,魏冬,姜波,等. 阿司匹林铜(Ⅱ)配合物的合成、晶体结构和抗肿瘤活性[J]. 应用化学,2014,31(3):296 - 302.

(编写:张雯;校对:杨帆)

实验四　光敏材料三草酸合铁(Ⅲ)酸钾的制备及表征

一、实验目的

(1)掌握三草酸合铁(Ⅲ)酸钾合成的基本原理和操作技术;

(2)加深对 Fe(Ⅲ)和 Fe(Ⅱ)化合物性质的了解;

(3)综合了解化学分析、电荷测定、红外光谱、磁化率等分析手段的应用。

二、实验原理

三草酸合铁(Ⅲ)酸钾($K_3[Fe(C_2O_4)_3] \cdot 3H_2O$)为翠绿色的单斜晶体,易溶于水,难溶于乙醇。在 100 ℃时溶解度可达 117.7 g·100 g^{-1} H$_2$O,但在 0 ℃左右时溶解度很小,仅为 4.7 g·100 g^{-1}H$_2$O。此配合物对光敏感,受光照射分解变为黄色,因此常用来作为化学光量计。

目前,合成三草酸合铁(Ⅲ)酸钾的工艺路线有多种。例如以铁为原料制得硫酸亚铁胺,加草酸钾制得草酸亚铁后经过氧化氢(H$_2$O$_2$)氧化制得三草酸合铁(Ⅲ)酸钾;或以硫酸铁与草酸钾为原料直接合成三草酸合铁(Ⅲ)酸钾。本实验以三氯化铁与草酸钾为原料,直接合成三草酸合铁(Ⅲ)酸钾。其合成过程简单,易操作,产品经过重结晶后纯度高,对后续结构组成的准确测定有利。其主要反应为

$$FeCl_3 + 3K_2C_2O_4 \longrightarrow K_3[Fe(C_2O_4)_3] + 3KCl$$

该配合物极易感光,室温日光照射下或强光下分解生成草酸亚铁,变为黄色,进而再遇铁氰化钾(K$_3$[Fe(CN)$_6$])生成滕氏蓝,相关反应为

$$2[Fe(C_2O_4)_3]^{3-} \xrightarrow{h\nu} 2FeC_2O_4 + 3C_2O_4{}^{2-} + 2CO_2$$

$$3FeC_2O_4 + 2K_3[Fe(CN)_6] \longrightarrow Fe_3[Fe(CN)_6]_2 + 3K_2C_2O_4$$

合成得到的配合物通过化学分析确定配离子的组成。用 KMnO$_4$ 标准溶液在酸性介质中滴定测得草酸根的含量;Fe^{3+}含量可先用过量锌粉将其还原为 Fe^{2+},然后将剩余的锌粉过滤掉,再用 KMnO$_4$ 标准溶液滴定而测得,其反应式为

$$5C_2O_4^{2-} + 2MnO_4^- + 16H^+ \longrightarrow 10CO_2\uparrow + 2Mn^{2+} + 8H_2O$$

$$5Fe^{2+} + MnO_4^- + 8H^+ \longrightarrow 5Fe^{3+} + Mn^{2+} + 4H_2O$$

根据配合物中铁、草酸根的含量便可计算出钾的含量,进而得到三草酸合铁(Ⅲ)酸钾的化学组成比

$$n_{K^+} : n_{C_2O_4^{2-}} : n_{Fe^{3+}} : n_{H_2O}$$

用红外光谱对实验制备的产物进行表征,用测定磁化率推测铁离子的 d 电子排布和草酸根配位场的强弱。此外,也可应用比色分析法测定铁的含量,用离子选择性电极测定钾离子含量,用热重分析定量测定结晶水合草酸根的含量,热分解产物中的碳酸盐可用红外光谱验证;用核磁共振谱或顺磁共振谱对配合物的结构进行测定。

三、仪器与试剂

1. 仪器

烧杯、量筒、玻璃棒、锥形瓶、布氏漏斗、吸滤瓶一套、真空泵、烘箱、酸式滴定管、加热装置、红外光谱仪、古埃磁天平、研钵、电子天平、红外灯箱等。

2. 试剂

FeCl$_3$·6H$_2$O(AR)、K$_2$C$_2$O$_4$(AR)、HCl(0.1 mol·L^{-1})、HAc(0.1 mol·L^{-1})、H$_2$SO$_4$(3 mol·L^{-1})、丙酮(AR)、K$_3$[Fe(CN)$_6$](AR)、KMnO$_4$ 标准溶液、KBr(干燥)、锌粉、摩尔盐、去离子水、冰、滤纸、pH 试纸。

四、实验内容

1. 制备三草酸合铁(Ⅲ)酸钾

称取 10.7 g FeCl$_3$·6H$_2$O 放入 100 mL 烧杯中,用 16 mL 蒸馏水溶解配制成溶液,加入数

滴稀盐酸调节溶液的 pH 值为 1～2；再称取 21.8 g 草酸钾放入另一 250 mL 烧杯中，加入 60 mL 去离子水并加热至 85～95 ℃，向此溶液中逐滴加入刚配好的 $FeCl_3$ 溶液并不断搅拌，至溶液变成澄清翠绿色，测定此时溶液 pH 值为 4。将此溶液放到冰箱中冷却直到结晶完全。倾出母液，将晶体溶于 60 mL 热水中再冷却到 0 ℃ 重结晶，然后吸滤，用 0.1 mol·L^{-1} 醋酸溶液洗涤晶体一次，再用丙酮洗涤两次，在 50 ℃ 左右干燥晶体，即得翠绿色 $K_3Fe(C_2O_4)_3·3H_2O$ 晶体，称其质量，计算产率。

2. 结晶水的测定

准确称取 0.5～0.6 g 产物，放入已恒重的称量瓶中。置于烘箱中，在 110 ℃ 下烘干 1～1.5 h，在干燥器中冷却至室温，称重。重复干燥、冷却、称重的操作，直到恒重。根据称量结果，计算 1 mol 产物中所含结晶水的物质的量为

$$n_{H_2O} = \frac{437\Delta m}{18m} \qquad (2-4-1)$$

式中，m 为失水后的样品质量。

将所得产物用研钵研成粉末，用黑布包裹，置于干燥器内避光保存。

3. $C_2O_4^{2-}$ 含量的测定

精确称取 0.10～0.12 g 干燥晶体两份，分别放入两个 250 mL 锥形瓶中，加入 50 mL 水溶解，再加 3 mol·L^{-1} H_2SO_4 溶液 10 mL，加热至 70～80 ℃(不要高于 85 ℃)，用 $KMnO_4$ 标准溶液滴定至浅红色。开始时反应很慢，故第一滴滴入后，待红色褪去再滴入第二滴，溶液红色消退后，由于二价锰的催化作用反应速度加快，但滴定仍需逐滴加入，直至溶液 30 s 不褪色为止，记下读数，计算结果。平行滴定两次，滴定完的溶液保留待用。

$$n_{C_2O_4^{2-}} = 2.5Vc; \quad \omega_1(\%) = n_{C_2O_4^{2-}} \times 88/m \times 100\% \qquad (2-4-2)$$

式中，m 为失水后的样品质量。

4. 铁的含量测定

向第三步滴定完草酸根离子的保留溶液中加入过量的还原剂锌粉，加热溶液近沸，使 Fe^{3+} 还原为 Fe^{2+}。趁热过滤除去多余的锌粉，滤液用另一干净的锥形瓶盛放。洗涤锌粉，使洗涤液定量转移到滤液中，再用高锰酸钾标准溶液滴至粉红色且 30 s 内不变，记录消耗的高锰酸钾标准溶液的体积。平行滴定两次，计算出铁的质量分数。

$$n_{Fe^{3+}} = 5Vc; \quad \omega_2(\%) = nFe^{3+} \times 56/m \times 100\% \qquad (2-4-3)$$

由测得的 $C_2O_4^{2-}$、Fe^{3+} 的质量分数可计算出 K^+ 的质量分数，从而确定配合物的组成及化学式。

5. $K_3[Fe(C_2O_4)_3]$ 的光学性质

(1)将少量产品放在表面皿上，在强烈日光或红外灯下照射一段时间，观察晶体颜色变化，并与放在暗处的晶体比较。

(2)制感光纸。按 $K_3[Fe(C_2O_4)_3]$ 0.3 g、$K_3[Fe(CN)_6]$ 0.4 g、H_2O 8 mL 的比例配成溶液，浸渍滤纸制成感光纸。用黑纸剪成图案附在感光纸上，在强烈日光或红外灯下照射数分钟，曝光部分即呈蓝色，显现出图案来。

6. $K_3[Fe(C_2O_4)_3]$ 的红外光谱测试

将脱去结晶水的产物样品用 KBr 压片，测定其红外光谱，确定该化合物的配位基团。

7. $K_3[Fe(C_2O_4)_3]$ 的磁化率测试

摩尔盐与脱去结晶水的产物样品研细过筛备用。在不加磁场的情况下,称空样品管的质量 m,取下样品管,将研细的摩尔盐装入管中,样品的高度约 15 cm,置于古埃磁天平的挂钩上,样品管底部与磁场中心齐平。在不加磁场的情况下称得 m_1;接通电磁铁的电源,电流调至 3 A,在该磁场强度下称得质量 m_2,并记录样品周围的温度。在相同磁场强度下,用 $K_3[Fe(C_2O_4)_3]$ 取代摩尔盐重复上述步骤。根据实验数据求出 $K_3[Fe(C_2O_4)_3]$ 的有效磁矩 μ_{eff},可得未成对电子数,进而确定 $K_3[Fe(C_2O_4)_3]$ 中 Fe^{3+} 的最外层电子结构。数据处理过程如下。

(1)求得待测样品的磁化率 χ:

$$\frac{\chi}{\chi_s} = \frac{\Delta m}{\Delta m_s} \cdot \frac{m_s}{m} \qquad (2-4-4)$$

式中,m_s 为装入样品管中的摩尔盐质量;m 为装入样品管中的待测样品质量;Δm_s 为摩尔盐加磁场前后质量的变化;Δm 为待测样品加磁场前后质量的变化;χ 为待测物质的磁化率;χ_s 为摩尔盐的磁化率。

$$\chi_s = \frac{9500}{T+1} \times 10^{-6} \qquad (2-4-5)$$

(2)有效磁矩与磁化率的关系:

$$\mu_{eff} = 2.84 \sqrt{\chi M T} \qquad (2-4-6)$$

式中,M 为 $K_3[Fe(C_2O_4)_3]$ 的相对分子质量;T 为热力学温度。

(3)有效磁矩 μ_{eff} 与未成对电子数 n' 之间的关系:

$$\mu_{eff} = \sqrt{n'(n'+2)} \qquad (2-4-7)$$

式中,n' 为未成对电子数。进而可确定 $K_3[Fe(C_2O_4)_3]$ 中 Fe^{3+} 的最外层电子结构。

五、注意事项

(1)用 $KMnO_4$ 滴定法测定配离子组成时要控制温度在 70～85 ℃ 以防分解;溶液的酸度为 0.5～1 mol·L^{-1},酸度低会生成 MnO_2 沉淀,酸度高时草酸会分解。

(2)用 $FeCl_3$ 与 $K_2C_2O_4$ 合成制备 $K_3[Fe(C_2O_4)_3]$ 时,其物质的量比为 1∶3,$FeCl_3 \cdot 6H_2O$ 配制成溶液时应加盐酸,酸度控制在 pH 值为 1～2,然后慢慢加入到已加热溶解的 $K_2C_2O_4$ 溶液中,并不断搅拌至有翠绿色的溶液生成。

(3)测磁化率时试样应尽量研细以保证试样在样品管中填装均匀,没有断层。

(4)磁天平励磁电流的调节应平稳、缓慢。

(5)磁天平使用完毕后,务必将励磁电流调节旋钮左旋至最小(显示为 0000),然后方可关机。

(6)磁天平测试完毕后的试样均要倒回各自专用试剂瓶,可重复使用。

六、思考题

(1)如果反应物 $FeCl_3$ 过量会有什么现象出现?如草酸钾过量呢?若反应体系中的酸度过强(大于 1.5 mol·L^{-1})或遇光照,会有什么现象?

（2）如何提高产率？能否用蒸干溶液的办法来提高产率？

补充阅读

物质置于磁场中会被磁化而产生附加磁场,其磁感应强度 B' 与外界磁场强度 B_0 之和,即为该物质内部的磁感应强度 B。根据附加磁场磁感应强度 B' 的大小和方向,物质被分为三类。B' 与 B_0 方向相同时称为顺磁性物质,方向相反时则称为反磁性物质。还有一类物质如铁、钴、镍及其合金,B' 比 B 大得多,而且当外加磁场消失后附加磁场并不立即消失,有剩磁现象,此类物质被称为铁磁性物质。

一般认为物质的磁性与内部分子、离子或原子的电子轨道运动有关。凡是微观粒子中含有自旋未配对电子的物质都是顺磁物质。在外磁场作用下,物质内部产生的附加感应磁场主要由两方面构成:①若物质内部微观粒子中存在自旋未配对电子,则会产生一个与外加磁场方向相同的感应磁场;②物质内部粒子中配对电子的轨道运动会产生一个与外加磁场方向相反的感应磁场。以上两类附加感应磁场,前者的强度远比后者强,在精确度要求不高的测量中往往忽略后者,将顺磁物质和反磁物质统一起来研究,反磁物质常被看作摩尔磁化率等于零的顺磁物质。

古埃磁天平构造如图 2-4-1 所示。该方法的基本原理是:当样品物质置于一个不平均磁场中时,样品分子的磁矩不仅会按磁场方向进行有序排列,而且会受到一个使样品发生位移的力,力的大小与样品分子的磁化率有关。如果测出样品所受的力,则可求得样品的磁化率。

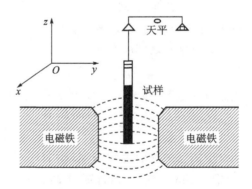

图 2-4-1 古埃磁天平构造

参考文献

[1] 凌必文,刁海生. 三草酸合铁(Ⅲ)酸钾的合成及结构组成测定[J]. 安庆师范学院学报(自然科学版), 2001, 7(4): 13-16.

[2] 谷名学,吴婉群,周正宾. 三草酸根合铁(Ⅲ)酸钾磁化率的测定[J]. 西南师范大学学报(自然科学版), 1995, 20(5): 577-580.

（编写:张雯 王耿;校对:贾钦相）

实验五　铜离子配合物的制备与晶体场分裂能的测定

一、实验目的

(1)制备五种铜(Ⅱ)配合物,并测定它们的紫外-可见吸收光谱;

(2)确定上述配合物的晶体场分裂能。

二、实验原理

铜元素是普遍存在于动、植物体内的生命必需的微量元素之一,许多金属酶和金属蛋白的活性位置均含有双核二铜离子结构单元。铜的核外价电子构型为$3d^{10}4s^1$,最常见的价态是正一价和正二价。由于铜的配位点比较多,配位环境易于调变,因此配位结构也易变,使其能够跟绝大多数配体形成多种单核或多核的铜的配合物,而这些配合物在催化、光电材料、抗肿瘤、抗菌等方面有广泛的应用前景。

过渡金属离子形成配合物后,在配体场的作用下,金属离子的d轨道分裂,形成能量不同的简并轨道。在八面体场的作用下,d轨道分裂为两组,t_{2g}(三个简并轨道)和e_g(两个简并轨道),后者能量较高。

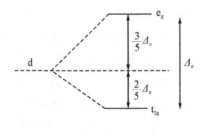

图 2 - 5 - 1

简并轨道之间的能量差为分裂能,以 Δ 表示。配体相同,Δ 按下列次序递减:平面正方形场＞八面体场＞四面体场;对于同一 M 离子,晶体场分裂能大小随配体不同而变化,如八面体中,$I^-<Br^-<Cl^-<SCN^-<OH^-<C_2O_4^{2-}<H_2O<NH_3<NO_2^-<CN^-$,这一序列称为光谱化学序列。按配位原子,晶体场分裂能大小为:卤素＜氧＜氮＜碳。

本次实验中以硫酸铜为原料,分别和水、氨水、氯化钠、乙二胺、EDTA 反应,配制一系列的铜的配合物:$[Cu(H_2O)_6]SO_4$、$[Cu(NH_3)_4]SO_4$、$Na_2[CuCl_4]$、$[Cu(en)_2(H_2O)_2]SO_4$、$[Cu(EDTA)]SO_4$。然后用紫外-可见分光光度计测出五种铜的配合物的紫外-可见光谱图,并找出最大吸收峰所对应的波长 λ,计算各个配合物的晶体场分裂能,与文献中的元素光谱化学序列作对比。Cu(Ⅱ)与 NH_3 和 Cl^- 形成的配体是四边形,另与两个 H_2O 共同形成近似的八面体场。

$$\Delta_o = \frac{1}{\lambda} \times 10^7 \times ch$$

式中,c 是光速,$c = 3.0 \times 10^8 \text{ m·s}^{-1}$;$h$ 是普朗克常量,$h = 6.63 \times 10^{-34} \text{ J·s}$。$1 \text{ eV} = 8065 \text{ cm}^{-1} = 1.602 \times 10^{-19} \text{ J}$。

三、仪器与试剂

1. 仪器

25 mL 比色管、1 cm 比色皿 1 套、紫外-可见分光光度计 1 台、烧杯、电炉、50 mL量筒、电子天平、胶头滴管。

2. 试剂

五水硫酸铜固体、去离子水、6 mol·L^{-1}氨水、NaCl、乙二胺、EDTA 二钠盐。

四、实验内容

1. 五种铜配合物的制备

(1) [Cu(H$_2$O)$_6$]SO$_4$:用 50 mL 小烧杯称取 0.16 g 五水硫酸铜,加水溶解,用滴管吸取一定量的溶液到比色管中,加水后定容摇匀。观察到溶液为极浅的蓝色。

(2) [Cu(NH$_3$)$_4$]SO$_4$:用 50 mL 小烧杯称取 0.16 g 五水硫酸铜,加水溶解。用量筒量取 16 mL 6 mol·L^{-1}氨水并缓慢加入小烧杯中混合,不断搅拌。吸取一定量的溶液到比色管中,加水定容摇匀。观察到溶液中先产生蓝色沉淀,随着氨水的加入,沉淀消失,溶液呈绛蓝色。

(3) Na$_2$[CuCl$_4$]:用 50 mL 小烧杯称取 0.16 g 五水硫酸铜,加水溶解,另取一个小烧杯加入适量氯化钠,加水溶解,再将氯化钠溶液缓慢加入到硫酸铜溶液中,并不断搅拌,用胶头滴管吸取一定量的溶液于比色管中,加水定容摇匀。观察到溶液颜色为浅绿色。

(4) [Cu(en)$_2$(H$_2$O)$_2$]SO$_4$:称取 0.16 g 五水硫酸铜,加水溶解,边搅拌边加入 0.08 g 乙二胺,在 60 ℃的水浴装置中反应并保持搅拌状态。待反应完全后,取出冷却,用胶头滴管吸取一定量的溶液于比色管中,加水后定容摇匀。观察到溶液颜色为紫色。

(5) [Cu(EDTA)]SO$_4$:用 50 mL 小烧杯称取 0.16 g 五水硫酸铜,加水溶解,再称取 0.24 g EDTA 二钠盐,溶解后缓缓加入硫酸铜溶液中,不断搅拌。吸取一定量的溶液到比色管中,加水后定容摇匀。观察到溶液呈蓝色。

2. 最大吸收峰的测定

在波长 400～900 nm 范围内以去离子水为参比溶液,用 1 cm 比色皿依次取适量配合溶液,在紫外-可见分光光度计上,测定五种配合物的最大吸收峰的波长。绘制五种配合物的紫外-可见吸收光谱图,找出最大吸收峰,计算出各配合物的分裂能。

五、注意事项

计算各配合物的分裂能时注意单位换算关系。(1 cm^{-1}=1.24×10^{-4} eV=1.986×10^{-23} J)

六、思考题

(1)本实验获得的配体排序与光谱序列是否一致?

(2)这五种铜配合物的分子结构各是什么形状的?

参考文献

[1] 周公度,段连运.结构化学基础[M].4 版.北京:北京大学出版社,2008:194 - 197.
[2] 胡波.晶体场分裂能的计算[J].湖北师范学院学报(自然科学版),1985,2:85 - 98.

（编写:张雯;校对:杨帆）

实验六　Cu(deen)₂(X)₂ 配合物的制备和热致变色性能研究

一、实验目的

(1)巩固学习无机制备的方法和基本操作;

(2)掌握非水溶剂中的溶解、沉淀、过滤等基本操作;

(3)了解热质变色材料的机理及影响因素。

二、实验原理

热致变色材料是一类可随环境温度发生颜色变化的智能材料。若材料随温度变化只能发生一次颜色变化,称为不可逆热致变色;而如果能随温度的升降反复发生颜色变化,则称为可逆的热致变色;如果只是在某一特定温度下发生颜色的变化,称为不连续热致变色;而如果能随温度的降低连续地发生颜色变化,则称为连续热致变色。目前,热致变色材料已经用于对温度的基本监测,如儿童玩具、防伪油墨。

热致变色的材料、变色机理各不相同。总的来说,无机化合物的热致变色多与其原子间距改变、晶体结构变化相关;有机分子发生热致变色,可能是由其分子的异构化引起的;而金属离子配合物的热致变色与其水合程度、配位数、构型变化密切相关。如

$$Ag_2HgI_4(\beta,黄)\underset{冷却}{\overset{加热}{\rightleftharpoons}}Ag_2HgI_4(\alpha,橙黄)$$

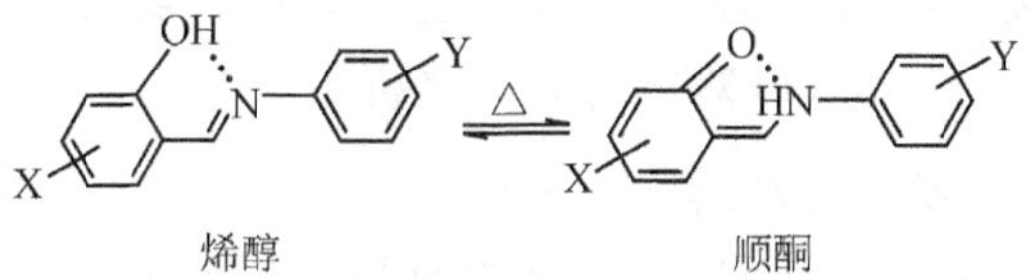

烯醇　　　　　　　　　顺酮

具有结构相变的配合物,如四配位化合物的结构,通常为四面体和平面正方形两种,温度变化导致其结构的变化,进而发生颜色变化。例如:N,N -二乙基乙二胺合铜配合物 Cu(deen)₂(X)₂(其中 N,N -二乙基乙二胺,N,N - diethylethylenediamine,缩写为 deen)就是这类热致变色材料的代表。其相变临界温度在 44 ℃左右。

配合物中与金属离子配位的原子通常是氧或氮,利用配位取代反应把与金属离子配位能力弱的配位体(例如溶剂分子 H_2O、MeOH、EtOH 等)取代掉,而配位能力强的配体与金属离子结合形成一个新的配合物。理论上配位场不同将导致配合物具有不同的颜色,Cu 配合物结

构从低温相的平面四方形变成高温相的变形四面体，颜色由桃红色变成蓝紫色。

$$Cu^{2+} + 2deen + 2X^- \Longrightarrow [Cu(deen)_2]X_2(s)$$

$$X = BF_4^-，ClO_4^-，NO_3^-$$

三、仪器与试剂

1. 仪器

台秤、150 mL 烧杯、100 mL 烧杯、量筒、吸滤装置、100 mL 蒸发皿、玻璃棒、电吹风、酒精灯、温度计、无色透明胶带。

2. 试剂

$HClO_4$（70%）（无色透明发烟液体，密度 1.76 g·cm^{-3}，与水混溶，130 ℃ 以上爆炸，注意储存和使用安全）、NaOH（2 mol·L^{-1}）、$CuSO_4·5H_2O$ 固体、N,N-二乙基乙二胺、乙醇。

四、实验内容

1. 制备高氯酸铜

称取 2.5 g $CuSO_4·5H_2O$（10 mmol）转入 150 mL 烧杯中，加水约 50 mL 溶解，在搅拌下加入 15 mL 2 mol·L^{-1} NaOH（25 mmol）溶液，小火加热至沉淀变黑生成 CuO，不断搅拌，煮沸15 min。稍冷后吸滤，用少量去离子水洗涤沉淀。

用玻璃棒将氧化铜和滤纸一起转移到盛有 10 mL 水的 100 mL 蒸发皿中，滴加 2 mL 高氯酸（20 mmol＝1.63 mL），微热至氧化铜溶解后将滤纸完整挑出（避免将滤纸捣碎），小火蒸发浓缩。冷却，抽滤，得到浅蓝色六水合高氯酸铜 $Cu(ClO_4)_2·6H_2O$ 晶体。[$Cu(ClO_4)_2·6H_2O$ 的相对分子质量为 370.53，蓝色三斜系晶体，熔点 82 ℃，密度 2.225 g·cm^{-3}；无水 $Cu(ClO_4)_2$ 为浅绿色单斜系晶体，易溶于水，溶于乙醇和乙醚，易溶于丙酮，120 ℃ 分解]

浓缩时一定要小火微热，并不断搅拌，尽量避免晶体在蒸发皿壁上析出（过热分解）。浓缩至原体积的 1/3 可停止，静置 10 min 观察有无晶体析出。

2. 制备高氯酸双（二乙基乙二胺）合铜（Ⅱ）

在干燥或用乙醇润洗的 100 mL 烧杯中，放置称取的 1.85 g（约 5 mmol）$Cu(ClO_4)_2·6H_2O$ 并加入 40 mL 无水乙醇，使用玻璃棒搅拌加速溶解，得到蓝色透明溶液。如制得的高氯酸铜不足 1.85 g，可相应减少乙醇用量。

在干燥或用乙醇润洗的 100 mL 烧杯中加入 10 mL 乙醇，用滴管滴加 1.16 g（10 mmol）N,N-二乙基乙二胺，溶解，得到淡黄色透明溶液。

将 N,N-二乙基乙二胺乙醇溶液在搅拌下缓慢加入 $Cu(ClO_4)_2$ 的乙醇溶液中，体系立刻变为深蓝紫色，搅拌 2～3 min，再静置 10 min 左右，静置观察，容器底部有大量桃红色沉淀，上层仍为蓝色透明溶液。

将产品抽滤,用少量无水乙醇洗涤,干燥,称重,计算产率。

3. 热致变色实验

将少量高氯酸盐的晶体夹在透明胶带中,用电吹风机稍加热,就可以看到晶体由桃红色转变为蓝紫色。移去加热源,观察到晶体颜色重新恢复桃红色。

取少量产物于一试管中,尽快以软木塞或玻璃塞塞住瓶口,放在 100 mL 烧杯中,水浴缓慢加热,观察试样颜色变化,并记录颜色变化的温度范围;再将试样置于冰水浴中,插入温度计,观察颜色变化,并记录变色时的温度。

五、注意事项

制备高氯酸双(二乙基乙二胺)合铜(Ⅱ)时需用干燥或用乙醇润洗的烧杯。

六、思考题

(1)热致变色的物质除作为防伪材料和制作玩具外,还有哪些用途?

(2)若制备高氯酸双(二乙基乙二胺)合铜(Ⅱ)时所用的烧杯未经干燥,有残余去离子水存在,会有什么影响?

补充阅读

智能窗户可以持续可逆地调节可见光的透过率,有效保持室内温度、节约能源。常见的变色材料有:热致变色材料、电致变色材料和液晶材料。多数智能窗户只能够简单控制太阳光的吸收和反射,却不能将太阳能转换为可有效利用的能源。如今,越来越多的半透明薄膜光伏器件展现出优异性能,使智能窗户具备遮阳、发光和供能等功能,但是该类光伏材料却没有变色的性能。因此,将具备大色差和高透明度的变色材料与具有良好吸光能力的光伏材料组装成多结串联器件,可以制备智能光伏变色窗户。钙钛矿光伏材料的出现为这一设计思想提供了新的材料选择。铯铅碘溴($CsPbI_{3-x}Br_x$)是一种纯无机钙钛矿材料,该材料具有优异的热稳定性和环境稳定性,更为重要的是,该类钙钛矿的晶体结构可以有效地在低温相和高温相之间可逆地转变,且其电学性能能够恢复,有望成为下一代智能窗户的基础材料。

参考文献

[1] 陈晓丽,林福华,文春燕,等. $TiO_2-Cu[HgI_4]$纳米复合材料的制备及其热致变色性能[J]. 新能源进展, 2014, 4:310-314.

[2] 邝代治. N-[2-(2'-氨基-乙氨基)乙基]草酰胺合铜(Ⅱ)的铜(Ⅱ)-镉(Ⅱ)配合物的合成[J]. 衡阳师范学院学报, 1995, 6:1-5.

（编写:张雯;校对:杨帆）

实验七　TiO_2 纳米晶的合成、表征及光电化学性能的测试

一、实验目的

(1)掌握溶胶-凝胶法制备纳米晶 TiO_2 颗粒的基本方法;

(2)学会用 X 射线衍射法测定纳米 TiO₂ 晶体的相结构、计算相组成,使用谢乐公式估计晶粒度。

二、实验原理

纳米材料是 20 世纪 80 年代中期发展起来的一种具有全新结构的材料。从材料的结构尺度来说,纳米材料一般是指由纳米结构单元(1~100 nm)构成的任何类型的材料,它的尺度介于宏观和微观原子、分子之间,是一种典型的介观系统。纳米材料一般分为纳米颗粒、纳米纤维、纳米膜及纳米块体等。纳米颗粒是纳米体系的典型代表,它属于超微粒子范围。由于尺寸小、比表面积大和量子尺寸效应等原因,它具有不同于常规固体的新特性,它的光学、热学、电学、磁学、力学及化学性质与块体固体有显著的不同。

TiO₂ 有着优良物理、化学、介电性能,一直以来广泛应用于颜料、涂料、油墨、造纸、塑料、橡胶、合成纤维、搪瓷、陶瓷、电子、冶金等领域。纳米尺寸的 TiO₂ 材料在电致变色、能量存储、传感器和锂电池等领域也有着优异的表现,在光催化和光电转换领域有着光明的应用前景。

利用 X 射线衍射可对 TiO₂ 纳米颗粒的晶相与晶粒尺寸进行分析。锐钛矿(Anatase)和金红石(Rutile)TiO₂ 粉末的 X 射线衍射标准图谱如图 2-7-1 所示。

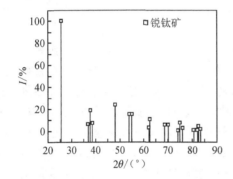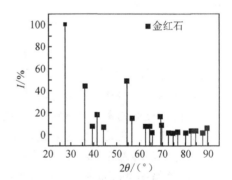

图 2-7-1　锐钛矿与金红石 TiO₂ 粉末的 X 射线标准衍射图谱

一般地,晶粒度越小,衍射峰宽度越大,TiO₂ 晶粒的尺寸可以通过谢乐公式估算,其表达式为

$$D \approx \frac{0.89\lambda}{\beta\cos\theta} \qquad (2-7-1)$$

式中,D 为平均晶粒尺寸,nm;λ 为入射 X 射线波长,大小为 0.154 nm;β 为衍射峰半高宽;θ 为衍射峰对应的衍射角。据此,样品晶粒尺度可以估算出来。从衍射图谱中选择某个特征衍射角度,将其衍射峰半高宽代入公式(2-7-1)中,可计算得到制备 TiO₂ 晶粒的平均晶粒尺度。对于尺寸小于 100 nm 的微晶,衍射峰一般会发生宽化。

物质之间在结构上稍有差异,反映到衍射图上就不同。若一种物质含有若干种晶相,几种晶相会给出各自的衍射图,彼此独立,互不干涉。这样,通过 X 衍射图样可对多晶相样品进行全面分析,衍射峰越强,所对应晶相的含量越高,因此可以进行定量分析。随着锐钛矿含量的提高,锐钛矿主峰的强度提高,TiO₂ 粉末中晶相含量与峰强度的关系符合下列公式

$$C_A = \frac{A_A}{A_A + A_R} \times 100\% \qquad (2-7-2)$$

式中，C_A 为锐钛矿的晶相含量；A_A 和 A_R 分别为锐钛矿和金红石相的主峰强度。

三、仪器与试剂

1. 仪器（每组）

磁力搅拌器、三口烧瓶（250 mL）、加液漏斗（50 mL）、量筒（50 mL）、研钵、烧杯（250 mL）、瓷坩埚（30 mL）、X 射线衍射仪、万用电表、高功率紫外灯、秒表、红外烤灯、马弗炉。

2. 试剂

钛酸四丁酯（CP）、异丙醇（AR）、去离子水、浓盐酸（AR）、甲基橙（0.1 mol·L^{-1}）。

四、实验内容

1. 溶胶-凝胶法制备 TiO$_2$ 纳米晶

取 15.5 mL 钛酸四丁酯倒入三口烧瓶中，在剧烈搅拌下加入 57.5 mL 异丙醇稀释制得溶胶，移取 0.3 mL 浓盐酸快速加入上述溶液中，搅拌 2 min，然后以每分钟 1 滴的速度滴加去离子水 3.3 mL，滴加完毕后，停止搅拌，静置 15～30 min，得乳白色半透明凝胶。将凝胶于烘箱中干燥（80～100 ℃）1～3 h，干燥过程中取出研磨，最后于马弗炉中不高于 450 ℃ 热处理 2 h。

2. 纳米 TiO$_2$ 粉末 X 射线衍射

取适量 TiO$_2$ 粉末放入样品池，设定扫描角度范围（2θ）为 15°～75°，电压和电流分别为 40 kV 和 40 mA，选定 X 射线衍射仪的工作参数后进行衍射角扫描，记录衍射峰。将扫描得到的图谱与标准锐钛矿和金红石型 TiO$_2$ 进行谱图对照，用谢乐公式计算晶粒度。

3. 紫外光降解甲基橙

量取 50 mL 的甲基橙溶液（0.1 mol·L^{-1}）倒入 250 mL 的烧杯中，加入 0.5 g 的 TiO$_2$ 粉末，搅拌 5 min 后置于紫外灯下照射，分别在 1 min、2 min、3 min、5 min 和 10 min 观察颜色变化，也可每隔一定时间取样，离心分离后，用 722 型分光光度计测定其上层清液的吸光度，并由此计算降解率。

五、注意事项

（1）须剧烈搅拌，滴加水时须缓慢。

（2）煅烧时应注意控制温度，不宜过高。

六、思考题

（1）溶胶-凝胶法制备纳米二氧化钛实验操作中关键环节有哪些？

（2）滴加溶液为何需要缓慢滴加？一次性加入到原液中会有什么问题？

补充阅读

1. TiO$_2$ 晶体

TiO$_2$ 具有金红石（Rutile）、锐钛矿（Anatase）和板钛矿（Brookite）三种晶体结构，其中对前两种的研究最为广泛，金红石与锐钛矿的晶型结构单元如图 2-7-2 所示。

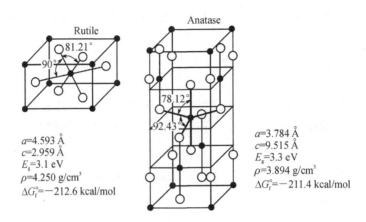

图 2-7-2　TiO$_2$ 金红石与锐钛矿晶型结构示意图

(1 kcal=4.1858 kJ,1 Å=0.1 nm)

板钛矿型 TiO$_2$ 几乎不具有光催化活性,且热稳定性很低,因此研究价值不高。锐钛矿型 TiO$_2$ 在大多数情况下表现出了比金红石型 TiO$_2$ 更高的光催化活性,但金红石型 TiO$_2$ 稳定性更高。根据制备方法、工艺的不同,锐钛矿相会在 450 ℃、950 ℃发生相变而转变为金红石相。锐钛矿型和金红石型 TiO$_2$ 均属四方晶系。在锐钛矿型 TiO$_2$ 和金红石型 TiO$_2$ 的基本结构单元中,钛原子均与六个氧原子配位,同时一个氧原子与三个钛原子相连,组成相互连接的 Ti—O 八面体。两者的差别在于八面体的畸变程度和八面体间相互连接的方式不同,金红石型 TiO$_2$ 的八面体不规则,微显斜方晶;锐钛矿型 TiO$_2$ 的八面体扭曲更加严重,呈明显的斜方晶畸变,其对称性低于前者。

锐钛矿型 TiO$_2$ 的 Ti—Ti 间距比金红石的大,Ti—O 间距又小于金红石型。锐钛矿型 TiO$_2$ 中,每个八面体与周围八个八面体相连(四个共边,四个共角);金红石型 TiO$_2$ 中,每个八面体与周围十个八面体相连(两个共边,八个共角)。这些结构上的差异导致了两种晶型具有不同的质量密度及电子能结构。锐钛矿型 TiO$_2$ 的质量密度略小于金红石型,带隙(3.3 eV)略大于金红石型(3.1 eV)。金红石型 TiO$_2$ 与锐钛矿型 TiO$_2$ 的主要物理性质可参见表 2-7-1。

表 2-7-1　金红石型与锐钛矿型 TiO$_2$ 的主要物理性质

晶体结构	密度 /(g·cm^{-3})	莫氏硬度	大气中熔点/℃	比热容 /kJ·(kg·K)$^{-1}$	晶格尺寸 a/nm	晶格尺寸 c/nm	Ti—O 间距离/nm
金红石	4.250	6~6.5	1825	0.71	0.4593	0.2959	0.1949
锐钛矿	3.894	5.5~6	煅烧使晶型转变,变为金红石型 TiO$_2$	0.71	0.3784	0.9515	0.1934

2. TiO$_2$ 纳米晶的制备

合成 TiO$_2$ 纳米材料的技术有多种,不同的合成技术对 TiO$_2$ 纳米材料的结构、形貌和性能都有影响。根据反应物体系的形态可分为气相法、液相法和固相法;根据制备技术可分为机械粉碎法、等离子体合成法、磁控溅射法、气相沉积法、超声化学法、溶胶-凝胶法等,每种制备技术都有自身的优缺点。溶胶-凝胶法是低温或温和条件下合成无机化合物或无机材料的重要方法,在制备玻璃、陶瓷、薄膜、纤维、复合材料等方面都有应用,更广泛地应用于制备纳米粒子。溶胶-凝胶法是制备 TiO_2 纳米粒子最常用的方法,溶胶-凝胶法可分为水解和非水解过程。

在水解的溶胶-凝胶方法中,TiO_2 纳米粒子的形成通常被认为经历了一个两步过程,即钛前驱体(如四氯化钛、异丙氧基钛等)的水解和随后发生的缩合过程。在最初的钛盐前驱体中钛是四配位的,当钛盐与水反应时,钛用空的 d 轨道接受氢氧根等亲核配体中氧的孤对电子而发展成六配位的结构。这些六配位的结构单元经历缩合发展成钛氧八面体的结构(TiO_2 的基本结构单元),钛氧八面体按照不同的方式连接,进而形成不同晶相的 TiO_2 纳米粒子。最基本的水解反应方程式如下

$$Ti(OR)_4 + xH_2O \longrightarrow 2Ti(OH)_x(OR)_{n-x} + xROH$$

反应可延续进行,直至生成 $Ti(OH)_4$,进一步通过缩聚反应得到凝胶过程的 TiO_2。

在非水解溶胶-凝胶过程中,TiO_2 通常由钛的卤化物(TiX)和各种氧合体分子(如钛的醇盐和醚类有机化合物)之间的反应生成。一般反应方程式如下

$$TiX_4 + Ti(OR)_4 \longrightarrow 2TiO_2 + 4RX$$

$$TiX_4 + 2ROR \longrightarrow TiO_2 + 4RX$$

在溶胶-凝胶法制备过程中,由于纳米微粒具有巨大的表面积,彼此很容易凝结成毫米级、微米级的超细粒子。纳米粒子尺寸大小常用下述方法控制:①扩散控制法,通过选择合适的反应物浓度、水解反应的 pH 值、水解温度等控制颗粒的成核速度和晶粒的生长速度;②表面修饰法,通过调节 Ti^{4+} 与表面修饰剂的浓度之比,控制表面修饰剂分子与 OH^- 同 Ti^{4+} 之间竞争的反应速度,使 Ti^{4+} 水解速度下降;③加入热稳定剂,改善溶胶的分散性以利于成核速度的降低。

3. X 射线衍射原理与 TiO_2 纳米晶型测定

X 射线衍射(X-Ray Diffraction,XRD)被广泛应用于物质的结构研究。X 射线的波长和晶体内部原子间的距离(a)相近,当一束 X 射线通过晶体时发生衍射,衍射波叠加的结果使反射线的强度在某些方向上加强,在其他方向减弱。当 X 射线以掠角 θ(入射角的余角)入射到某一点阵平面间距为 d 的原子面上时(见图 2-7-3),符合布拉格衍射条件($n\lambda = 2d\sin\theta$)的入射线将在反射方向得到因叠加而加强的衍射线。

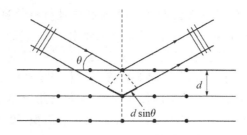

图 2-7-3　晶面间距为 d 的晶体中的布拉格衍射

当 X 射线波长 λ 已知(选用固定波长的特征 X 射线)时,采用细粉末或细粒多晶体的线状样品,可从一堆任意取向的晶体中,从每一 θ 角符合布拉格条件的反射面上得到反射,测出 θ 后,利用布拉格公式即可确定点阵平面间距。衍射图样中,晶面间距决定了衍射峰的位置,晶面间距是晶胞参数的函数,$d = d(a, b, c, \alpha, \beta, \gamma)$。衍射线的强度 I 与结构因子 $|\boldsymbol{F}|^2$ 成正比,$|\boldsymbol{F}|^2$ 是晶胞内原子种类、数量、坐标的函数,d 和 $|\boldsymbol{F}|^2$ 都是由物质内部的结构决定的。因

此根据衍射图样便可确定晶体结构。

参考文献

[1] 潘凯，白玉白. 染料敏化 TiO₂ 纳米晶多孔膜光电化学池的性质研究[D]. 长春：吉林大学，2006.

[2] 王能利，马海云，王冬雪，等. TiO₂ 纳米晶和薄膜的制备及光催化性能[J]. 长春理工大学学报(自然科学版)，2008，31(3)：95 - 97.

[3] 张梅，杨绪杰，陆路德，等. 溶胶-凝胶法制备纳米 TiO₂[J]. 化工新型材料，2002，30(1)：35 - 37.

[4] 陈志君，赵高凌，李红，等. 低温下溶胶凝胶法制备 TiO₂ 纳米晶[J]. 无机化学学报，2010，26(5)：860 -865.

(编写：王栋东；校对：胡敏)

实验八　金属-有机骨架材料 MOF-5 的制备及其吸附性能研究

一、实验目的

(1)了解金属-有机骨架材料的基本特点；

(2)掌握金属-有机骨架材料 MOF-5 的制备方法；

(3)了解研究材料的吸附性能的基本方法。

二、实验原理

金属-有机骨架材料(Metal-Organic Frameworks，MOFs)，又称配位聚合物，是由含氮原子或氧原子的有机配体通过与过渡金属中心离子自组装连接而形成，是具有周期性网络状晶体结构的材料。它兼具了有机高分子和无机化合物的优点：高孔隙率、新颖可控的结构、独特的性能、良好的化学稳定性等，这些性质使其在磁性材料、光电材料、非线性光学、吸附、分离、分子识别、选择性催化等领域具有潜在应用，因此在化学及材料学领域备受关注。

近年来，我国的染料工业快速发展，由于染料工业生产工艺流程长，大量的染料及其副产物都以废水的形式排入水中，由此造成的水环境污染已成为急需解决的问题。物理吸附是一种有效的处理染料废水的技术手段，其原理是以多孔材料与染料废水接触，从而使染料废水中的污染物附着在多孔材料表面。吸附法因操作简单、投资费用低、对染料污染物具有良好的吸附处理效果等优点而被广泛应用。MOFs具有超高的比表面积、较高且可调的孔隙率、结构组成多样、开放的金属位点、化学可修饰等优点，在选择性吸附领域中展现出广阔的应用前景，有望在环境治理中进一步推广应用。

MOF-5是一种典型的MOFs材料，是1,4-对苯二甲酸有机配体连接金属 Zn 离子而成的三维网络结构(见图 2 - 8 - 1)。其比表面积为 3000 $m^2 \cdot g^{-1}$，是一类非常有潜力的吸附材料。和大多数 MOFs 材料一样，MOF-5合成条件温和，通过金属盐和有机配体的溶剂热反应即可合成。

物理吸附是一个动态的平衡过程，气体分子可以被吸附到固体表面上，被吸附到固体表面的气体分子也可以解脱出来。某一时间，当吸附上去的分子数量和解脱出来的数量相等时，就

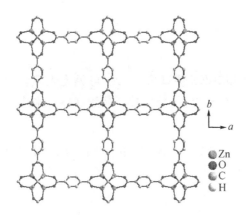

图 2 - 8 - 1　MOF-5 的结构示意图

达到吸附平衡,这时的吸附量称为平衡吸附量,对于一定的固体和气体,在一定的温度和压力下,其平衡吸附量是一定的。

在吸附研究中,计算平衡吸附量的公式如下

$$Q_e = \frac{(C_0 - C_e)V}{m} \tag{2-8-1}$$

式中,Q_e 为平衡吸附量,$mg \cdot g^{-1}$;C_0 为被吸附物质的起始浓度,$mg \cdot L^{-1}$;C_e 为被吸附物质的平衡浓度,$mg \cdot L^{-1}$;V 为溶液的体积,L;m 为被吸附物质的质量,g。

吸附现象常用吸附等温模型来描述,常用的有 Langmuir 和 Freundlich 模型。

Langmuir 模型的公式为

$$\frac{C_e}{Q_e} = \frac{1}{Q_m K_L} + \frac{C_e}{Q_m} \tag{2-8-2}$$

式中,Q_m 为最大吸附量,$mg \cdot g^{-1}$;K_L 为亲和常数,$L \cdot mg^{-1}$。若符合该模型,则说明吸附为发生在表面的单分子层的吸附。

Freundlich 模型的公式为

$$\lg Q_e = \lg K_F + \frac{1}{n} \lg C_e \tag{2-8-3}$$

式中,K_F 为吸附常数;若 $0.1 < 1/n < 1$,则说明吸附良好。

吸附动力学常用准一级动力学模型和准二级动力学模型来描述。准一级动力学模型基于固体吸附量的 Lagergren 一级速率方程;准二级动力学模型基于假定"吸附速率受化学吸附机理的控制"。这种化学吸附涉及吸附剂与吸附质之间的电子共用或电子转移。

准一级动力学模型为

$$\lg(Q_e - Q_t) = \lg Q_e - k_1 t \tag{2-8-4}$$

准二级动力学模型为

$$\frac{t}{Q_t} = \frac{1}{Q_e^2 k_2} + \frac{t}{Q_e} \tag{2-8-5}$$

式中,Q_t 为时间 t 时刻的吸附量,$mg \cdot g^{-1}$;k_1 为一级吸附速率常数,min^{-1};k_2 为二级吸附速率常数,$g \cdot (mg \cdot min)^{-1}$。

三、仪器与试剂

1. 仪器

X 射线衍射仪、扫描电镜、BET 测试仪、紫外-可见光光度计、恒温磁力搅拌器、电热恒温鼓风干燥器、恒温摇床、电子分析天平、减压抽滤装置、烘箱、水热反应釜(200 mL)、烧杯。

2. 试剂

二水醋酸锌、1,4-对苯二甲酸、N,N-二甲基甲酰胺、无水乙醇、亚甲基蓝(MB)、盐酸、氢氧化钠、二氯甲烷、去离子水。

四、实验内容

1. MOF-5 的制备

分别称取 11.2 mmol 二水醋酸锌和 4.23 mmol 1,4-对苯二甲酸,将上述药品溶于 80 mL N,N-二甲基甲酰胺中,室温条件下磁力搅拌 20 min。将溶液转移至带有聚四氟乙烯内衬的反应釜中,然后将釜密封,放入烘箱中反应 14 h。为了探究反应温度对所制备的 MOF-5 性质的影响,溶剂热温度分别设置为 90 ℃、110 ℃和 130 ℃。反应结束后,将反应釜取出在室温下冷却,开釜过滤得到晶体产物。将产物分别使用 DMF 和无水乙醇冲洗 3～5 次,在 70 ℃下干燥 1 h,然后用一定量的二氯甲烷浸泡一晚以去除残留的 DMF,再使用无水乙醇冲洗 3～5 次,70 ℃干燥 2 h,放入洁净容器中储存。

2. MOF-5 的成分及形貌表征

分别称取 90 ℃、110 ℃和 130 ℃下的 MOF-5 产物约 10 mg,进行 XRD 测试(测试角度为 4°～40°),并与 MOF-5 的晶体模拟 XRD 谱图对照。再分别称取三种产物各 5 mg 左右,进行 SEM 测试,比较其形貌。

3. 染料废水的等温吸附试验

(1)准确称取 0.5 g 亚甲基蓝染料置于 100 mL 烧杯中,加适量去离子水溶解后转移至 500 mL 容量瓶中(该溶液浓度约为 100 mg·L^{-1}),定容摇匀备用。用吸量管准确移取上述溶液配制浓度分别为 10 mg·L^{-1}、20 mg·L^{-1}、30 mg·L^{-1}、40 mg·L^{-1}、50 mg·L^{-1}的亚甲基蓝溶液各 100 mL 作为模拟染料废水备用。

(2)在紫外-可见分光光度计上测定上述各溶液吸光度,做出标准曲线。

(3)取上述亚甲基蓝溶液各 50 mL,分别放入 MOF-5 样品 20 mg,然后在摇床上固定。振荡开始 20 min、40 min、80 min、100 min、120 min 后用滴管取少量溶液放入离心管中,在离心管上做好标记。

(4)将上步所取样品在离心机上离心。

(5)将离心好的试样取上层清液在紫外-可见分光光度计上测定各样品吸光度。

(6)根据吸光度数据,用实验原理部分中所给公式计算平衡吸附量。

(7)运用 Langmlich 和 Freundlich 等温吸附方程来拟合所得数据,对吸附机理进行讨论,对比两种模型的拟合结果。

(8)分别运用准一级动力学吸附方程和准二级动力学吸附方程拟合所得数据,对吸附动力学进行讨论,对比两种模型的拟合结果。

五、注意事项

(1)加入反应物后,要拧紧反应釜,避免在溶剂热反应过程中发生溶剂泄漏。

(2)取出反应釜时,要确定已经完全冷却,避免烫伤。

(3)取样时注意做好标记,否则容易混乱。

六、思考题

(1)水热合成 MOF-5 的基本原理是什么?

(2)常见的吸附曲线类型有哪些?

参考文献

[1] 齐雪梅,吴强,施予,等. 金属有机骨架材料 MOF-5 的制备及其吸附性能研究[J]. 上海电力学院学报, 2018,34(1):66-70.

[2] 李小娟,何长发,黄斌,等. 金属有机骨架材料吸附去除环境污染物的进展[J]. 化工进展,2016,35 (2):586-594.

[3] 张晓东,李红欣,侯扶林. 金属有机骨架材料 MOF-5 的制备及其吸附 CO_2 性能研究[J]. 功能材料, 2016,47(8):178-181.

(编写:贾钦相;校对:张雯)

实验九　二茂铁晶体的合成及其表征

一、实验目的

(1)了解二茂铁的合成方法及有关性质;

(2)掌握以 X 射线粉末衍射仪表征物质结构的方法;

(3)了解环戊二烯络合前后红外光谱的变化。

二、实验原理

二茂铁又名环戊二烯合铁,是环状多烯烃和过渡金属形成的配合物中的代表性化合物。1951 年,Kedly 和 Pauson 用格氏试剂 C_5H_5MgBr 和 $FeCl_3$ 反应,首次制得了二茂铁。经红外光谱(IR 谱)和 X 射线衍射测定该化合物具有夹心型结构(见图 2-9-1)。

如图所示,在二茂铁分子中,二价铁离子被夹在两个平面环之间,二价铁离子与环戊二烯环形成牢固的配位键。在固态时,两个环戊二烯环互为交错构型。在溶液中,两个环可以自由旋转。二茂铁还具有芳香性,在环上能形成多种取代基的衍生物。常温条件下,二茂铁为橙色晶体,具有樟脑气味,熔点为 173~174 ℃,沸点为 249 ℃,高于 100 ℃容易升华,加热至 400 ℃亦不分解。二茂铁对碱和非氧化性酸稳定,能溶于苯、乙醚、石油醚等大多数有机溶剂,基本不

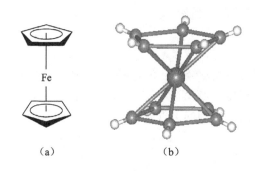

图 2-9-1　二茂铁的夹心型结构

溶于水。二茂铁在乙醇或己烷中的紫外光谱于 250 nm 和 440 nm 处有极大吸收值,在 225 nm 处亦有吸收峰。

二茂铁的出现,扩大了配合物的研究领域,促进了化学键理论的发展,也有重要的实际用途:二茂铁及其衍生物可作为火箭燃料的添加剂,以改善其燃烧性能;还可作为汽油的抗震剂、硅树脂和橡胶的防老剂及紫外线的吸收剂等。

二茂铁的合成方法很多,实验室常用的制备方法有无水无氧合成法,即在无水无氧的惰性气氛下,以四氢呋喃为溶剂,用铁粉将三氯化铁还原为氯化亚铁;在二乙胺存在的条件下,氯化亚铁与环戊二烯反应生成二茂铁:

$$2FeCl_3 + Fe \longrightarrow 3FeCl_2$$
$$C_5H_6 + FeCl_2 \longrightarrow Fe(C_5H_5)_2$$

乙二胺在反应中作为碱,促使环戊二烯转变成为环戊二烯阴离子:

$$C_5H_6 + NH(C_2H_5)_2 \longrightarrow C_5H_5^- N^+ (C_2H_5)_2$$

本实验采用环戊二烯、氢氧化钾和氯化亚铁为原料合成二茂铁。然后以 X 射线粉末衍射仪对其进行表征,与其标准图谱进行对照,同时以红外光谱表征,观察环戊二烯络合前后红外光谱的变化。

三、仪器与试剂

1. 仪器

三颈烧瓶、滴液漏斗、直形冷凝管、梨形具刺分馏烧瓶、分液漏斗、圆底烧瓶、烧杯、锥形瓶、蒸发皿、滤纸、三角漏斗、研钵、电子天平(万分之一天平)、电热套、X 射线粉末衍射仪、红外光谱仪。

2. 试剂

环戊二烯、二甲亚砜(DMSO)、氢氧化钾(KOH)、氯化亚铁($FeCl_2 \cdot 4H_2O$)、无水乙醚、浓盐酸、还原铁粉、无水硫酸钠、无水氯化钙、小铁钉。

四、实验内容

1. 环戊二烯的解聚

环戊二烯久存后会聚合为二聚体,使用前应重新蒸馏使其解聚为单体。

在烧瓶(50 mL)中加入环戊二烯 25 mL,在接收瓶中加入少量无水氯化钙;电热套加热,收集 40～44 ℃馏分约 20 mL,于冰箱中冷冻贮藏备用。

2. 氯化亚铁($FeCl_2 \cdot 4H_2O$)的制备

在 250 mL 烧杯中加入 25 mL 浓 HCl 和 18 mL 蒸馏水,在通风橱中加热至 70 ℃,缓慢分批加入 7 g 还原铁粉。待反应基本停止(不再有氢气放出)后过滤,滤液中加入用浓盐酸洗去铁锈的小铁钉数枚。滤液放在蒸发皿中蒸发至表面出现一层白色结晶时,停止蒸发,冷却结晶(随时加以搅拌)。结晶完全后,迅速抽滤并用滤纸挤压除去水分,称取 5 g,加入 100 mL 乙醚中,供合成二茂铁使用。$FeCl_2 \cdot 4H_2O$ 为浅蓝色透明结晶,必须新鲜制备并防止氧化。

3. 二茂铁的合成

在装有搅拌器、滴液漏斗的干燥的 150 mL 三颈烧瓶中加入 17 g 片状 KOH 和 40 mL 无水乙醚,搅拌 10 min,使 KOH 尽可能溶解,再加入 4 mL 环戊二烯,继续搅拌 20 min,使其生成环戊二烯钾,反应式如下

$$C_6H_6 + KOH \longrightarrow C_5H_5^- K^+ + H_2O$$

反应中过量的水由过量的氢氧化钾除去。

在烧杯中加入 17 mL 二甲亚砜和 2 mL 无水乙醚,再加入 5 g 新制的氯化亚铁,在 40 ℃水浴上温热片刻,搅拌使其溶解。然后将此溶液移入事先加有 2 mL 无水乙醚的滴液漏斗中,在搅拌下滴入反应瓶中(放热反应),控制滴加速度,在 15～20 min 内加完;继续搅拌 1 h 后分出乙醚层,水相用 20 mL 无水乙醚分两次萃取,合并醚层,用 2 mol·L^{-1} HCl 洗涤醚液两次(每次 10 mL),然后用水洗涤两次,最后用无水硫酸钠干燥。

干燥的乙醚溶液蒸去部分乙醚后倒入蒸发皿中,在通风橱中蒸去乙醚即得粗制的二茂铁(橙棕色)。在蒸发皿上升华(140 ℃),蒸发皿底部温度 140～160 ℃,得金黄色针状和片状的纯二茂铁结晶。

4. 二茂铁晶体的 X 射线粉末衍射表征

收集约 1.5 g 二茂铁结晶,利用 X 射线粉末衍射仪测出其衍射图谱,与标准谱图(见图 2 - 9 - 2)对照。

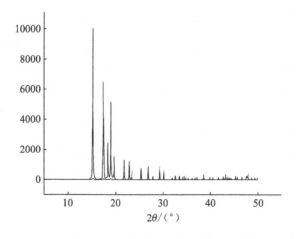

图 2 - 9 - 2　二茂铁的标准 X 射线粉末衍射谱图

5. 二茂铁晶体的红外光谱表征

用 2~3 mg 二茂铁结晶测其红外光谱,与环戊二烯标准红外谱图对照(见图 2－9－3),观察环戊二烯络合前后红外吸收峰的变化。

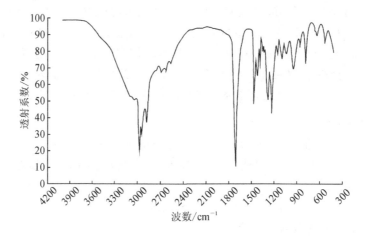

图 2－9－3   1,3-环戊二烯的红外光谱图

五、注意事项

(1)环戊二烯具有强烈刺激性气味,需在通风橱中小心取用。

(2)加热套的功率要调节合适,避免过大,以免蒸馏速度太快,导致少量环戊二烯二聚体混入单体中。

(3)解聚后的环戊二烯单体不要放置太久,应尽快使用。

六、思考题

二茂铁的合成方法有多种,主要分为化学合成和电化学合成两大类。请检索并归纳总结各种方法制备二茂铁的优势和不足。

补充阅读

X 射线衍射是一种非常重要的获取晶体结构信息的实验方法。晶体是由原子或原子团在三维空间按一定的周期重复排列而成的。分子中原子间的键合距离一般在 100~300 nm,因此,光学显微镜无法显示分子结构的图像。但晶体的三维点阵结构,能够散射波长与原子间距相近的 X 射线($\lambda=50$~300 pm)。入射 X 光由于晶体三维点阵引起的干涉效应,形成数目甚多、波长不变、在空间具有特定方向的衍射,即 X 射线衍射。任何一种结晶的固体化合物都能够给出一套独立的 X 射线衍射图,其衍射峰的位置及衍射强度完全取决于该物质的内部结构特点。利用它的衍射数据可以得到许多有用的信息,如物相的定性、定量分析,晶体学参数的测定,晶体粒度大小和晶格的畸变等,尤其是对于那些很难培养出较大单晶的样品,可通过晶体粉末衍射研究其内部结构。

收集记录晶体粉末样品的 X 射线衍射线,即 X 射线粉末图,常用的方法有照相法(德拜-谢乐法,Debye-Scherrer Method)和衍射仪法。随着现代测试和记录技术的发展,多晶 X 射线衍射仪已经成为一种普通的常用仪器,操作和记录都实现了计算机控制。X 射线衍射仪主机由三个基本部分构成:X 光源(发射强度高度稳定 X 光的 X 光管)、衍射角测量部分(精密分度的测角仪)及衍射 X 射线强度测量和记录部分(X 光检测器和与之配套的量子计数测量记录系统)。图 2-9-4 为 X 射线衍射仪法的基本原理示意图。

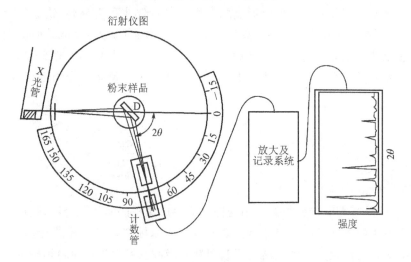

图 2-9-4　X 射线衍射仪原理示意图

　　粉末样品经磨细之后,在样品架上压成平片,安放在测角器中心的底座 D 上。计数管始终对准中心,绕中心旋转。样品每转 θ,计数管转 2θ,计算机记录系统或记录仪逐一将各衍射线记录下来。在记录得到的衍射图中,一个坐标表示衍射角 2θ,另一个坐标表示衍射强度的相对大小。

　　任何晶体都具有其特征的 X 射线粉末衍射图谱。不同晶体的粉末图谱是不同的,粉末图谱对于晶体具有指纹特性。粉末衍射图谱集(Powder Diffraction File,PDF,原称 ASTM 卡)由粉末 X 衍射标准联合会(JCPDS)编辑出版,汇集了各种已知晶体(物相)X 射线粉末衍射数据,作为对晶体进行物相鉴定的标准。

参考文献

[1] 段玉峰. 综合训练与设计[M]. 北京:科学出版社,2002.
[2] 陈小明,蔡继文. 单晶结构分析原理与实践[M]. 北京:科学出版社,2003.

（编写:贾钦相;校对:张雯）

实验十　2-苯基吡啶 Pt 配合物磷光发光分子的合成与光物理表征

一、实验目的

　　(1)通过 2-苯基吡啶配合物磷光发光分子的制备及光物理表征,了解相关配合物分子的合成方法;

（2）掌握配合物分离提纯方法及其结构核磁共振表征；

（3）掌握利用紫外吸收光谱及发射光谱研究磷光发光材料基本光物理的方法。

二、实验原理

将有机配体与过渡金属离子配位形成配合物可以有效地利用自旋-轨道耦合效应提高分子的三重态激发态的量子产率，从而提高材料的三重态发射（磷光）性能。而磷光发光材料对未来新一代显示技术及节能固态照明光源的研发意义重大。其中，Pt的2-苯基吡啶类配合物以其高的磷光量子产率而备受关注。本实验就是针对这一磷光配合物进行合成，合成反应方程式如下

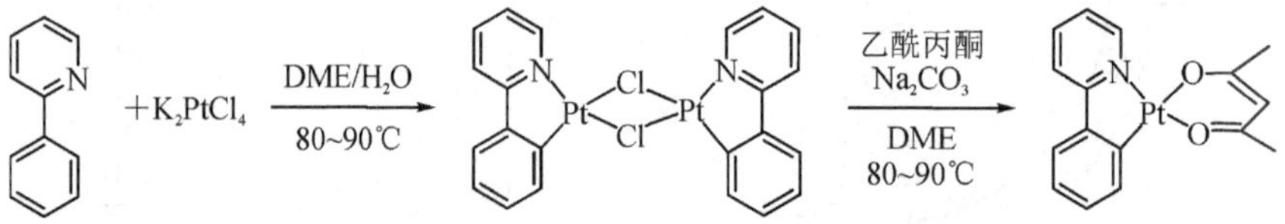

有机配体2-苯基吡啶首先与氯亚铂酸钾反应生成氯桥前驱体配合物，然后再与乙酰丙酮在碱性条件下发生配体交换反应得到目标磷光分子。目标产物经过柱层析提纯得到纯品后，利用核磁共振进行结构表征。确认结构后利用紫外吸收及发射光谱对目标磷光分子进行基本光物理研究。这类磷光分子的发射激发态源于金属中心Pt到配体缺电子吡啶环的电荷转移态的三重态(^{3}MLCT)，因此在其吸收光谱中存在两个主要的吸收带：短波长处源于配体$\pi-\pi^*$跃迁的强吸收带，长波长处源于弱MLCT吸收带。对这两个吸收带进行激发均可观察到其发射光谱。

三、仪器与试剂

1. 仪器

50 mL圆底烧瓶、回流冷凝管、恒温磁力搅拌油浴、真空水泵、布氏漏斗、吸滤瓶、恒温真空烘箱、层析柱、50 mL容量瓶、高精度电子天平、旋转蒸发仪、核磁共振仪、紫外-可见吸收光谱仪、稳态-瞬态发射光谱仪。

2. 试剂

2-苯基吡啶、氯亚铂酸钾(K_2PtCl_4)、乙酰丙酮、无水碳酸钠、乙二醇乙醚、石油醚、二氯甲烷、95%乙醇、柱层析硅胶（300~400目）、无水硫酸镁。

四、实验内容

1. 目标磷光分子的合成

在50 mL的圆底烧瓶中加入氯亚铂酸钾(K_2PtCl_4)0.5 g、2-苯基吡啶0.23 g。然后加入乙二醇乙醚和蒸馏水的混合物（体积比3∶1）15 mL。加入磁力搅拌子，安装回流冷凝管。将反应瓶放入恒温油浴中，于80～90℃磁力搅拌反应15 h。反应完毕后，将反应混合物冷却至室温，然后加入蒸馏水20 mL。将生成的沉淀过滤，用蒸馏水洗涤2次，95%乙醇洗涤2次，然后在真空干燥箱内于40℃干燥5 h，得到氯桥前驱体化合物约0.65 g。

　　将干燥后的氯桥前驱体化合物 0.65 g、乙酰丙酮约 0.5 mL 及无水碳酸钠 0.9 g 加入 15 mL 乙二醇乙醚中,在恒温油浴中磁力搅拌反应 15 h。反应完毕冷却至室温后加入蒸馏水 20 mL。将生成的沉淀抽滤,用蒸馏水洗涤滤饼 2 次,并尽量抽干。然后将滤饼溶于 60 mL 二氯甲烷中,加入无水硫酸镁干燥粗产品溶液。

2. 目标磷光分子的分离提纯

　　将粗产品溶液在旋转蒸发仪上除去二氯甲烷。然后,将粗产物溶于少量二氯甲烷,并转移至培养皿。在培养皿内加入二氯甲烷使最终粗产品溶液体积在 10 mL 左右,加入柱层析硅胶 (300～400 目) 5 g,使粗产品溶液充分吸附到硅胶上,并将培养皿放入通风橱内使二氯甲烷充分挥发,得到流动性良好的吸附有粗产品的硅胶粉末。

　　将该硅胶粉末加入到事先装好的硅胶 (300～400 目) 层析柱 (内径约为 3 cm,长度约为 30 cm) 内。用橡胶棒轻轻敲打使层析硅胶柱上端平整,然后加入一层海砂。慢慢加入淋洗剂:二氯甲烷/石油醚,体积比为 1:1。收集浅黄色带,旋除溶剂得到浅黄色目标配合物磷光分子。将纯产品在真空烘箱中于 40 ℃ 干燥 15 min,得到纯产品约 0.5 g。

3. 目标磷光分子的核磁共振波谱表征

　　取纯产物约 5 mg,装入核磁管内,然后加入氘代氯仿 0.5 mL。充分溶解后,在 400 MHz 的核磁共振仪上得到目标产物的核磁共振氢谱,并对各核磁共振峰进行归属以确认目标化合物的结构。

4. 目标磷光分子的紫外-吸收光谱表征

　　在容量瓶中配制目标配合物磷光分子的二氯甲烷溶液,浓度在 10^{-6}～10^{-5} mol·L^{-1} 之间。用该溶液在紫外-可见吸收光谱仪上测其吸收光谱,测试波长范围为 250～750 nm。在所得的吸收光谱中找到最大吸收波长,记为 λ_1,并对吸收光谱中的吸收带进行归属。

5. 目标磷光分子的磷光发射光谱表征

　　打开稳态-瞬态发射光谱仪,稳定 15 min。将约 3 mL 配合物溶液加入荧光比色皿放入发射光谱仪。采用稳态测量模式,将激发波长设为 λ_1。测试波长范围为 λ_1+10～$2\lambda_1-10$ nm,扫描波长为 1 nm。在所得的发射光谱中找到最大发射峰波长,记为 λ_2。

6. 目标磷光分子的磷光激发态寿命的测量

　　由于氧分子对磷光激发态有猝灭作用,因此测量前将荧光比色皿中的溶液通氮气除氧 1 min。采用瞬态模式测量,将检测波长设置为 λ_2。关闭稳态激发光源,开启瞬态激发光源,激发波长为 360 nm。然后开始测量,得到磷光衰减曲线,通过软件拟合得到磷光寿命,记为 τ。

五、注意事项

　　(1)前驱体配合物制备反应时间较长,注意温控。
　　(2)磷光激发态寿命测量前需除氧。

六、思考题

　　(1)为什么在合成氯桥前驱体化合物时,有时会在反应瓶壁上出现黑色沉淀物?
　　(2)为什么在合成氯桥前驱体化合物时要使用蒸馏水?

参考文献

[1] BROOKS J, BABAYAN Y, LAMANSKY S, et al, Synthesis and Characterization of Phosphorescent Cyclometalated Platinum Complexes[J]. Inorg Chem, 2002, 41: 3055-3066.

[2] ZHOU G, WANG Q, WANG X, et al. Metallophosphors of platinum with distinct main-group elements: a versatile approach towards color tuning and white-light emission with superior efficiency/color quality/brightness trade-offs[J]. J Mater Chem, 2010, 20: 7472-7484.

[3] YANG C, ZHANG X, YOU H, et al. Tuning the Energy Level and Photophysical and Electroluminescent Properties of Heavy Metal Complexes by Controlling the Ligation of the Metal with the Carbon of the Carbazole Unit[J]. Adv Funct Mater, 2007, 17: 651-661.

(编写:周桂江;校对:胡敏)

实验十一　氧化-还原法制备石墨烯

一、实验目的

(1)了解新型碳材料石墨烯的独特性能和应用前景;

(2)掌握氧化-还原法制备石墨烯的方法;

(3)学会用X射线衍射仪(XRD)、拉曼光谱(Raman Spectra)分析法、紫外-可见分光光度法(UV-Vis)和傅里叶变换红外光谱法(FT-IR)分析石墨、氧化石墨烯和石墨烯的结构。

二、实验原理

石墨烯以二维晶体结构存在,厚度只有 0.334 nm,是构筑其他维度碳质材料的基本单元。石墨烯可以包裹起来形成零维的富勒烯,卷起来形成一维的纳米碳管,层层堆积形成三维的石墨(见图 2-11-1)。

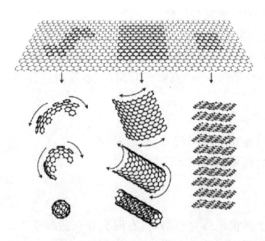

图 2-11-1　石墨烯演变成富勒烯、碳纳米管和石墨的示意图

石墨烯是一种没有能隙的半导体,具有比硅高 100 倍的载流子迁移速率($2×10^5$ cm^2·V^{-1}·s^{-1}),在室温下具有微米级自由程和大的相干强度,因此是纳米电路的理想材料。石墨烯具有良好的导热性(3000 W·m^{-1}·K^{-1}),高的强度(达 110 GPa),是目前已知强度最高的材料。理想的单层石墨烯具有超大的比表面积(2630 m^2·g^{-1}),因其具有独特的结构以及优异的电学、热学和力学性能,在纳米电子器件、复合材料、场发射材料、气体传感器及能量存储领域具有广阔的应用前景。

目前,制备石墨烯的方法有很多种,如微机械剥离、化学气相沉积、氧化还原和溶剂剥离等,其中氧化还原法因具有工艺简单、成本低廉和易于工业化等优势,而成为制备石墨烯和功能化石墨烯的最佳方法之一。此外,利用氧化还原法可以制备稳定的石墨烯分散液,解决了石墨烯工艺性差的问题。

氧化还原法是指将天然鳞片石墨与强酸、强氧化性物质反应生成氧化石墨,经过超声分散得到氧化石墨烯(单层氧化石墨),加入还原剂去除氧化石墨烯表面的羧基、环氧基和羟基,即可得到石墨烯。制备氧化石墨常用的方法主要有三种:Brodie 法、Hummers 法和 Standemaier 法,其中 Hummers 法因工艺简单成为制备氧化石墨的最佳方法。Hummers 法主要以天然石墨为原料,以浓硫酸(98%)、硝酸钠和高锰酸钾为氧化剂,经过三阶段氧化得到准二维的氧化石墨(见图 2-11-2)。

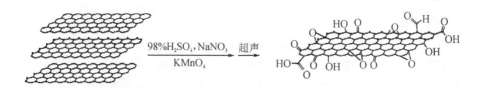

图 2-11-2　Hummers 法制备氧化石墨工艺示意图

本实验以石墨为原料,采用氧化还原法制备石墨烯,并且在还原的过程中引入超声波制备了石墨烯及其分散液,有助于培养学生的动手和动脑能力,培养科学兴趣。

三、仪器与试剂

1. 仪器

超声波发生器(功率大于 300 W)、恒温水浴、电动搅拌机、真空烘箱、真空泵、pH 计、布氏漏斗、微孔滤膜(水性、孔径 0.22 μm、直径 50 mm)。

2. 试剂

天然鳞片石墨(碳含量大于 99%)、高锰酸钾、浓硫酸、硝酸钠、硼氢化钠、双氧水、乙醇、稀盐酸、稀氨水(5%)。

四、实验内容

1. 氧化石墨的制备

采用 Hummers 法制备氧化石墨:将 250 mL 的四口烧瓶放入 0℃冰水浴中,加入 46 mL 浓硫酸(98%),在冰水浴中使浓硫酸降至 0℃左右(<4℃)后,加入 2 g 石墨;混合均匀,再加入

1 g 硝酸钠;剧烈搅拌(转速 300 r/min)15 min 后,缓慢加入 6 g 高锰酸钾(添加的速度要使反应物的温度不超过 20 ℃);添加完毕后,在冰水浴中保持 2 h;撤掉冰水浴,使烧瓶置于 35 ℃温水中保持 30 min。随着反应的进行,混合物逐渐呈灰褐色泥浆状;采用连续加水方式,缓慢加入 92 mL 去离子水,在此过程中有大量气泡冒出,温度逐渐上升至 98 ℃,在 98 ℃保持 30 min,溶液呈褐色;将产物移至 500 mL 烧杯中,再向其中加入 280 mL 蒸馏水(35 ℃左右)以稀释分散液;加入 30%的双氧水还原残余的高锰酸钾,溶液变成亮黄色;趁热过滤,滤饼用 5%稀盐酸充分洗涤后,再用适量乙醇洗涤,在真空烘箱中(50 ℃)干燥 24 h。

2. 氧化石墨烯分散液的制备

将干燥的氧化石墨分散于去离子水中,配制成浓度为 0.5 mg·mL^{-1}的分散液,置于超声波清洗器中,在超声波中分散 2 h,得到稳定的氧化石墨烯分散液。

3. 石墨烯分散液的制备

取上述氧化石墨烯分散液 100 mL,用稀氨水调节 pH 值为 10 左右后,加入 250 mL 四口烧瓶中,通入氮气,置于超声波发生器中,在恒温水浴中加热到 80 ℃,加入硼氢化钠(氧化石墨和硼氢化钠的质量比为 1:4),反应 2 h 后收集产物,即可以得到石墨烯分散液。反应结束后,取石墨烯分散液 20 mL,经过微孔滤膜抽滤,用蒸馏水洗涤,在真空烘箱中(50 ℃)干燥 8 h,得到石墨烯薄膜。

4. 石墨烯的表征

(1)利用 UV - Vis 分析氧化石墨烯和石墨烯的共轭结构;

(2)利用 FT-IR 分析石墨、氧化石墨烯和石墨烯含氧官能团的变化;

(3)利用 XRD 结合布拉格衍射定律分析石墨、氧化石墨烯和石墨烯的层间距;

(4)利用拉曼光谱分析法分析石墨、氧化石墨烯和石墨烯的石墨区碳和无定形区碳的含量。

五、注意事项

(1)使用浓硫酸、高锰酸钾和水合肼等危险试剂应注意安全。

(2)制备氧化石墨的过程中,必须严格控制反应温度。

(3)在制备氧化石墨时,必须保证烧瓶无水,防止浓硫酸飞溅。

(4)氧化石墨烯的干燥温度不易过高,否则会导致其结构破坏。

六、思考题

(1)分析和比较石墨、氧化石墨烯和石墨烯的层间距的大小,并说明原因。

(2)在还原的过程中,石墨烯极易团聚,导致实验失败。尝试说明除了采用超声波有效抑制团聚外,还有哪些方法可以抑制石墨烯的团聚。

补充阅读

目前,制备氧化石墨的技术已经相当成熟,用石墨制备氧化石墨是低成本、大规模制备石墨烯的起点。石墨本身是一种憎水性物质,层与层之间距离较小,为 0.314 nm。与其相比,氧化石墨拥有大量的羟基、羧基、羰基和环氧基等基团,是一种亲水性物质。氧化石墨层间距为

0.7～1.2 nm(取决于制备条件),其层间距较石墨层间距大,有利于将其他物质分子插入。研究表明,氧化石墨表面和边缘有大量的官能团,容易与一些官能团反应,得到改性的氧化石墨。氧化石墨有机改性可以使其表面由亲水性变成亲油性,表面能降低,从而提高与聚合物单体或聚合物之间的相容性,增强了氧化石墨和聚合物之间的黏结性。使用适当的剥离技术(如超声波剥离法、机械剥离法、低温剥离法等),氧化石墨极易在水溶液或者有机溶剂中形成分散均匀的氧化石墨烯分散液,还原后可以得到单层的石墨烯分散液。

氧化石墨上碳原子属于 sp^3 杂化,不同于石墨碳原子的 sp^2 杂化,因而为绝缘体。将肼(对苯二酚、硼氢化钠和二甲肼)加入到均匀的单层氧化石墨烯溶液中,可以还原得到稳定的石墨烯分散液。经过还原剂还原的氧化石墨的碳原子由 sp^3 结构部分转化为 sp^2 结构,石墨烯的 sp^2 杂化碳层平面的平均尺寸比氧化石墨大。相比于石墨,石墨烯的结晶度和规整度有所降低。氧化还原法最大的缺点是制备的石墨烯有一定的缺陷,因为经过强氧化剂氧化得到的氧化石墨,并不能被完全还原,可能会损失一部分性能,如透光性、导热性,尤其是导电性,但氧化还原法价格低廉,可以制备出大量石墨烯,是目前最常用的制备石墨烯的方法。

氧化石墨因为表面带有大量的含氧官能团,如羧基、羟基和环氧基等,很容易分散在水中形成稳定的氧化石墨烯分散液。在氧化石墨烯的还原过程中,随着还原反应的进行,石墨烯由于层与层之间强烈相互作用形成了不规则的颗粒而从体系中析出,很难制备稳定的石墨烯分散液,导致石墨烯加工性较差。因此,得到结构完整的石墨烯及稳定的石墨烯分散液,对于拓展石墨烯的应用具有重要价值。

在氧化石墨烯还原过程中,引入超声波能有效地抑制石墨烯片层间的团聚,得到稳定的石墨烯分散液。超声波产生的瞬间高温高压环境加快了还原反应,提高了生产效率。

参考文献

[1] NOVOSELOV K S, GEIM A K, MOROZOV S V. Electric field effect in atomically thin carbon films[J]. Science, 2004, 306(5296): 666 - 669.

[2] HUMMERS W, OFFEMAN R. Prepraration of graphitic oxide[J]. Journal of the American Chemical Society, 1958, 80(6): 1399.

[3] ZHANG W N, HE W, JING X L. Preparation of stable graphene dispersion with high concentration by ultrasound[J]. The Journal of Physical Chemistry B, 2010, 114: 10368 - 10373.

(编写:李瑜;校对:张雯)

实验十二 水相电化学剥离法制备高质量石墨烯

一、实验目的

(1)学习电化学阳极剥离制备高质量石墨烯的方法;

(2)理解电化学阳极剥离石墨、制备石墨烯的原理;

(3)探究硫酸及其盐浓度、不同外加电压对剥离石墨烯速率的影响;

(4)学会通过红外、紫外光谱表征石墨烯结构及电导率测试方法。

二、实验原理

石墨烯(Graphene)是由 sp^2 杂化 C 原子组成的具有蜂窝状六边形结构的二维平面晶体。石墨烯独特的结构特征使其具有优异的物理、化学和机械性能,在晶体管太阳能电池、传感器、锂离子电池、超级电容器、导热散热材料、电发热膜、场发射和催化剂载体等领域有着良好的应用前景。石墨烯的制备方法对其质量和性能有很大影响,低成本、高质量、大批量的制备技术是石墨烯材料得以广泛应用的关键。目前制备石墨烯的方法有很多,包括"自上而下"过程的机械剥离法、液相剥离法、氧化-还原法、电化学剥离法,以及"自下而上"过程的化学气相沉积(CVD)法、外延生长法和化学合成法等。其中,电化学剥离方法因其成本低、效率高、操作简单、对环境友好、条件温和等优点而越来越受到人们的关注。

电化学剥离制备石墨烯的基本原理是(见图 2-12-1):在电解质溶液中,以石墨作为阳极或阴极,在电源电场驱动力作用下,电解质离子插层进入石墨层间,迫使其层间距扩大,层间范德华力减弱,石墨电极逐渐发生体积膨胀,最终剥离脱落得到单层或少层石墨烯。根据不同电解质插层离子类型,主要可将电化学剥离法分为两类:第一类是驱使电解质阴离子插层进入石墨阳极,剥离获得石墨烯,称为电化学阳极剥离,这也是目前电化学剥离制备石墨烯主要采用的方法;第二类是驱使电解质阳离子插层进入石墨阴极,剥离获得石墨烯,称为电化学阴极剥离,该方法虽可避免石墨表面被氧化和过多化学官能团的引入,但由于石墨烯产率低、制备条件苛刻、环境污染等因素限制了其应用推广。具体地,在电化学阳极剥离过程中,溶剂分子(如 H_2O)可协助并参与阴离子插层石墨,同时插层离子和溶剂分子在阳极会伴随产生大量气体进一步膨胀,极大降低石墨层间范德华力,从而有效剥落获得石墨烯。应当指出,采用阳极剥离虽然会导致石墨烯一定程度的氧化,但相对于传统氧化-还原制备方法(Hummers 法),所制备石墨烯的氧化程度和存在的结构缺陷很低,划分为高质量石墨烯。

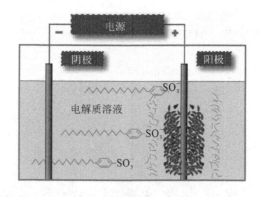

图 2-12-1　电化学剥离制备石墨烯装置图

水相电化学阳极剥离的电解质主要选用不同含氧酸及其盐类,例如 H_2SO_4 或 H_3PO_4。研究发现,在所有含氧质子酸中 H_2SO_4 是最常用的一种,主要是由于硫酸根离子大小为 0.46 nm(石墨层间距为 0.335 nm),比其他离子更容易插层进入到石墨层间。在酸性电解质中剥离可以获得较高产率的石墨烯,但由于酸性条件下更易造成对产物石墨烯的氧化,故实际中更多采用其盐类电解质体系,如硫酸铵、硫酸钠、硫酸钾等。以硫酸铵为例,水相电化学阳极插层石墨、剥离石墨烯的机理可以用图 2 - 12 - 2 表示。

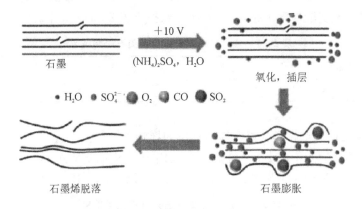

图 2 - 12 - 2　硫酸根离子插层电化学剥离石墨机理示意图

三、仪器与试剂

1. 仪器

直流电源(1 台)、铂电极(1 个)、电极夹(1 个)、剥离槽(1 个)、真空抽滤仪、聚四氟乙烯(PTFE)过滤膜(孔径:0.2 μm)、超声波仪、红外-吸收光谱仪、紫外-吸收光谱仪、四探针电阻率测试仪。

2. 试剂

天然石墨片、硫酸铵、硫酸、N,N-二甲基甲酰胺(DMF)。

四、实验内容

1. 不同硫酸铵浓度对电化学剥离石墨烯速率的影响

将已知尺寸的石墨片固定在电极夹上,石墨片做阳极,铂片做阴极,两电极间隔约 2 cm,置于不同浓度的硫酸铵溶液中。先外加 1 V 直流电源预剥离 1 min,随后向石墨电极施加10 V的正电压进行电化学剥离。完成石墨剥离时记录剥离所用时间,计算单位面积石墨片剥离的平均速率,并将实验数据记录于表 2 - 12 - 1 中。接下来用过滤器收集产物,并用去离子水真空抽滤洗涤数次。将收集的产物转入 DMF 中,在低功率下超声处理 30 min,进一步将膨胀剥离的石墨烯分离开。将分散液静置 48 h 以沉淀未剥落的石墨薄片或颗粒,将分散液过滤并干燥得到石墨烯薄膜。分别采用 0.05 mol·L⁻¹、0.1 mol·L⁻¹、0.15 mol·L⁻¹ 的硫酸铵溶液进行电化学剥离,并记录数据于表中。

表 2 - 12 - 1　不同硫酸铵浓度剥离石墨烯速率

$(NH_4)_2SO_4/(mol \cdot L^{-1})$	0.05	0.1	0.15
平均剥离速率/$(s \cdot cm^{-2})$			

2. 不同硫酸浓度对电化学剥离石墨烯速率的影响

分别采用 $0.5\ \text{mol·L}^{-1}$、$1.0\ \text{mol·L}^{-1}$、$1.5\ \text{mol·L}^{-1}$ 的硫酸溶液进行电化学剥离石墨烯实验。具体操作过程与实验内容 1 相同,记录实验数据于表 2-12-2 中。

表 2-12-2　不同硫酸浓度剥离石墨烯速率

$H_2SO_4/(\text{mol·L}^{-1})$	0.5	1.0	1.5
平均剥离速率/(s·cm^{-2})			

3. 不同外加电压对电化学剥离石墨烯速率的影响

固定电解质溶液为 $0.1\ \text{mol·L}^{-1}$ 硫酸铵,分别采用 5 V、7.5 V、10 V 的电压对石墨进行电化学剥离。具体操作过程与实验内容 1 相同,记录数据于表 2-12-3 中。

表 2-12-3　不同电压剥离石墨烯速率

电压/V	5	7.5	10
平均剥离速率/(s·cm^{-2})			

4. 石墨烯红外光谱的测定

红外光谱(FT-IR)在石墨烯研究中主要用来表征石墨烯及其衍生物的化学结构。电化学法制备石墨烯时,天然石墨经阳极离子插层后会在层间和边缘引入一些含氧官能团,主要包括羧基(—COOH),羟基(—OH)和环氧基(—C—O—C—)等。不同制备条件下,剥离产物石墨烯的红外谱图显示的含氧官能团特征吸收峰会有差异。分别测定 10 V 电压下,在 $0.1\ \text{mol·L}^{-1}$ 硫酸铵溶液、$1.0\ \text{mol·L}^{-1}$ 硫酸溶液中制备的石墨烯(薄膜)的红外吸收光谱,分析图谱并比较。

5. 石墨烯紫外光谱的测定

紫外-可见光谱(UV-Vis)同样可用于石墨烯的定性分析。请搜集文献了解氧化石墨烯和石墨烯的特征吸收谱及产生机理。据此,分别测定 10 V 电压下,在 $0.1\ \text{mol·L}^{-1}$ 硫酸铵溶液、$1.0\ \text{mol·L}^{-1}$ 硫酸溶液中制备石墨烯的 UV-Vis 光谱,分析谱图并比较。

6. 石墨烯薄膜电导率的测定

分别测定 10 V 电压下,在 $0.1\ \text{mol·L}^{-1}$ 硫酸铵溶液、$1.0\ \text{mol·L}^{-1}$ 硫酸溶液中制备的石墨烯薄膜的电导率。使用四探针法测量电导率的装置见图 2-12-3,该方法原理为:使直流电流通过试样上两个外探针,测量两个内探针之间的电位差,计算出试样薄层电阻,再根据电导率是电阻率倒数的关系,即可计算出材料的电导率。例如,当 1、2、3、4 四根金属探针排成直线,并以一定的压力接触石墨烯薄膜材料,在 1、4 两处探针间通过电流 I,则 2、3 探针间产生电位差 U。材料的电阻率可按下列公式计算

$$\rho = \frac{U}{I}\ (\Omega \cdot \text{cm}) \tag{2-12-1}$$

测试步骤:

(1)将测试仪器、试样置于温度 $23\pm0.5\ ℃$、相对湿度不超过 65% 的测试间,并开机预热;

(2)将所得的石墨烯分散液经真空抽滤装置抽滤成薄膜,并干燥样品;

(3)用千分尺测量薄膜状石墨烯样品的厚度,并记录;

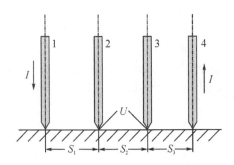

图 2 - 12 - 3　四探针法测量电导率示意图

（4）按仪器测试程序要求进行电导率的测试，并记录数据；

（5）多点测量：将满足测试要求的样品表面均匀分为 4 个测试区域（见图 2 - 12 - 4），在每个测试区域至少选择 5 个不发生重复的测试点进行采样测量。

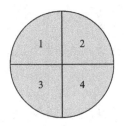

图 2 - 12 - 4　样品表面分为 4 个测试区域

（6）结果计算：电导率测试结果可由仪器直接测量给出，或根据仪器测试电阻率结果，按下列公式计算电导率

$$k = 1/\rho \tag{2 - 12 - 2}$$

式中，k 为材料电导率，$s \cdot cm^{-1}$；ρ 为材料电阻率，$\Omega \cdot cm$。

注：对至少 20 次的测量结果取平均值，结果精确至 $0.01\ s \cdot cm^{-1}$。

五、注意事项

（1）注意两电极间不能接触。

（2）可测材料样品的尺寸：$\Phi = 200\ mm \times 200\ mm$（如测试样品无法达到该规格，测试结果中应注明测试样品尺寸）。

（3）电导率测试试样表面要洁净。

六、思考题

（1）根据图 2 - 12 - 2 描述水相硫酸铵体系中，电化学剥离制备石墨烯的机理。

（2）列举出一种或几种可能实现电化学剥离石墨烯的电解质体系，并解释原因。

参考文献

[1] WEI W, WANG G, YANG S. Efficient coupling of nanoparticles to electrochemically exfoliated graphene

［J］. J Am Chem Soc, 2015, 137, 6083 - 6091.

［2］ WANG G, WANG B, PARK J, et al. Highly efficient and large-scale synthesis of graphene by electrolytic exfoliation［J］. Carbon, 2009, 47: 3242 - 3246.

［3］ PARVEZ K, WU Z S, LI R, et al. Exfoliation of graphite into graphene in aqueous solution of inorganic salts［J］. J Am Chem Soc, 2014, 136: 6083 - 6091.

（编写：魏巍；校对：张雯）

实验十三　　ATRP 法修饰碳纳米管生长金属氧化物纳米结构材料

一、实验目的

(1)了解 ATRP 反应的原理及特征；

(2)掌握碳纳米管表面修饰的基本方法；

(3)掌握金属氧化物纳米复合结构材料的制备方法。

二、实验原理

碳纳米管(CNT)作为一维纳米材料,重量轻,六边形结构连接完美,具有许多异常的力学、电学和化学性能。近些年,随着碳纳米管及纳米材料研究的深入,纳米结构复合材料不断地展现出卓越的特性和广阔的应用前景。如将过渡金属氧化物(TiO_2、SnO_2、MnO_2、Co_3O_4、Fe_3O_4 等)或过渡金属硫化物、硒化物(SnS_2、PbS_2、MnS_2、$SnSe_2$ 等)纳米片通过溶胶-凝胶法包覆于碳纳米管表面形成介孔纳米结构的复合材料,可显著提高该类材料的催化性能、锂离子存贮性能和导电性能,并且已经广泛应用于纳米催化剂、太阳能电池、锂离子电池和超级电容器等领域。然而,碳纳米管是由碳原子组成的完美管状晶体结构,表面不存在任何活性基团,呈现出极高的惰性,因此金属氧化物或硫化物很难直接生长在碳纳米管的表面。

目前碳纳米管表面极性修饰的方法主要有硅烷偶联剂法和氧化剂氧化法。前者主要采用含氨基或羟基的硅烷偶联剂物理吸附到碳管表面,从而在碳管表面间接引入极性氨基或羟基；后者主要通过酸性高锰酸钾、浓硫酸或浓硝酸高温氧化碳管,直接在碳管表面原位形成羧基、羟基或环氧基等极性基团。氧化剂氧化法在碳管表面形成的极性基团相对较多,是目前碳管表面极性修复的主要方法。然而,氧化剂氧化法同样存在不足之处:若氧化程度较高,虽然可以在碳管表面引入更多极性基团,有利于金属离子的吸附,进而得到纳米复合材料前驱体,但是却严重破坏了碳管自身的晶体结构；而如果氧化程度过低,碳管表面活性基团数量较少,不利于金属离子的吸附和生长。

本实验首先采用浓硝酸氧化法对碳纳米管表面进行轻度氧化引入羧基,然后将羧基转化成酰氯基团,再与乙二醇反应引入羟基,羟基再与溴代异丁酰溴反应引入溴原子,从而制得原子转移自由基聚合(Atom Transfer Radical Polymerization,ATRP)的引发剂,然后在 CuBr 的催化下将丙烯酸单体聚合在碳纳米管表面,从而大大提升碳纳米管表面极性基团的含量,最后通过水热或溶剂热反应将重金属离子吸附或沉积到碳管表面,经高温烧结制得碳管纳米复合材料。具体工艺流程如图 2-13-1 所示。

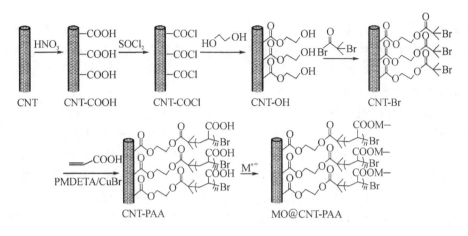

图 2-13-1　ATRP 法制备聚丙烯酸修饰 CNT 工艺流程

三、仪器与试剂

1. 仪器

减压蒸馏装置、三口烧瓶(250 mL)、单口烧瓶(100 mL)、量筒(100 mL)、磁力搅拌装置(可加热)、不锈钢反应釜(50 mL 带有聚四氟乙烯内衬)、烘箱(250 ℃)。

2. 试剂

丙烯酸(AA,新蒸)、浓 HNO_3、二氯亚砜($SOCl_2$)、乙二醇(无水)、溴代异丁基酰溴、三氯甲烷、N,N-二甲基甲酰胺(DMF)、无水四氢呋喃(THF)、4-二甲氨基吡啶(DMAP)、五甲基二乙烯基三胺(PMDETA)、钛酸四丁酯、氯化亚锡、多壁碳纳米管(CNT)、溴化亚铜(CuBr)、尿素。上述试剂均为分析纯。

四、实验内容

1. 丙烯酸的纯化

量取 40 mL 丙烯酸放于 100 mL 单口烧瓶内,加入少许铜丝,在 140 ℃加热回流 30 min,然后改成减压蒸馏装置进行蒸馏(真空度为 0.095 MPa 时,温度为 70 ℃左右)。

2. CNT 上接枝引发剂

1)由多壁碳管(MWCNT)制备羧基化碳管(CNT-COOH)

称取 1.0 g CNT 样品于单口烧瓶中,然后加入 10 mL 浓度为 60%~68%的硝酸,超声分散 30 min 形成悬浊液,再将单口烧瓶转移到油浴中,于 110 ℃下磁力搅拌回流反应 12 h。冷却后用去离子水反复离心洗涤,直至洗涤液 pH 值接近 7。然后将产品放入真空干燥箱中,在 60 ℃下真空干燥 12 h,得到带有羧基的碳纳米管。

2)由羧基化碳管制备酰基化碳管(CNT-COCl)

准确称取 0.6 g CNT-COOH 置于单口烧瓶中,加入 20 mL 二氯亚砜溶液,超声分散 5 min,然后在 65 ℃下磁力搅拌回流反应 24 h。停止反应,冷却后离心分离,用无水四氢呋喃洗涤 4～6 次。室温下真空干燥 2 h 即可得到酰基化碳管。

3）由酰基化碳管制备羟基化碳管（CNT-OH）

准确称取 0.5 g CNT-COCl 于单口烧瓶中，加入 20 mL 无水乙二醇溶液，超声分散 5 min，然后在 120℃下磁力搅拌回流 48 h。冷却至室温，离心分离，用无水四氢呋喃反复洗涤。室温下真空干燥 12 h，得到羟基化碳管。

4）由羟基化碳管制备溴代碳管（CNT-Br）

准确称取 0.4 g CNT-OH 置于三口烧瓶中，加入 10 mL 无水三氯甲烷，0.03 g 4-二甲氨基吡啶（DMAP）和 0.3031 g（约 1.667 mmol）三乙胺。磁力搅拌下，用冰水浴在 0℃下使体系达到平衡并保持温度。另取 3.3832 g（约 1.667 mmol）溴代异丁基酰溴溶解在 5 mL 无水三氯甲烷中，溶解后用滴液漏斗缓慢滴加至上述三口烧瓶内，并控制烧瓶内温度始终保持 0℃，回流 3 h 后缓慢升温至室温，再回流 48 h。停止反应，离心分离，并用大量的无水三氯甲烷洗去残留在碳纳米管上的溴代异丁基酰溴。最后在 40℃下真空干燥，得到作为 ATRP 引发剂的溴代纳米管。

得到溴代碳管后，可以进一步利用 ATRP 技术在 CNT 上生长聚丙烯酸，经过聚丙烯酸修饰后的碳管表面，含有大量羧基功能基团，可以诱导重金属离子在碳管表面的吸附和沉积作用，借助水热、溶剂热或者溶液反应，很容易在碳管表面形成介孔结构的无机物或无机物纳米片。ATRP 辅助合成介孔结构复合材料和纳米片结构/CNT 复合材料，实验思路如图 2-13-2 所示。

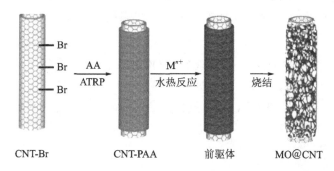

图 2-13-2　利用 ATRP 辅助合成介孔结构和纳米片结构/CNT 复合材料示意图

3. 通过 ATRP 技术在 CNT 上生长聚丙烯酸

准确称取 60 mg 溴代碳纳米管、14.4 mg 溴化亚铜（CuBr，0.10 mmol）、17.4 mg 五甲基二乙烯基三胺（PMDETA，0.10 mmol）和 1.0 mL N,N-二甲基甲酰胺（DMF）于干燥的三口烧瓶中，用橡胶塞密封，充入三次氮气，排尽体系中的氧气，保持氮气氛围。之后用注射器将 37.0 mg 丙烯酸（0.514 mmol）注入到上述体系中，升温至 60℃油浴反应 20 h。反应结束后，用三氯甲烷离心洗涤数次，除去碳管表面未接枝的丙烯酸单体和聚合物。真空干燥 12 h，便得到表面被聚丙烯酸修饰的碳纳米管（CNT-PAA）。

4. 溶胶-凝胶法在 CNT-PAA 表面辅助生长纳米结构无机物

下面分别介绍 TiO_2@CNT 和 SnO_2@CNT 纳米结构材料的制备。

1)TiO_2@CNT 纳米结构材料制备

准确称取 30 mg CNT-PAA 于 100 mL 单口烧瓶中,加入 40 mL 无水乙醇,超声分散 5 min,然后再加入 32 mg 尿素和 32 mg 钛酸四丁酯,再超声分散 5 min,混合液转入 50 mL 具有聚四氟乙烯内衬的不锈钢反应釜内,在 180 ℃反应 12 h。降温,离心分离,用无水乙醇洗涤数次;60 ℃真空干燥 6 h 得到 TiO_2@CNT 前驱体,然后在马弗炉内空气氛下于 500 ℃烧结 4 h 即得纳米结构的 TiO_2@CNT。

2)SnO_2@CNT 纳米结构材料制备

准确称取 30 mg CNT-PAA 于 100 mL 单口烧瓶中,加入 40 mL 巯基乙酸,超声分散 5 min,然后再加入 45 mg 尿素和 45 mg 氯化亚锡($SnCl_2 \cdot 2H_2O$),超声分散 5 min,混合液转入 50 mL 具有聚四氟乙烯内衬的不锈钢反应釜内,在 180 ℃反应 6 h。降温,离心分离,水和乙醇交替洗涤数次;60 ℃真空干燥 6 h 得到 SnO_2@CNT 前驱体,然后在马弗炉内空气氛下于 450 ℃烧结 4 h 即得纳米结构的 SnO_2@CNT。

五、注意事项

(1)本实验方法同样适用于石墨、石墨烯、无定形碳、羧基 SiO_2 等界面修饰和纳米复合材料的制备。

(2)各步反应结束后需反复洗涤,否则会显著影响产品性能。

六、思考题

(1)原子转移自由基聚合(ATRP)有什么优缺点?

(2)简单阐述引发剂的类型并分别举例说明。

参考文献

[1] KONG H, GAO C, YAN D Y. Controlled Functionalization of Multiwalled Carbon Nanotubes by in Situ Atom Transfer Radical Polymerization [J]. J Am Chem Soc, 2004, 126:412-413.

[2] FANG M, WANG K G, Lu H B, et al. Single-layer graphene nanosheets with controlled grafting of polymer chains [J]. J Mater Chem, 2010, 20:1982-1992.

[3] LAYEK R K, SAMANTA S, CHATTERJEE D P. Physical and mechanical properties of PMMA-functionalized graphene/PVDF nanocomposites:Piezoelectric β-polymorph formation [J]. Polym, 2010, 51:5846-5856.

(编写:高国新;校对:张雯)

实验十四 空心介孔二氧化硅亚微米球的制备与表征

一、实验目的

(1)通过聚苯乙烯微球的合成,进一步理解乳液聚合的基本理论并掌握实验方法;

(2)掌握模板法制备空心球的技术;

（3）了解扫描电镜、透射电镜对形貌和结构进行表征的原理,以及仪器的基本操作方法。

二、实验原理

在过去三十年中,材料科学不断朝着交叉领域的方向发展,研究不再局限于以往传统化合物,而转向有机、无机、高分子及生物材料的杂化。在众多杂化材料中,核壳材料因其组成、大小和结构排列的不同而具有光、电和化学等特性,近年来倍受科学家的关注。核壳材料的制备方法是多样的,具有相同结构和组成的材料可以用多种不同方法制备。相应的,一种方法也可以用于制备多种材料。按单分散体系所含相态来分,其制备方法可分为均相单分散体系和异相单分散体系两种。模板法由于具有方法简单、重复率高、预见性好、产品形态均一、性能稳定等诸多特点而被广泛用于制备核壳材料。目前核壳材料的制备方法主要有软模板法、硬模板法、软模板和硬模板相互结合的方法以及水热法等。

中空微球是一类具有独特形态的材料,粒径在纳米级至微米级,具有比表面积大、密度低、稳定性好等特性。由于其内部中空,可以封装气体或者小分子物质(如水、烃类)等易挥发溶剂,当然也可以封装其他具有特殊功能的化合物,因此可以应用于药物控释、形貌控制模板或微胶囊封装材料(药物)、颜料、化妆品、油墨和生物活性试剂、水污染处理、化学催化和生物化学等方面。同时,通过调整微球尺寸以及空腔和壁厚可以有效实现对隔声、光、热、机械等性能随心所欲的设计,在工业上有广泛的应用前景。

由于中空二氧化硅微球高熔点、高稳定性、无毒等特殊性质,使其应用领域得到进一步的拓展。例如可以做成轻质填料、耐火材料应用到高端包装领域;在其空腔封装功能化合物,既可以制成具有缓释功能的药物,又在人造细胞、疾病诊治等方面具有一定的价值,被应用到医药、医疗、防伪和香料等行业。因此,二氧化硅中空微球的制备受到了广大科研人员的关注。

本实验首先通过乳液聚合法合成聚苯乙烯亚微米球,然后再利用制备的聚苯乙烯亚微米球作为模板,加入表面活性剂十六烷基三甲基氯化铵(或聚乙烯吡咯烷酮)自组装到模板表面(主要起控制壳层上介孔的作用);然后加入正硅酸乙酯(TMOS)和氨水,通过水解缩聚反应形成二氧化硅,二氧化硅在表面活性剂的缝隙中包覆聚合物微球;最后将得到的聚合物微球洗涤、煅烧,得到规整的中空二氧化硅微球,反应过程如图 2-14-1 所示。

图 2-14-1 聚苯乙烯微球为模板制备中空二氧化硅示意图

三、仪器与试剂

1. 仪器

1000 mL 三口烧瓶、玻璃棒、高速离心机、烧杯、量筒、注射器、滴液漏斗、机械搅拌器、磁力搅拌油浴、马弗炉等。

2. 试剂

丙烯酰氧乙基三甲基氯化铵、苯乙烯(St)、聚乙烯吡咯烷酮(PVP,K-30)、异丙醇、偶氮二异丁腈(AIBN)、十六烷基三甲基溴化铵(CTAB)、乙醇、氨水、正硅酸乙酯(TEOS)、去离子水、偶氮二异丁脒盐酸盐(V-50)。

四、实验内容

1. 不同尺寸聚苯乙烯(PS)亚微米粒子的方法合成

1)PS-130 的制备

130 nm 的聚苯乙烯乳液是通过无乳化剂乳液聚合法合成的,一般步骤如下:1.0 g 的丙烯酰氧乙基三甲基氯化铵(AETAC,质量分数为 80% 的水溶液)溶解在 390 mL 水中,置于 500 mL 的圆底烧瓶中。在 800 r·min^{-1} 的机械搅拌下,向上述烧瓶中加入 40 g 苯乙烯,30 min 完成。通入氮气,排空气 20 min 后,通过油浴加热至 90℃ 进行反应。温度平衡后,加入含有 1.0 g 偶氮二异丁脒盐酸盐(V-50)10 mL 的水溶液。在氮气氛围下保持 90℃ 反应 24 h。

2)PS-400 的制备

400 nm 的聚苯乙烯乳液是通过乳液聚合法合成的,一般步骤如下:在氮气保护下将 1.22 g 的聚乙烯吡咯烷酮(K-30)溶解在盛有 790 mL 水的 1000 mL 的圆底烧瓶中,保持机械搅拌 800 r·min^{-1},向上述 K-30 水溶液中加入 80 g 苯乙烯,用时 30 min,形成乳液后用 70℃ 油浴进行加热,温度平衡后,用注射器注入含有 1.0 g 偶氮二异丁脒盐酸盐(V-50)的水溶液 10 mL 引发聚合反应,氮气保护下反应 24 h。

3)PS-1500 的制备

1500 nm 的聚苯乙烯乳液是通过分散聚合法合成的,步骤如下:在机械搅拌条件下,向 1000 mL 的圆底烧瓶中加入 6.0 g 的聚乙烯吡咯烷酮(K-30)、280 g 的异丙醇、40 g 的水,搅拌均匀直至形成清液。后向 K-30 水溶液中加入 41.6 g 苯乙烯,其中溶解有 1.37 g 的偶氮二异丁腈(AIBN)。通氮气纯化 30 min 后,70℃ 油浴进行加热,在磁力搅拌条件下聚合反应 24 h。得到的聚苯乙烯乳液微球用乙醇冲洗三次,然后低温冷冻干燥。

2. 空心介孔微球(HMS)的制备

1)HMS-140 的制备

将 0.80 g 十六烷基三甲基溴化铵(CTAB)溶解在混合有 29 mL 水、12 g 乙醇(C_2H_5OH)、1.0 mL 氨水的溶液中。将 10 g PS-130 乳液在室温剧烈搅拌条件下逐滴加入到上述十六烷基三甲基溴化铵溶液中,超声分散 10 min。然后再磁力搅拌 30 min,滴加 4.0 g 的正硅酸乙酯(TEOS)。TEOS、CTAB、C_2H_5OH、H_2O、NH_3 的物质的量比为 1.0:0.11:13:87:0.83,TEOS 和 PS 的质量比为 4.3。滴加完成后,反应在室温下进行 48 h。反应完毕后,乳液在 7000 r·min^{-1} 的转速下离心分离 40 min 后得到产物,产物用大量的乙醇进行冲洗,后室温干燥。最后,以 3℃·min^{-1} 的速度升温至 600℃,煅烧 8 h。

2)HMS-400 的制备

将 0.80 g 十六烷基三甲基溴化铵(CTAB)溶解在混合有 9.6 mL 水、11.0 g 乙醇(C_2H_5OH)、2.0 mL 氨水的溶液中。将 25 g PS-400 乳液在室温剧烈搅拌条件下逐滴加入到上述十六烷基三甲基溴化铵溶液中,超声分散 10 min。然后磁力搅拌 30 min,滴加 1.5 g 的正硅酸乙酯

(TEOS)。TEOS、CTAB、C_2H_5OH、H_2O、NH_3 的物质的量比为 1.0∶0.30∶32∶88∶4.4，TEOS 和 PS 的质量比为 0.66。滴加完成后，反应在室温下进行 48 h。之后，乳液在 7000 r·min^{-1} 的转速下离心分离 15 min 后得到产物。产物用大量的乙醇进行冲洗，后室温干燥。最后，以 3℃·min^{-1} 的速度升温至 600℃，煅烧 8 h。

3）HMS－1500 的制备

CTAB 溶解在混合有 13.0 mL 水、9.0 g 乙醇（C_2H_5OH）、0.5 mL 氨水的溶液中。将 1.0 g PS－1500 干燥粉末在室温剧烈搅拌条件下加入到上述十六烷基三甲基溴化铵溶液中，超声分散 120 min。然后磁力搅拌 30 min，滴加 0.40 g 的正硅酸乙酯（TEOS）。TEOS、CTAB、C_2H_5OH、H_2O、NH_3 的物质的量比为 1∶0.14∶97∶398∶4.1，TEOS 和 PS 的质量比为 0.4。滴加完成后，反应在室温下进行 48 h。反应完毕后，乳液在 6000 r·min^{-1} 的转速下离心分离 10 min 后得到产物。产物用大量的乙醇进行冲洗，后室温干燥。最后，以 3℃·min^{-1} 的速度升温至 600℃，煅烧 8 h。

3. 空心介孔微球的表征

利用扫描和透射电子显微镜对核壳结构、空心结构的颗粒进行表征。

五、注意事项

(1)注意试剂加入的先后顺序；

(2)聚合反应应在氮气保护下进行；

(3)聚合反应的包覆反应过程中，搅拌的速度不能过快或过慢。

六、思考题

(1)引发剂加入过早，会对实验产生什么影响？

(2)在需要通氮气的步骤，如果不通氮气能否得到目标产物？为什么？

(3)在制备空心结构亚微米球的过程中，加入的 CTAB 起什么作用？

(4)制备的介孔结构二氧化硅空心亚微米球有何应用？

参考文献

[1] 李建军，张成亮，丁书江，等. 模板法制备复合中空微球[J]. 高等学校化学学报，2009，30(9)：1904－1906.

[2] 乐园，陈建峰，汪文川. 空心微球型纳米结构材料的制备及应用进展[J]. 化工进展，2004，23(6)：595－599.

[3] 顾文娟，廖俊，吴卫兵，等. 中空二氧化硅微球的制备方法研究进展[J]. 技术进展，2009，23(4)：257－264.

[4] QI G G, WANG Y B, ESTEVEZ L, et al. Facile and Scalable Synthesis of Monodispersed Spherical Capsules with a Mesoporous Shell[J]. Chemistry of Materials, 2010, 22: 2693－2695.

（编写：丁书江；校对：张雯）

实验十五　CdSe/CdS 量子点@聚苯乙烯荧光微球的制备

一、实验目的

(1) 了解量子点的基本知识,掌握量子点的合成方法;

(2) 了解量子点常用的表征方法。

二、实验原理

量子点是准零维的荧光半导体纳米材料,一般由 II-VI 族或 III-V 族元素组成,直径在 $1\sim$ 10 nm 之间,也称"人造原子",具有独特的纳米量子效应。与传统有机荧光染料相比,量子点具有如下优势:①具有较宽的激发光谱和较窄的发射光谱,可用于多色荧光标记,使其在蛋白分选和基因测序等生物医学领域具有潜在的应用价值;②具有较宽的斯托克斯位移(Stokes Shift)值,可有效地避免荧光发射光谱与激发光谱的重叠,利于荧光光谱信号的检测;③荧光寿命长达数十纳秒,能够得到较高信噪比的荧光信号,在时间分辨的光谱分析检测领域具有重要的应用价值,此外,量子点还被广泛应用于荧光探针、细胞成像、生物示踪和分子检测等领域。

量子点荧光微球,即通过聚合包载法、物理吸附法、溶胀法等方法将量子点吸附或包载在微球表面或者内部而形成的量子点@高分子微球。研究发现,量子点荧光微球具有较好的生物相容性。聚苯乙烯(PS)、聚甲基丙烯酸甲酯、聚丁二烯等均可作为量子点载体,其中,聚苯乙烯具有易合成、表面易于修饰有机官能团及反应活性高等优点,是非常理想的荧光材料载体。

量子点可以通过包载、吸附或溶胀等方式载于 PS 表面或内部。其中,溶胀法制备的荧光微球保存较长时间时,量子点容易从溶胀孔隙中脱落;而通过物理吸附法制备的荧光微球由于量子点暴露在微球表面,容易受到外界环境如酸溶剂的干扰,导致量子点从 PS 微球表面脱落和荧光猝灭;相较于以上两种方法,聚合包载法是通过乳液聚合方式将量子点包载在微球的内部形成稳定的量子点荧光微球,包载于微球内部的量子点能够避免在生理环境中泄漏,并提高抗光漂白性能。此外,微球表面易于修饰有机官能团,能与生物分子偶联,可应用于成像、免疫等领域。

根据乳液聚合原理,量子点在苯乙烯(St)单体中的溶解度可能是影响包载率的重要因素。因此,本实验首先制备高效发光的 CdSe/CdS 核壳量子点,然后使用十二烷基硫醇(DDeT)对量子点表面的油胺(OAm)配体进行配体交换,得到 CdSe/CdS - DDeT,以提高量子点在苯乙烯单体中的溶解度;最后通过乳液聚合法将 CdSe/CdS - DDeT 量子点包载在 PS 微球中,得到了新型的量子点@聚苯乙烯荧光微球。

三、仪器与试剂

1. 仪器

三口烧瓶、注射器、量筒、电子天平、移液枪、磁力搅拌器、离心机、真空干燥箱、超声仪等。

2. 试剂

硬脂酸(98%)、四甲基氢氧化铵(98%)、氧化镉(CdO)、二水合乙酸镉(CdAc$_2$ · 2H$_2$O,

99.99%)、三水合二乙基二硫代氨基甲酸钠(NaDDTC·3H$_2$O,99%)、正十二烷(98%)、Se 粉(99.99%)、1-十八烯(ODE,90%)、聚乙烯吡咯烷酮(PVP,型号 K12)、油胺(OAm,纯度 N/A)、十二烷基硫醇(DDeT,大于 97%)、甲醇、甲苯、丙酮、十二烷基硫酸钠(SDS)、碳酸氢钠(NaHCO$_3$)、过硫酸钾(KPS)及苯乙烯(分析纯)。

四、实验内容

1. 硬脂酸镉的合成

将 10 mmol 二水合乙酸镉[Cd(Ac)$_2$·2H$_2$O]溶于 50 mL 甲醇中制成混合液,在剧烈搅拌下,将乙酸镉-甲醇溶液逐滴滴入 20 mmol 硬脂酸和 20 mmol 四甲基氢氧化铵溶于 200 mL 甲醇而配成的混合溶液中,白色的硬脂酸镉沉淀快速析出。继续搅拌 20 min,使沉淀完全。离心并用甲醇溶液洗涤三次,真空干燥,得硬脂酸镉固体。

2. 二乙基二硫代氨基甲酸镉[Cd(DDTC)$_2$]的合成

将 20 mmol 三水合二乙基二硫代氨基甲酸钠(NaDDTC·3H$_2$O)溶于 60 mL 去离子水中配成混合溶液,同时,将 10 mmol 二水合乙酸镉[Cd(Ac)$_2$·2H$_2$O]溶于 100 mL 去离子水中配成混合溶液。在剧烈搅拌下,将三水合二乙基二硫代氨基甲酸钠混合液逐滴加入乙酸镉混合液中,白色的 Cd(DDTC)$_2$ 沉淀快速析出。继续搅拌 20 min,使沉淀完全。离心并用去离子水洗涤三次,真空干燥,得 Cd(DDTC)$_2$ 固体。为了后续反应的进行,一般需要制备 0.1 mol·L^{-1} Cd(DDTC)$_2$ 前驱体溶液,即将 0.1227 g Cd(DDTC)$_2$ 加入到 1.5 mL 辛烷、0.45 mL 油胺和 1.05 mL 辛胺混合液中,待用。

3. CdSe 纳米核的制备

1)油酸镉溶液的配制

0.1284 g CdO、1.1299 g 油酸和 6.8917 g 1-十八烯混合并在氩气保护下搅拌 10 min,将混合液加热至 240℃ 得澄清溶液,备用。

2)CdSe 纳米核的制备

在三口烧瓶中加入 0.1356 g(0.2 mmol)硬脂酸镉、0.0079 g(0.1 mmol)Se 粉和 4 mL 1-十八烯,在氩气保护下搅拌 10 min,以 40℃·min^{-1} 的升温速度将混合液升温至 240℃,在反应过程中通过 UV-Vis 吸收光谱监测 CdSe 生长。当 CdSe 纳米晶达到目标尺寸后,停止加热使混合液降温至 50℃。向混合液中加入 0.2 mL 三丁基膦、0.2 mL 辛胺、3 mL 己烷和 6 mL 甲醇,并搅拌 2 min,用注射器将甲醇层和上层的 1-十八烯/己烷层分离。

4. CdSe/CdS 核壳纳米晶的制备

将 2 mL 辛烷、2.1 mL 辛胺和 0.9 mL 油胺加入三口烧瓶中,并在氩气氛围下升温至 60℃,再将 1 mL CdSe 溶液加入烧瓶中。对于平均粒径为 3.5 nm 的 CdS 纳米晶,外延生长 6 层单分子层,各壳层生长需要加入 0.1 mol·L^{-1} 的 Cd(DDTC)$_2$ 前驱体溶液,体积分别为 0.09、0.12、0.16、0.20、0.25 和 0.31 mL。在加入第 1 层壳层所需前驱体后,迅速升温至 140℃ 反应 20 min,降温至 80℃。第 2 层至第 6 层壳层的生长方式与第 1 层类似。得到以 OAm 为配体的具有核壳结构的 CdSe/CdS-OAm 量子点材料。

5. CdSe/CdS 量子点@聚苯乙烯荧光微球的制备

将 17 mg 十二烷基硫酸钠(SDS)、5 mg NaHCO$_3$ 和 20 mg PVP 溶解于 15 mL 去离子水

中,得到水溶液 A;将 40 mg CdSe/CdS – OAm 量子点加入到 0.5 mL 苯乙烯中,得到油相溶液 B;将溶液 A 和 B 混合,在冰水浴中超声 10 min,得到乳液。向乳液中加入 10 mg 过硫酸钾(KPS),通入氮气,在 75 ℃下反应 12 h,离心收集上清液即可。

量子点包载率的计算公式为

$$W = (1 - F_T/F_Q) \times 100\% \qquad\qquad (2-15-1)$$

式中,W 为量子点的包载率;F_T 为包载后上清液的积分荧光强度;F_Q 为量子点的积分荧光强度。

6. 产物表征

(1)CdSe 和 CdSe/CdS 量子点的表征:通过 TEM 表征量子点的颗粒尺寸、HRTEM 分析量子点原子层面结构,并通过能谱分析证明产物中存在 Se、Cd 和 S 元素。TEM、HRTEM 和能谱分析证明了 CdS 壳层成功外延生长,形成 CdSe/CdS 量子点。对量子点进行紫外-吸收光谱和荧光光谱表征。

(2)量子点@聚苯乙烯荧光微球的表征:通过 TEM、SEM 表征表明量子点成功包载在 PS 中。

五、注意事项

(1)实验过程中应注意安全,注意眼部防护等。

(2)量子点@聚苯乙烯荧光微球制备过程中,超声时间不宜过长。

六、思考题

(1)查阅文献,了解量子点材料的制备方法具体有哪些,各有何优缺点。

(2)试简单说明 UV – Vis 吸收光谱监测 CdSe 生长的原理,并简述有何优点。

参考文献

[1] 安娜,卢睿,马昊玥,等. CdSe/CdS 核壳量子点复合材料合成及其在白光发光二极管中的应用[J]. 发光学报,2017,38(8):1003 – 1009.

[2] NAN W N, NIU Y, QIN H Y, et al. Crystal Structure Control of Zinc-Blende CdSe/CdS Core/Shell Nanocrystals:Synthesis and Structure-Dependent Optical Properties[J]. J Am Chem Soc,2012,134:19685 – 19693.

[3] YANG Y, QIN H Y, JIANG M W, et al. Entropic Ligands for Nanocrystals:From Unexpected Solution Properties to Outstanding Processability[J]. Nano Lett,2016,16:2133 – 2138.

[4] YU W W, QU L H, GUO W Z, et al. Experimental Determination of the Extinction Coefficient of CdTe, CdSe, and CdS Nanocrystals[J]. Chem Mater,2003,15:2854 – 2860.

（编写:杨帆;校对:张雯）

实验十六   化学气相沉积法制备氧化锌纳米线

一、实验目的

(1)了解化学气相沉积法制备纳米材料的原理。

(2)掌握化学气相沉积法制备纳米材料的基本流程及注意事项。

(3)利用化学气相沉积法制备低维的纳米材料。

二、实验原理

ZnO 是典型的 Ⅱ-Ⅵ 族直接带隙宽禁带半导体材料,在室温下的禁带宽度为 3.37 eV,激子束缚能为 60 meV,由于其优良的光电功能特性,被认为是除氮化镓外制造蓝光-紫外光发光器件的理想材料,广泛应用于电子及光电器件研究。ZnO 易制备高质量的块体单晶,也容易形成各种形貌的纳米结构,如纳米带、纳米线、纳米管、纳米环等。ZnO 纳米结构的制备方法多种多样,主要有化学/物理气相沉积法、金属有机物化学气相沉积法、水热法、脉冲激光沉积法、电化学沉积法等。与其他制备方法相比,化学气相沉积法具有设备简单、产品纯度高、结晶质量高等优点,化学气相沉积系统示意图如图 2-16-1 所示。

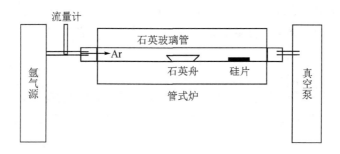

图 2-16-1   化学气相沉积系统示意图

现有的化学气相法主要有两种,一种是基于气-液-固生长机理(Vapor-Liquid-Solid,VLS)制备,利用金作催化剂,该方法制备的 ZnO 纳米线缺陷少、结晶质量高,但生长端通常残留着少量催化剂;另一种是利用气相沉积自催化生长氧化锌纳米线的方法,不加任何催化剂,氧化锌纳米结构的生长机理遵循气-固(Vapor-Solid,VS)生长机理。本实验采用第一种制备方式。

三、仪器与试剂

1. 仪器

干燥箱、CVD 生长系统(包括管式炉、真空泵、流量控制系统等)、石英舟、电子天平、超声清洗机、热蒸发镀膜机、X 射线衍射仪、He-Cd 激光器(光源)、荧光光谱仪等。

2. 试剂

氧化锌、碳粉、高纯硅片、丙酮、乙醇、去离子水、高纯氮气、高纯氩气。

四、实验内容

(1)取物质的量比为 1∶1 的氧化锌粉和碳粉放在研钵中,充分研磨,待用。

(2)将研磨好的混合粉末放入石英舟中,再用细铁丝将石英舟缓慢地推入管式炉的加热管内,位置应在加热棒中心处,保证设定温度与实际生长温度相符。

(3)将硅片用玻璃刀裁减为 2 cm² 的正方形,将硅衬底分别在丙酮、去离子水和乙醇当中进行超声清洗,每次大约进行 10 min,超声完毕后用高纯氮气将衬底吹干。

(4)在经清洗的硅片表面真空蒸发沉积一层厚度约 20 nm 的 Au 膜作为催化剂,然后在管式炉管口处放置硅衬底,放置位置约在混合粉末下风方向 20 cm 处。

(5)将石英管密封后,打开真空系统,用机械泵抽至真空度达到 10^{-1} Pa 以下,然后打开气体流量计,控制系统对 CVD 系统进行通气,载气为高纯氩气,流速为 25～30 mL·min^{-1},并控制管式炉内气压小于 40 kPa;以 15 ℃·min^{-1} 程序升温,将腔内中心温区挥发源处加热到900 ℃,保持 30 min 再进行降温,自然降温至 400 ℃时关闭氩气源,并使系统维持在真空状态下继续降温,等炉子完全冷却后再打开放气系统使腔体与大气连通,取出样品,硅片表面应呈现出亮灰色。

(6)取出的样品喷金后,用扫描电镜观察其形貌结构;用 X 射线衍射仪分析晶体类型;以 He－Cd 激光器为光源,用荧光光谱仪分析样品的光致发光特性。

五、注意事项

(1)反应的温度、氧气的流量、衬底放置的位置等都会影响纳米线的形貌及生长情况,改变参数会得到形貌不同的 ZnO 纳米结构。

(2)当中心温区的温度达 900 ℃时,生长 ZnO 的衬底位置的温度应在 450～550 ℃范围。

六、思考题

(1)真空度对生长的影响主要有哪些?

(2)衬底要放在什么位置?

(3)荧光光谱的分析结果说明了什么?

参考文献

[1] 张琦锋,戎懿,陈贤祥,等. ZnO 纳米线的气相沉积制备及场发射特性[J]. 半导体学报,2006,27(7):1225－1229.

[2] 冯程程,周明,吴春霞,等. 氧分压对化学气相沉积法合成 ZnO 纳米结构形貌的影响[J]. 人工晶体学报,2009,38(3):657－661.

(编写:张雯;校对:杨帆)

实验十七　流动注射化学发光法测定蔬果中的维生素 C

一、实验目的

(1)了解化学发光的原理；

(2)掌握流动注射化学发光法的基本操作技术。

二、实验原理

化学发光是化学反应体系中的某些物质,如反应物、中间体或者荧光物质吸收了反应释放的能量,电子由基态跃迁至激发态,然后再从激发态返回到基态,同时将能量以光辐射的形式释放出来,从而产生化学发光的现象,其原理如图 2-17-1 所示。化学发光反应用于分析测定,是基于化学发光强度与化学发光速率具有相关性,而影响反应速率的因素均可以作为建立测定方法的依据。化学发光强度(I_{CL})取决于化学发光速率(dP/dt)和化学发光量子效率(ϕ_{CL}),即

$$I_{CL}(t) = \phi_{CL}\,dP/dt \tag{2-17-1}$$

对于一定的化学发光反应,ϕ_{CL}为定值。因此,固定反应的其他条件不变,通过测定化学发光强度就可以测定反应体系中某种物质的浓度。

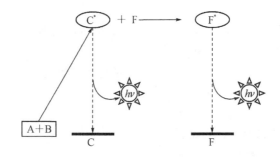

图 2-17-1　化学发光原理

流动注射化学发光法(FI-CL)是近年发展较快的一个分析技术,是将流动注射技术与化学发光检测方法相结合的一种高灵敏度、痕量的在线检测及分析技术,已在分析化学的各个领域中得到了应用和推广。流动注射与化学发光的联用集合了两种方法的优点：①操作简便,分析速度快；②检测限低,灵敏度高；③节省试剂和样品；④可与多种常规仪器联用,易实现自动化；⑤环境污染小。

化学发光体系主要包括鲁米诺体系、四价铈体系、二氧杂环丁烷类体系、酸性高锰酸钾体系、过氧化草酸酯体系等。鲁米诺(5-氨基-2,3-二氢-1,4-二杂氮萘二酮,分子结构式见图 2-17-2)属酰肼类有机化合物,是常用的液相化学发光试剂之一。在碱性条件下,鲁米诺可以被多种氧化剂氧化成激发态的 3-氨基邻苯二甲酸盐,在回到基态时发出蓝光。

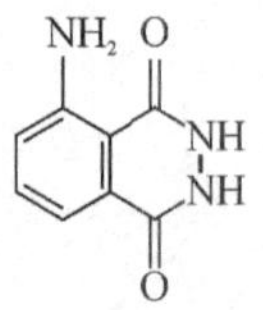

图 2-17-2　鲁米诺分子结构式

鲁米诺结构简单、容易合成、水溶性好、有较高的发光量子效率,与不同的氧化剂配合,形成了经典的化学发光体系,如鲁米诺-碘化物体系、鲁米诺-高锰酸钾体系、鲁米诺-过氧化氢体系、鲁米诺-铁氰化钾体系等。鲁米诺的化学发光反应是化学发光反应中最常用的,在药物分析、环境分析、食品分析和生物医学等领域都得到了广泛应用。

文献研究表明,H_2O_2 对 KIO_4 氧化鲁米诺发光有很高的协同催化活性,在 427 nm 处有显著的发光峰,而维生素 C 为多羟基化合物,分子中的烯二醇基有较强的还原性,可将 H_2O_2 定量还原,从而抑制发光反应。因此,本实验利用维生素 C 与 H_2O_2 - KIO_4 - 鲁米诺化学发光体系的作用机理,建立了一种快速、简便的测定维生素 C 的分析方法。

按照图 2 - 17 - 3 设计的流动注射化学发光分析流路,由四条管路分别泵入鲁米诺溶液、高碘酸钾溶液、过氧化氢溶液及维生素 C 标准溶液或经适当稀释的样品溶液。启动仪器,待管路中溶液流动平稳、基线稳定后,通过进样阀向载流液中注入维生素 C 对照品或样品溶液,记录增强化学发光信号值,以相对峰高定量。

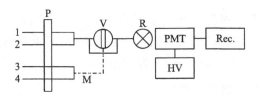

P—蠕动泵;M—混合管;V—八通阀;R—反应池;PMT—光电倍增管;HV—负高压;Rec.—记录仪;
1—鲁米诺溶液;2—高碘酸钾溶液;3—过氧化氢溶液;4—维生素 C 溶液
图 2 - 17 - 3 流动注射化学发光测定维生素 C 装置示意图

三、仪器与试剂

1. 仪器
IFFM - E 型流动注射化学发光分析仪、分析天平、烧杯、容量瓶、超声仪、粉碎机、抽滤装置。

2. 试剂
高碘酸钾(AR)、鲁米诺(AR)、过氧化氢(AR)、维生素 C、二次蒸馏水。

四、实验内容

1. 试样的配制
(1)高碘酸钾溶液(0.01 mol·L^{-1}):精密称取高碘酸钾 2.3000 g,加水溶解,定容于 1000 mL 容量瓶中,即得。

(2)鲁米诺溶液(0.01 mol·L^{-1}):精密称取鲁米诺 1.7720 g,加入 4 g 氢氧化钠(或用 1 mol·L^{-1} 氢氧化钠 100 mL 溶解),加水溶解,定容于 1000 mL 容量瓶中,避光放置一周。

(3)过氧化氢溶液(0.01 mol·L^{-1}):须现用现配。精密量取 10.11 mL 过氧化氢,定容于 1000 mL 容量瓶中,在 4℃条件下贮存。

(4)维生素 C 对照品溶液(0.01 mol·L^{-1}):精密称取 1.7613 g 维生素 C,加水溶解,定容于

1000 mL 容量瓶中,在 4 ℃条件下贮存。使用时逐级稀释到所需浓度。

(5)蔬果提取液:分别取菠菜、西红柿、苹果等样品约 400 g,用粉碎机粉碎,经超声溶解 10 min 后抽滤,滤液移入 100 mL 容量瓶中定容,在 4 ℃条件下贮存。分析时取上述溶液稀释至工作曲线范围内即可。

2. 仪器操作

(1)开启流动注射化学发光分析仪,打开 IFFM－E 分析系统工作站。在菜单栏中依次选择"样品测量""打开参数文件",选择预先设定好的冲洗参数,冲洗管路。

(2)将配置好的各种溶液放到各管路就位,在软件菜单中依次选择"样品测量""打开参数文件",选择空白参数,进行空白试验。

(3)在软件菜单中依次选择"样品测量""打开参数文件",选择测定参数,进样检测。

(4)实验结束后,在菜单栏中选择冲洗参数、冲洗管路,然后关闭仪器,关闭计算机。

3. 标准曲线的绘制

分别精密移取维生素 C 对照品溶液配置成 1.0、3.0、5.0、7.0、10.0、30.0、50.0、70.0、100.0 $\mu g \cdot mL^{-1}$ 标准溶液,然后按浓度由低到高分别进样,记录各浓度的相对发光强度,并以浓度为横坐标、相对发光强度为纵坐标绘制标准曲线。

4. 蔬菜水果中维生素 C 的含量测定

精密移取上述维生素 C 注射液储备液,稀释至工作曲线线性范围内,进样检测,记录相对化学发光强度,计算出维生素 C 注射液中维生素 C 的含量。

五、注意事项

(1)鲁米诺溶液需用碱性溶剂溶解,且放置一周以上才能使用。

(2)过氧化氢要现用现配。

(3)实验结束后用蒸馏水冲洗管路 10 min 以上。

(4)严禁在检测器关窗开关开启时打开暗盒。

六、思考题

(1)如何检测过氧化氢和鲁米诺反应产生的化学发光的波长?

(2)为什么鲁米诺在碱性条件下化学发光强度更大?

(3)若要测定果汁或水果中的维生素 C 含量,应该如何设计实验?

阅读材料

维生素 C(Vitamin C)又称为抗坏血酸(Ascorbic Acid),是一种含有 6 个碳原子的酸性多羟基化合物,分子式为 $C_6H_8O_6$,相对分子质量为 176.1,是一种水溶性维生素。维生素 C 有 L 型和 D 型两种异构体,其中只有 L 型具有生物活性。纯品维生素 C 为无色无臭的片状晶体,易溶于水,不溶于脂溶剂,在酸性环境中稳定,在空气中遇氧、光、热或碱性物质容易被氧化破坏,具有一定的还原性。正是由于它较易被氧化,可以维护其他的化合物不被氧化,因此是常用的抗氧化剂。

维生素 C 主要存在于生物组织中,在新鲜的瓜果蔬菜和动物肝脏中含量尤为丰富。维生素 C 的合成最早是由瑞士化学家莱希施泰因(Reichstein,1933)通过其提出的莱氏法完成的。这一方法以葡萄糖为原料，经催化加氢制取 D-山梨醇，然后用醋酸菌发酵，生成 L-山梨糖，再经酮化和化学氧化，水解之后得到 2-酮基-L-古洛糖酸(2-KLG)，再经盐酸酸化得到维生素 C，流程如图 2-17-4 所示。莱氏法生产的维生素 C 产品质量好、收率高，但生产工序多，使用大量的有毒、易燃的化学品，会造成较大的环境污染。因此后人在莱氏法基础上进行改进，形成了二步发酵法，这一方法以生物氧化过程代替莱氏法中部分纯化过程，简化了生产工艺，降低了成本并减少了三废污染，是目前被广泛采用的维生素 C 的工业生产方法。

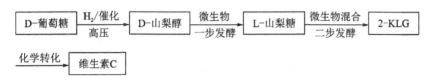

图 2-17-4　莱氏法生产维生素 C 流程

　　食物中的维生素 C 被人体小肠上段吸收。一旦吸收，就分布到体内所有的水溶性结构中。正常成人体内的维生素 C 代谢活性池中约有 1500 mg 维生素 C，最高储存峰值为 3000 mg。正常情况下，维生素 C 绝大部分在体内经代谢分解成草酸或与硫酸结合生成抗坏血酸-2-硫酸随尿排出；另一部分可直接由尿排出体外。维生素 C 的功效有：参与胶原蛋白的合成，治疗坏血病，预防牙龈萎缩和牙龈出血，预防动脉硬化，抗氧化，治疗贫血，防癌，保护细胞，解毒，保护肝脏，提高人体免疫力，提高机体应急能力。

　　维生素 C 的适宜人群：容易疲倦的人；在污染环境工作的人，体内维生素 C 高的人几乎不会再吸收铅、镉、铬等有害元素；嗜好抽烟的人，抽烟的人多吃含维生素 C 的食物有助提高细胞的抵抗力，保持血管的弹性，消除体内的尼古丁；从事剧烈运动和高强度劳动的人，这些人因流汗过多会损失大量维生素 C，应及时予以补充；坏血病患者，坏血病是因饮食中缺乏维生素 C，使结缔组织形成不良，毛细血管壁脆性增加所致，应多食富含维生素 C 的食物；脸上有色素斑的人，维生素 C 有抗氧化作用，补充维生素 C 可抑制色素斑的生成，促进其消退；长期服药的人，服用阿司匹林、安眠药、抗癌变药、四环素、钙制品、避孕药、降压药等，都会使人体维生素 C 减少，并可引起其他不良反应，应及时补充维生素 C。

　　维生素 C 的营养价值：维生素 C 的主要作用是提高免疫力，预防癌症、心脏病、中风，保护牙齿和牙龈等。另外，坚持按时服用维生素 C 还可以使皮肤黑色素沉着减少，从而减少黑斑和雀斑，使皮肤白皙。富含维生素 C 的食物有花菜、青辣椒、橙子、葡萄、番茄等，可以说，在所有的蔬菜、水果中，维生素 C 含量都不少。美国专家认为，每人每天维生素 C 的最佳摄入量应为 200~300 mg，最低不少于 60 mg，半杯(大约 100 mL)新鲜橙汁便可满足这个最低量。而中国营养学会建议的成年人维生素 C 推荐摄入量(RNI)为 100 mg·d^{-1}，可耐受最高摄入量(UL)为 1000 mg·d^{-1}。

　　维生素 C 的正常需求：成人及孕早期妇女维生素 C 的推荐摄入量为 100 mg·d^{-1}，孕中、晚期妇女及乳母维生素 C 的推荐摄入量为 130 mg·d^{-1}。注意：每个人对于维生素 C 的需求量个体化差异是很大的。有的人补充少量既可满足，有的人可以达到每天 10 g 甚至更高。

　　在人类对维生素 C 的研究史上，卡斯卡特(Robert F. Cathcart)医生早在 20 世纪 70 年代初就发现并建立了一套使用维生素 C 的标准。当一个人口服维生素 C 达到相当的量，即 24 h

0.5～200 g 时,由于肠道渗透压的改变,会产生轻微的腹泻。卡斯卡特将略低于此的量叫作"维生素 C 的肠道耐受量",也就是一个人能承受的不引起轻微腹泻的量。无酸维生素 C 的出现使大量口服维生素 C 成为可能。每个人可以根据自身体况的不同去服用,只要在自己的肠道耐受量之内,效果就会很好。有趣的是,人体对于维生素 C 的肠道耐受量是变化的。在人体有病的时候,肠道耐受量会大幅度提升,比如平时 1 g 的耐受量,在急性感染或者患有肿瘤、心脏病等慢性疾病,甚至是感冒的时候,都会有不同程度的耐受量提升。

参考文献

[1] 赵燕芳,张诺,魏琴,等. 流动注射化学发光法在分析化学中的研究与应用[J]. 光谱学与光谱分析,2010,30(9):2512 - 2516.

[2] 薛冰纯,王滔,刘二保. 流动注射化学发光法在药物分析中的应用[J]. 光谱学与光谱分析,2006,26(5):816 - 820.

[3] 李峰,张文艳,朱果逸. 流动注射化学发光抑制法测定抗坏血酸[J]. 分析化学,2000,28(12):1523 - 1526.

[4] REICHSTEIN T, GRÜSSNER A, OPPENAUER R. Synthese der d-und l-Ascorbinsäure (C - Vitamin) [J]. Helvetica, 1933, 16(1):1019 - 1033.

[5] PAPPENBERGER G, HOHMANN H P. Industrial Production of L - Ascorbic Acid(Vitamin C) and D - Isoascorbic Acid[J]. Adv Biochem Eng Biotechnol, 2014, 143:143 - 188.

（编写:唐玉海;校对:张雯）

实验十八　毛细管电泳-电化学发光法测定止吐药物盐酸格拉司琼

一、实验目的

(1)了解电致化学发光的原理;

(2)掌握毛细管电泳-电化学发光法的基本操作技术。

二、实验原理

电化学发光(ECL)是一种将电化学手段与化学发光方法相结合的技术,是通过在电极上施加一定波形的电压或电流信号使进行电解反应的产物之间或与体系中共存组分反应,产生化学发光的现象。电化学发光反应经历两个过程:电化学反应和化学发光反应。电化学反应过程提供发生化学发光反应的中间体,而化学发光反应是这些中间体之间或是中间体与体系中其他组分之间发生化学反应产生的激发态物质返回基态时伴随着的发光现象。

联吡啶钌是一种重要的电化学发光体系,它有很好的水溶性,在分析过程中循环可逆试剂用量少,环境友好。其电化学发光反应迅速灵敏,在分析检测过程中不需要外加光源,也不需要分光系统,避免了杂散光和光源不稳定的影响,大大提高了实验的重现性,适合微量样品的分析。图 2 - 18 - 1 为联吡啶钌的电化学发光过程。

$$Ru(bpy)_3^{2+} \longrightarrow Ru(bpy)_3^{3+} + e^- \quad (氧化)$$

$$Ru(bpy)_3^{2+} + e^- \longrightarrow Ru(bpy)_3^+ \quad (还原)$$

$$Ru(bpy)_3^+ + Ru(bpy)_3^{3+} \longrightarrow [Ru(bpy)_3^{2+}]^* + Ru(bpy)_3^{2+} \quad (湮灭)$$

$$[Ru(bpy)_3^{2+}]^* \longrightarrow Ru(bpy)_3^{2+} + h\nu \ (610 \ nm)$$

图 2-18-1　联吡啶钌的电化学发光过程

毛细管电泳(CE)是一类以毛细管为分离通道,以高压直流电场为驱动力,以样品的多种特性(电荷、大小、等电点、极性、亲核行为、相分配特性等)为依据的液相微分离分析技术,进样量只需 nL 级。毛细管电泳-电化学发光法(CE-ECL)将高分离效率的毛细管电泳技术与高灵敏度的电化学发光方法联用,具有灵敏度高、分离效率高、分析速度快、试剂消耗少、线性范围宽、灵敏度高等优点。

电化学分析部分工作电极为铂电极,参比电极为 Ag/AgCl 电极,对电极为铂电极。将 $Ru(bpy)_3^{2+}$ 溶液加入到电化学发光检测池中,再施加指定电压,$Ru(bpy)_3^{2+}$ 将在工作电极表面被氧化成 $Ru(bpy)_3^{3+}$,毛细管末端和工作电极表面的距离设为 $100 \ \mu m$。待分析的药物样品从毛细管中转移出来后与 $Ru(bpy)_3^{3+}$ 在工作电极表面发生氧化还原反应,生成激发态 $[Ru(bpy)_3^{2+}]^*$,它在恢复到基态的过程中会释放光子,发光波长为 610 nm。利用光电倍增管即可收集到光信号,对应可算出盐酸格拉司琼的浓度。

三、仪器与试剂

1. 仪器

MPI-A 型毛细管电泳-电化学发光分析仪、电子分析天平、pH 酸度计、超声清洗器、石英毛细管($50 \ cm \times \phi 25 \ \mu m$)。

2. 试剂

联吡啶钌试剂(也称"三联吡啶钌""钌联吡啶",见图 2-18-2,AR)、氢氧化钠、磷酸二氢钠、磷酸氢二钠、盐酸格拉司琼对照品、盐酸格拉司琼注射液、超纯水。

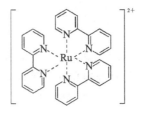

图 2-18-2　联吡啶钌分子结构式

四、实验内容

1. 试剂配制

(1)联吡啶钌储备液(10 mmol·L^{-1}):精密称取联吡啶钌 0.038 g,用水稀释并定容至 5 mL,即得 10 mmol·L^{-1} 的储备液,于 4 ℃冰箱中保存。

(2)配制不同浓度、不同 pH 值的磷酸盐检测池缓冲溶液(PBS)及运行缓冲溶液:精密称取磷酸二氢钠 18.070 g、磷酸氢二钠 35.850 g,分别定溶于 500 mL 容量瓶中,配制成 0.2 mol·L^{-1}磷酸二氢钠和 0.2 mol·L^{-1}磷酸氢二钠的母液;分别量取不同体积的磷酸二氢钠和磷酸氢二钠溶液,依次配制浓度范围在 5～40 mmol·L^{-1}、pH 值为 5～10 的磷酸盐缓冲溶液(PBS)及运行缓冲溶液,用 pH 酸度计测定。

(3)盐酸格拉司琼标准储备液:精密称取盐酸格拉司琼对照品 0.1000 g,用超纯水定溶于 100 mL 容量瓶中,得到浓度为 1.0×10^{-3} g·mL^{-1}的标准储备液,于 4 ℃冰箱中保存。使用前将储备液稀释至适当浓度。

(4)盐酸格拉司琼样品储备液:精密吸取市售盐酸格拉司琼注射液 1 mL(相当于 5.0 mg),用二次蒸馏水溶于 50 mL 容量瓶中,定容,得到浓度为 1.0×10^{-4} g·mL^{-1}的样品储备液,于 4 ℃冰箱中保存。使用前将储备液稀释至适当浓度。

2. 实验操作

(1)毛细管预处理:未使用过的毛细管使用前用 0.1 mol·L^{-1}氢氧化钠溶液过夜冲洗,再分别用 0.1 mol·L^{-1}盐酸、超纯水、0.1 mol·L^{-1}氢氧化钠、超纯水、PBS 各冲洗 2 h;每次实验前依次用 0.1 mol·L^{-1}氢氧化钠、蒸馏水、运行缓冲液分别冲洗 15～20 min。

(2)将电化学发光检测池放置于发光检测仪中,使透光窗正对着光电倍增管,校准毛细管与电极的相对位置。检测池中加入 5 mmol·L^{-1}联吡啶钌和 50 mmol·L^{-1}磷酸盐缓冲溶液(pH 值为 8.0)作为电化学发光溶液。

(3)设定毛细管运行参数。

(4)活化电极:采用循环伏安法对工作电极施加 0～0.5 V 扫描,扫描的速度为 100 mV·s^{-1},直至出现稳定的发光信号及明显氧化还原峰形图,确定氧化还原电位。一般的电极电位为 1.13～1.2 V。

(5)恒电位检测分析:在上述确定好的条件下,改用恒电位法,直至发光信号基线稳定后电动进样,记录谱图中峰位和电化学发光强度。在一定范围内,盐酸格拉司琼的电化学发光强度随溶液浓度的变化呈线性关系。

(6)检测结束后,清洗检测池,用水和缓冲液冲洗毛细管。

(7)关机,关电脑。

3. 标准曲线的绘制

分别精密移取格拉司琼对照品溶液配置成 0.1、0.3、0.5、0.7、1.0、3.0、5.0、7.0、10.0 μg·mL^{-1}标准溶液,然后按浓度由低到高分别进样,记录各浓度溶液的电化学发光强度,并以浓度为横坐标、发光强度为纵坐标绘制标准曲线。

4. 盐酸格拉司琼注射液中格拉司琼的含量测定

精密移取上述盐酸格拉司琼注射液储备液,稀释至工作曲线线性范围内,进样检测,记录电化学发光强度,计算出盐酸格拉司琼注射液中格拉司琼的含量。

五、注意事项

(1)必须保证工作铂电极表面平整光滑如镜。

(2)毛细管使用前需进行预处理,实验中所有进入毛细管的溶液均用 0.22 μm 醋酸纤维素膜过滤。

（3）在光学显微镜下调整毛细管末端和工作电极表面之间的位置。

（4）保证检测池中化学发光溶液每 2 h 更换一次，以实现良好的重现性。

（5）严禁在检测器关窗开关开启时打开暗盒。

六、思考题

（1）电化学发光的原理是什么？

（2）影响电化学发光的因素有哪些？

（3）毛细管电泳-电化学发光方法的优缺点各有哪些？

（4）电渗流对电泳分离过程产生很大的影响。影响电渗流的因素包括电场强度、电场方向，缓冲溶液的浓度和 pH 值及添加剂的种类等。请自行设计实验，得到最佳的分离检测条件。[参考分离检测条件为电极工作电压：+1.13 V(Ag/AgCl)；毛细管运行高压：15 kV；进样高压：10 kV；进样时间：10 s；运行缓冲溶液：20 mmol·L^{-1} pH 值为 10 的 PBS，加入体积分数为6％的甲醇；检测池中：5.0 mmol·L^{-1} Ru(bpy)$_3^{2+}$ 与 50 mmol·L^{-1} pH 值为 8 的 PBS 的混合液。]

（5）为了进一步提高电化学发光体系检测的灵敏度，文献研究中将一些纳米结构的材料与联吡啶钌进行结合，修饰电极。请自行查阅文献，设计一个增强电化学发光体系检测灵敏度的实验方案。

补充阅读

盐酸格拉司琼是一种止吐剂，为无色透明液体，可口服也可静脉滴注，用于放射治疗、细胞毒素类药物化疗引起的恶心和呕吐。放疗、化疗及外科手术等因素可引起肠嗜铬细胞释放5 - HT，5 - HT 可激活中枢或迷走神经的 5 - HT3 受体而引起呕吐反射。盐酸格拉司琼通过拮抗中枢化学感受区及外周迷走神经末梢的 5 - HT3 受体，从而抑制恶心、呕吐的发生。

盐酸格拉司琼选择性高，无锥体外系反应、过度镇静等不良反应。大多数病人只需给药一次，对恶心和呕吐的预防作用便可超过 24 h，是一种临床常用的止吐药物。

参考文献

[1] 成美容，王园朝. 毛细管电泳-电化学发光检测抗抑郁药氢溴酸西酞普兰[J]. 分析科学学报，2010，26（3）：289 - 292.

[2] 高秀霞，徐春荧，袁柏青，等. 毛细管电泳-电化学发光分离检测技术在分析化学中的应用[J]. 长春理工大学学报（自然科学版），2009，32(4)：584 - 587.

[3] 陈鑫，木合塔尔·吐尔洪，宋海林，等. 毛细管电泳-电化学发光法同时测定盐酸格拉司琼和盐酸阿扎司琼[J]. 西北药学杂志，2012，27(2)：113 - 116.

（编写：唐玉海；校对：张雯）

实验十九　氟离子选择电极法测定牙膏中的游离氟

一、实验目的

(1)了解离子选择电极的主要特性,掌握离子选择电极法测定的原理、方法及实验操作;

(2)了解总离子强度调节缓冲液的意义和作用;

(3)掌握用标准曲线法、标准加入法测定未知物浓度的方法。

二、实验原理

氟是人体所必需的微量元素之一,其在形成骨骼组织、牙齿釉质以及钙磷的代谢等方面有重要作用。氟缺乏可出现龋齿、生长发育迟缓、贫血、骨密度降低等问题。在牙膏中添加氟是防龋的有效措施,但摄入过量的氟化物会导致慢性氟中毒,主要表现为斑釉牙或氟骨症。因此,检测牙膏中氟化物的浓度十分重要。目前,测定游离氟的方法主要有离子色谱法、分光光度法、氟离子选择电极法。

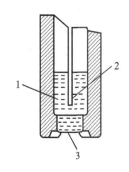

1—0.1 mol·L⁻¹ NaF,
0.1 mol·L⁻¹ NaCl 内充液;
2—Ag/AgCl 内参比电极;
3—掺 EuF₂ 的 LaF₃ 单晶
图 2 - 19 - 1　氟离子电极示意图

氟离子选择电极是目前最成熟的一种离子选择电极,它是一种以氟化镧单晶片为敏感膜的传感器(结构示意图见图 2 - 19 - 1),由于单晶结构对能进入晶格交换的离子有严格的限制,故有良好的选择性。当氟离子选择电极与含氟的待测水样接触时,原电池的电动势随溶液中氟离子浓度的变化而改变。具体原理描述如下。

氟电极的敏感膜是由难溶盐 LaF_3 单晶(定向掺杂 EuF_2)薄片制成,电极管内装有 0.1 mol·L⁻¹ NaF 和 0.1 mol·L⁻¹ NaCl 组成的内充液,浸入一根 Ag/AgCl 内参比电极。测定时,氟电极、饱和甘汞电极(外参比电极)和含氟试液组成下列电池:

氟离子选择电极|F⁻试液($c=x$) ‖ 饱和甘汞电极(SCE)

一般离子计上氟电极接(一),饱和甘汞电极(SCE)接(+),测得电池的电位差为

$$E_{电池} = \varphi_{SCE} - \varphi_{膜} - \varphi_{Ag/AgCl} + \varphi_a + \varphi_j \qquad (2 - 19 - 1)$$

在一定的实验条件下(如溶液的离子强度、温度等),外参比电极电位 φ_{SCE}、内参比电极电位 $\varphi_{Ag/AgCl}$、氟电极的不对称电位 φ_a 以及液接电位 φ_j 等都可以作为常数处理。而氟电极的膜电位 $\varphi_{膜}$ 与 F⁻活度的关系符合 Nernst 公式,因此上述电池的电位差 $E_{电池}$ 与试液中氟离子浓度的对数呈线性关系,即

$$E_{电池} = K + \frac{2.303RT}{F} \lg c_{F^-} \qquad (2 - 19 - 2)$$

因此,可以用直接电位法测定 F⁻ 的浓度。式(2 - 19 - 2)中 K 为常数,R 为摩尔气体常数 8.314 J·mol⁻¹·K⁻¹;T 为热力学温度;F 为法拉第常数 96485 C·mol⁻¹。

氟离子选择电极具有较好的选择性。常见阴离子 NO_3^-、Ac^-、Cl^-、Br^-、I^-、HCO_3^- 等不

干扰,主要干扰物质是 OH^-。产生干扰的原因是由于在膜表面发生如下反应而造成正干扰

$$LaF_3 + 3OH^- \Longrightarrow La(OH)_3 + 3F^- \qquad (2-19-3)$$

在较高酸度时由于形成 HF_2^- 而降低 F^- 离子活度,因此测定时需控制试液 pH 值在 5～6 之间。通常用乙酸缓冲溶液控制溶液的 pH 值。常见阳离子除易与 F^- 形成稳定配位离子的 Fe^{3+}、Al^{3+}、$Sn(\text{IV})$ 干扰外,其他不干扰。这几种离子的干扰可通过加入柠檬酸钠进行掩蔽。用氟离子选择性电极法测定的是溶液中离子的活度,因此,用氟离子选择电极测定氟离子时,应加入含有柠檬酸钠、硝酸钠及 HAc - NaAc 的总离子强度调节缓冲溶液(Total Ionic Strength Adjustment Buffer, TISAB)来控制 pH 值,保持一定的离子强度和消除干扰离子对测定的影响。

本实验用标准曲线法、标准加入法测定牙膏中游离氟离子的含量。

三、仪器与试剂

1. 仪器

PHS - 3C 型 pH 计或其他型号的离子计(精确到 0.1 mV)、磁力搅拌器(聚乙烯或聚四氟乙烯包裹的搅拌子)、分析天平、氟离子选择电极和饱和甘汞电极各一支、玻璃器皿一套。

2. 试剂

总离子强度调节缓冲液:称取氯化钠 58.0 g、柠檬酸钠 10.0 g,溶于 800 mL 去离子水中,再加入冰醋酸 57 mL,用 40% 的 NaOH 溶液调节 pH 值至 5.2,然后加去离子水稀释至总体积为 1 L。

0.100 mol·L^{-1} NaF 标准储备液:准确称取 2.100 g NaF(已在 120 ℃ 烘干 2 h 以上)放入 500 mL 烧杯中,加入 100 mL TISAB 溶液和 300 mL 去离子水溶解后转移至 500 mL 容量瓶中,用去离子水稀释至刻度,摇匀,保存于聚乙烯塑料瓶中备用。

样品制备:称取牙膏试样 0.5 g 置于 25 mL 烧杯内,加少量去离子水溶解,加入 10 mL TISAB,在磁力搅拌器上加热煮沸搅拌 2 min,冷却并转移至 50 mL 容量瓶中并混匀,用去离子水稀释至刻度,待用。

所用水为去离子水或无氟蒸馏水。

四、实验内容

1. 氟离子选择电极的准备

按要求调好 PHS - 3C 型 pH 计至 mV 挡,装上氟电极和参比电极(SCE)。将氟离子选择电极浸泡在 1.0×10^{-1} mol·L^{-1} F^- 溶液中约 30 min,然后用新鲜制作的去离子水清洗数次,直至测得的电极电位值达到本底值(约 -370 mV)方可使用(此值各支电极不同,由电极的生产厂标明)。

2. 标准溶液系列的配制

取 5 个干净的 50 mL 容量瓶,在第一个容量瓶中加入 10 mL TISAB 溶液,其余加入 9 mL TISAB 溶液。用 5 mL 移液管吸取 5.0 mL 0.1 mol·L^{-1} NaF 标准储备液放入第一个容量瓶中,加去离子水至刻度,摇匀即为 1.0×10^{-2} mol·L^{-1} F^- 溶液。再用 5 mL 移液管从第一个容

量瓶中吸取 5.0 mL 刚配好的 1.0×10^{-2} mol·L^{-1} F^- 溶液放入第二个容量瓶中,加去离子水至刻度,摇匀即为 1.0×10^{-3} mol·L^{-1} F^- 溶液。依此类推,配制出 $10^{-4}\sim10^{-6}$ mol·L^{-1} F^- 溶液。

3. 校准曲线的测绘

将上述配好的一系列溶液分别倒少量到对应的 50 mL 干净塑料烧杯中润洗,然后将剩余的溶液全部倒入对应的烧杯中,放入搅拌子,插入氟离子选择电极和饱和甘汞电极,在电磁搅拌器上搅拌 $3\sim4$ min 后读 mV 值。测量的顺序是由稀至浓,这样在转换溶液时电极不必用水洗,仅用滤纸吸去附着在电极和搅拌子上的溶液即可。注意电极不要插得太深,以免搅拌子打破电极。

测量完毕后将电极用去离子水清洗,直至测得电极电位值为 -370 mV 左右。

4. 牙膏中氟离子含量的测定

1)标准曲线法

取牙膏式样溶液 25 mL 于 50 mL 烧杯中,插入电极,在搅拌条件下,待电极稳定后读取电位值 φ_x(此溶液别倒掉,留作下步实验用)。

2)标准加入法

测得电位 φ_x 后,准确加入 1.00×10^{-4} mol·L^{-1} F^- 标准溶液 1.00 mL,测得电位值 φ_1(若读得的电位值变化量 $\Delta\varphi$ 小于 20 mV,应使用 1.00×10^{-3} mol·L^{-1} F^- 标准溶液,此时实验需重新开始)。

3)空白实验

以去离子水代替牙膏试样,重复上述测定。

5. 数据处理

(1)绘制标准曲线,确定该氟离子选择电极的线性范围及实际能斯特响应斜率。并从标准曲线查出被测试液 F^- 浓度,计算出试样中氟含量。

(2)由标准加入法测得的结果,计算出试样中氟含量。

$$c_x = \frac{\Delta c}{10^{\Delta E/s}-1}, \quad \Delta c = \frac{V_s c_s}{100}$$

$$c_{F^-} = 2c_x = 2\times19\times10^6\times c_x \,(\text{mg·L}^{-1}) \tag{2-19-4}$$

式中,V_s、c_s 分别为 F^- 标准溶液的体积,mL,以及浓度,mol·L^{-1};$\Delta E = E_2 - E_1$,即两次测定的电位之差,mV;s 为测得电极的能斯特响应斜率。

五、注意事项

(1)电极用后应用水充分冲洗干净,并用滤纸吸去水分,放在空气中,或者放在稀的氟化物标准溶液中。如果短时间不再使用,应洗净,吸去水分,套上保护电极敏感部位的保护帽。电极使用前仍应洗净,并吸去水分。

(2)如果试液中氟化物含量低,则应从测定值中扣除空白实验值。

(3)不得用手触摸电极的敏感膜;如果电极膜表面被有机物等沾污,必须先清洗干净后才能使用。

(4)一次标准加入法所加入标准溶液的浓度(c_s),应比试液浓度(c_x)高 $10\sim100$ 倍,加入

的体积为试液的 $1/100 \sim 1/10$，以保证体系的 TISAB 浓度变化不大。

六、思考题

(1)写出离子选择电极的电极电位完整表达式。

(2)为什么要加入离子强度调节剂？说明离子选择电极法中用 TISAB 溶液的意义。

(3)比较标准曲线法与标准加入法测得的 F^- 浓度有何不同，为什么？

参考文献

[1] 张成孝. 化学测量实验[M]. 北京：科学出版社，2001.

[2] 董杜英. 现代仪器分析实验[M]. 北京：化学工业出版社，2008.

[3] 陈国松，陈昌云. 仪器分析实验[M]. 南京：南京大学出版社，2009.

（编写：李菲；校对：张雯）

实验二十　等离子体发射光谱法测定头发中多种微量元素

一、实验目的

(1)学习等离子发射光谱法的原理及仪器的结构；

(2)了解全谱直读型光谱仪操作，掌握 ICP - AES 的操作方法和实验条件的选择；

(3)通过对人体头发中多种微量元素的测定，掌握原子发射光谱法在实际样品中的应用。

二、实验原理

头发的代谢是整个机体代谢系统的组成部分之一，由于某些金属元素对毛发具有特殊的亲和力，能与毛发中角蛋白的巯基牢固结合，使金属元素蓄积在毛发中，因此其含量可反映相当长时间内元素的积累状况，间接反映机体微量元素代谢和营养状况。钙是骨骼的主要成分，人体缺之会患骨软化病。钙对肌细胞兴奋性有重要影响，血钙过高兴奋性降低导致肌无力，血钙过低兴奋性高导致抽搐。多种元素共同维持体内正常的营养状态及生理功能，事实证明，任何一种元素不足或过量都会使人患病，使新陈代谢和生长发育受到影响。而有害的微量元素铅、汞等会引起疾病。微量元素虽然在人体中需求量很低，但其作用却非常大。如，"锰"能刺激免疫器官的细胞增殖，大大提高具有吞噬、杀菌、抑癌、溶瘤作用的巨噬细胞的生存率；"锌"是直接参与免疫系统的形成、稳定调节及维持机体正常免疫功能的重要生命相关元素，故白血球中的锌含量比红血球高 25 倍；"铁"是构成血红蛋白和细胞色素的主要成分。

原子发射光谱法是根据处于激发态的待测元素原子回到基态时发射的特征谱线对待测元素进行分析的方法。在室温下，物质中的原子处于基态 (E_0)；当受外能（热能、电能）作用时，核外电子跃迁至较高的能级 (E_n)，即处于激发态，激发态原子是十分不稳定的，其寿命大约为 10^{-8} s。当原子从高能级跃迁至较低能级或基态时，多余的能量以辐射形式释放出来。其能量差与辐射波长之间的关系符合普朗克公式

$$\Delta E = E_1 - E_2 = \frac{hc}{\lambda} \qquad (2-20-1)$$

由于不同元素的原子结构不同,当被激发后发射光谱线的波长不尽相同,即每种元素都有其特征波长,故根据这些元素的特征光谱就可以准确无误地鉴别元素的存在(定性分析),而这些光谱线的强度又与试样中该元素的含量有关,因此又可利用这些谱线的强度来测定元素的含量(定量分析)。光谱定量分析的基础是谱线强度和元素浓度符合赛伯-罗马金公式

$$I = ac^b \qquad (2-20-2)$$

式中,I 是谱线强度;c 是元素含量;b 是自吸系数;a 是与试样蒸发、激发过程以及试样组成有关的一个参数。在经典光源中自吸收比较显著,一般用其对数形式绘制校正曲线,而在等离子体光源中,在很宽的浓度范围内 $b=1$,所以谱线强度与浓度成正比。

三、仪器与试剂

1. 仪器

ICP 光谱仪(日本岛津公司 ICPE-9000)、空气压缩机、循环水冷却系统、烘箱、剪刀、烧杯、容量瓶、电热板。

2. 试剂

Fe、Ca、Zn、Cu、Mn、Pb 各元素标准储备液 1.0000 g·L^{-1}(3%HNO$_3$ 逐级稀释)、二次去离子水、氩气(99.99%)钢瓶、丙酮(AR)、HClO$_4$(AR)、HNO$_3$(AR)。

四、实验内容

1. 试样的采集

采集人发:选用枕部贴近头皮的新生发,距头皮 1 cm,用剪刀剪去超长部分,再贴头皮剪去距头皮 1 cm 的发丝,保存在纸袋或塑料袋内。

2. 试样的制备

用不锈钢剪将头发剪碎,用丙酮浸泡发样 20 min 以上,搓洗,用热蒸馏水及去离子水冲洗干净,于 80 ℃烘箱内干燥 3 h。

称取 0.2000 g 发样于 100 mL 烧杯中,加入混合酸(HNO$_3$:HClO$_4$=95:5)10 mL,放置过夜,电热板上低温硝化,蒸发至冒白烟,取下冷却移入 10 mL 容量瓶中,用去离子水稀释至刻度,摇匀。同时做空白试验。

3. 标准溶液的制作

参照人头发中几种微量元素的预测值及文献报道,用逐级稀释法制成系列标准溶液,溶液介质为 2%硝酸。

4. 试样的测试

(1)依次把稳压器电源开关扳至[ON]位置(仪器停机状态时)。打开主机[MAIN]电源开关至[ON]的位置。

(2)打开排风扇电源开关,应听到风扇转动的声音并开始排风。打开氩气钢瓶主阀门,观察余压不低于 1 MPa,并调减压阀出口压力为 0.45 MPa。

（3）打开高频线圈冷却循环水及 CCD 检测器用冷却水装置电源开关。

（4）打开显示器、打印机及计算机主机开关。

（5）点击桌面[ICPEsolution Launcher]图标,再选择画面中的[分析 Analysis]项,屏幕右侧出现[Instrument Monitor]画面。

（6）在仪器状态检查画面[Instrument Monitor],确认各部为[OK]状态。

（7）分析参数设置与调用。选择[Method]菜单中的[Analysis],登记分析元素与波长,选择所要分析的元素与波长,登记标准样品,选择标准样品的个数并登记相应浓度。

（8）按照选定条件进行参数设置,点炬,用二次去离子水校零。

（9）依次测空白、测标准样品、测未知样。

（10）实验完毕,用稀 HNO_3（4%～5%）依次清洗雾化器、进样管。

（11）依次关闭等离子炬、循环冷却水和空气压缩机,并放空空气压缩机的水。

（12）依次关闭软件、计算机、氩气瓶总开关以及通风装置。

5. 结果处理

$$元素含量＝(c_s－c_b)\times V/m \qquad\qquad (2-20-3)$$

式中,V 为定容体积,mL;m 为样品质量,mg;c_s 为待测样品溶液中微量元素的浓度,mg·L^{-1};c_b 为空白溶液中微量元素的浓度,mg·L^{-1}。

五、注意事项

（1）激发光源为高电压、高电流装置,要注意安全,遵守操作规程。

（2）对精密光学仪器,禁止用手或布去擦拭。

（3）等离子体光源有强烈紫外线,会灼伤眼睛,点炬后,严禁开防护门。

（4）点炬前,打开通风设备,使有害蒸气排出室外。

六、思考题

（1）ICP 激发光源分几个部分? 各部分的作用是什么?

（2）原子发射光谱法定性分析的依据和定量分析的依据分别是什么?

七、附录

表 2-20-1　人体头发中多种微量元素正常值参考范围（合肥疾病预防控制中心）

元素	微量元素正常值/($\mu g·g^{-1}$)			
	16 岁以上	7～15 岁少年	1～6 岁儿童	1 岁以下
锌	170～300	110～200	90～110	140～200
钙	600～3000	550～1500	450～1000	600～2000
镁	50～300	40～150	30～100	50～200
铁	20～60	25～60	25～30	30～80
铜	9～30	9～30	9～30	9～30
铅	<12	<10	<10	<10

补充阅读

ICP 发射光谱仪的基本结构由进样系统、激发光源、分光系统和检测器几部分组成。

(1)进样系统:是 ICP 仪器中极为重要的部分,也是 ICP 光谱分析研究中最活跃的领域,按试样状态不同可以分别用液体、气体或固体直接进样。

(2)激发光源:提供使试样中被测元素原子化和原子激发发光所需的能量。等离子体是一种由自由电子、离子、中性原子与分子所组成的在总体上呈电中性的气体,利用电感耦合高频等离子体(ICP)作为原子发射光谱的激发光源,气体的涡流区温度高达 10000 K。在该区,试样气溶胶与高温等离子体相遇,发生去溶剂、蒸发、原子化,并进一步激发,产生发射光谱。

(3)分光(色散)系统:复合光经色散元素分光后,得到一条按波长顺序排列的光谱。能将复合光束分解为单色光并进行观测记录的设备称为光谱仪,作用是将光源发射的不同波长的光色散为单色光。现在用得较多的是光栅分光系统。

(4)检测器:利用光电效应将不同波长的辐射能转化成光电流的信号,使指示仪上显示出与试样浓度呈线性关系的数值。

参考文献

[1] 陈培榕. 现代仪器分析实验与技术[M]. 北京:清华大学出版社,2006.

[2] 林树昌,曾泳淮. 仪器分析[M]. 北京:高等教育出版社,1994.

[3] 申治国,张仁利,徐新云. ICP - AES 和 ICP - MS 法测定头发中微量元素[J]. 实用预防医学,2004,11(3):444 - 445.

(编写:郑阿群;校对:张雯)

实验二十一　茶叶中微量元素含量的综合测定

一、实验目的

(1)了解茶叶中所含的微量元素及其基本鉴定方法;

(2)掌握采用邻菲罗啉分光光度法直接测定茶叶中铁离子含量的方法;

(3)掌握络合滴定法测定茶叶中钙和镁总含量的方法;

(4)学习原子吸收法测定茶叶中锰、铜含量的方法。

二、实验原理

茶叶自古就是中国重要的饮品之一,它的保健和生理调节作用历来为人们津津乐道,茶叶中复杂的化学成分是这些神奇功效的来源。茶叶属植物,为有机体,主要由 C、H、N 和 O 等元素组成,但茶叶中还包含许多无机矿物质元素,目前已发现的有 27 种之多。其中 Fe、Al、Ca、Mg、Mn、Cu 等是参与人体发育或影响人体免疫功能的重要微量元素。

本实验的目的是通过对茶叶中 Fe、Mn、Cu、Ca 和 Mg 等元素的定量测定,学习固体物质中微量元素的基本鉴定方法。对茶叶中微量元素的测定需先进行"干灰化"处理,即将试样在空气中置于敞口的蒸发皿或坩锅中加热,把有机物经氧化分解而烧成灰烬。这一方法特别适合于生物和食品的预处理。灰化后,经酸溶解,即可逐级进行分析。

铁的特征反应如下

$$Fe^{3+} + nKSCN(饱和) \longrightarrow Fe(SCN)_n^{3-n}(血红色) + nK^+$$

茶叶中铁含量较低,可用紫外-可见分光光度法测定。在 pH 值为 2~9 的条件下,Fe^{2+} 与邻菲罗啉(也称邻二氮菲)能生成稳定的橙红色的配合物,反应式如下[1-2]

该配合物的 $\lg K_稳 = 21.3$,摩尔吸收系数 $\varepsilon_{530} = 1.10 \times 10^4$。在显色前,用盐酸羟胺把 Fe^{3+} 还原成 Fe^{2+},其反应式如下

$$4Fe^{3+} + 2NH_2 \cdot OH \longrightarrow 4Fe^{2+} + H_2O + 4H^+ + N_2O$$

显色时,若溶液的酸度过高(pH 值小于 2),反应进行较慢;若酸度太低,则 Fe^{2+} 离子水解,影响显色。

对茶叶及食品中钙、镁离子的测定常见的方法有:草酸铵沉淀法、络合滴定法[3]、邻-甲酚酞光度法[4]以及电感耦合等离子体-原子发射光谱(ICP - AES)[5]法等。可采取络合滴定快速测定茶叶中钙、镁总含量。在 pH 值为 10 的条件下,以铬黑 T 为指示剂,乙二胺四乙酸(EDTA)为标准溶液,直接进行络合滴定就可测定茶叶中钙、镁总含量。若测钙、镁各自的含量,可先在 pH 值为 10 的缓冲溶液中用 EDTA 滴定钙、镁的总含量,然后用 KOH 调节 pH 值大于 12.5 之后,用钙标准溶液进行回滴,由 EDTA - Mg 释放出来的 EDTA 计算镁的含量,从而确定钙含量。

由于 Fe^{3+} 和 Al^{3+} 会干扰钙镁含量的测定,因此分析时可用三乙醇胺遮蔽 Fe^{3+} 与 Al^{3+}。

对溶液中金属离子浓度的测定还有一种非常重要的方法,即原子吸收分光光度法,它又称为原子吸收光谱法(AAS),是基于气态的基态原子外层电子对紫外光和可见光相对应的共振辐射吸收而发展起来的一种分析方法。测定时需采用与待测元素一致的空心阴极灯为光源。不同元素的空心阴极灯发射出的特征光波不同。在通过待测溶液原子蒸气时,原子中的外层电子将选择性地吸收其同种元素所发射的特征谱线,使入射光减弱。特征谱线因吸收而减弱的程度称吸光度 A,它与被测元素的含量成正比:

$$A = Kc \tag{2-21-1}$$

式中,K 为常数;c 为试样浓度。实验方法和数据处理过程与紫外-可见分光光度法类似。测定时先根据已知标准浓度的系列溶液测定吸光度,获得标准曲线,再测定待测溶液的吸光度值,根据标准曲线获得待测元素的含量。

三、仪器与试剂

1. 仪器

研钵、蒸发皿、分析天平、滤纸、长颈漏斗、容量瓶(50 mL、250 mL)、250 mL 锥形瓶、吸量

管、酸式滴定管、722 型分光光度计、空心阴极灯(Mn、Cu)、原子吸收分光光度计。

2. 试剂

6 mol·L⁻¹ HCl、饱和 KSCN 溶液、6 mol·L⁻¹ NH₃·H₂O 溶液、1‰盐酸羟胺水溶液、HAc-NaAc 缓冲溶液(pH 值为 4.6)、0.1‰邻菲罗啉水溶液、0.01 g·L⁻¹ Fe 标准溶液、0.01 g·L⁻¹ Mn 标准溶液、0.01 g·L⁻¹ Cu 标准溶液、1‰铬黑 T、0.01 mol·L⁻¹ EDTA、25‰三乙醇胺水溶液、NH₃-NH₄Cl 缓冲溶液(pH 值为 10)。

四、实验内容

1. 茶叶的灰化和试样的制备

取在 100～105 ℃下烘干的茶叶 7～8 g 于研钵中捣成细末,转移至称量瓶中,称出称量瓶和茶叶的总质量,然后将茶叶末全部倒入蒸发皿中,再称空称量瓶的质量,差减得蒸发皿中茶叶的准确质量。

将盛有茶叶末的蒸发皿加热使茶叶灰化(在通风橱中进行),烧至灰白色,升高温度,使其完全灰化。冷却后,加 6 mol·L⁻¹ HCl 溶液 10 mL 于蒸发皿中,搅拌溶解(可能有少许不溶物),过滤。将滤液完全转移至 150 mL 烧杯中,加水 20 mL,再加 6 mol·L⁻¹ NH₃·H₂O 适量,控制溶液 pH 值为 6～7,使产生沉淀。置沸水浴加热 30 min,过滤,洗涤烧杯和滤纸,滤液直接用 250 mL 量瓶承接,并加水稀释至刻度,摇匀,标明 Ca²⁺、Mg²⁺离子试液。用 6 mol·L⁻¹ HCl 溶液 10 mL 将滤纸上的沉淀完全转移到另一 250 mL 容量瓶中,并稀释至刻度线,摇匀,作为 Fe³⁺离子待测试液,备用。

2. 铁元素的鉴定

取试液 2 滴,加饱和 KSCN 溶液 1 滴,观察实验现象,给出结论。

3. 茶叶中 Fe 含量的测定

1)邻菲罗啉亚铁吸收曲线的绘制

用吸量管吸取铁标准溶液 0.0、4.0 mL 分别加入 50 mL 容量瓶中,各加入 5 mL 盐酸羟胺溶液,摇匀,再加入 5 mL HAc-NaAc 缓冲溶液和 5 mL 邻菲罗啉溶液,用蒸馏水稀释至刻度,摇匀。放置 10 min,用 1 cm 的比色皿,以试剂空白溶液为参比溶液,在 722 型分光光度计中在波长 420～600 nm 范围内分别测定其吸光度,以波长为横坐标、吸光度为纵坐标,绘制邻菲罗啉亚铁的吸收曲线,确定最大吸收波长,以此作为测定波长。

2)标准曲线的绘制

分别准确吸取铁标准溶液 0.0、1.0、2.0、3.0、4.0、5.0 mL 于 6 支 50 mL 容量瓶中,依次分别加入 5.0 mL 盐酸羟胺、5.0 mL HAc-NaAc 缓冲溶液、5.0 mL 邻菲罗啉,用蒸馏水稀释至刻度,摇匀,放置 10 min,用 1 cm 的比色皿,以空白溶液为参比溶液,用分光光度计分别测定其吸光度。以 50 mL 溶液中的铁含量为横坐标,相应吸光度为纵坐标,绘制邻菲罗啉亚铁的标准曲线。

3)茶叶中 Fe 含量的测定

用吸量管从 Fe³⁺离子试液容量瓶中吸取试液 2.5 mL 于 50 mL 容量瓶中,依次加入 5.0 mL 盐酸羟胺、5.0 mL HAc-NaAc 缓冲溶液、5.0 mL 邻菲罗啉,用蒸馏水稀释至刻度,摇匀。放置 10 min,以空白溶液为参比溶液测定吸光度,从标准曲线上求出 50 mL 容量瓶中 Fe

的含量,并换算出茶叶中 Fe 的含量,以 Fe_2O_3 质量数表示。

4. 茶叶中 Ca、Mg 总量的测定

准确吸取 25 mL Ca^{2+}、Mg^{2+} 离子溶液置于 250 mL 锥形瓶内,加入三乙醇胺 5 mL,再加入缓冲溶液 10 mL,摇匀,最后加入铬黑 T 指示剂少许,用 0.01 mol·L^{-1} 的 EDTA 标准溶液滴定至溶液由红紫色变为蓝色,即为终点。根据 EDTA 的消耗量,计算茶叶中钙、镁总量含量。

5. 茶叶中 Mn、Cu 含量的测定

参照铁系列标准溶液的配制方法,配制浓度分别为 0.0、0.5、1.0、1.5、2.0 mg·L^{-1} 的 Mn 和 Cu 标准溶液各 50 mL,利用原子吸收分光光度仪在对应的空心阴极灯条件下测定吸光度,绘制 Mn 和 Cu 的标准曲线。再对茶叶浸出液测定吸光度,从标准曲线上求出容量瓶中 Mn 和 Cu 的含量,并换算出茶叶中 Mn 和 Cu 的含量。原子吸收分光光度仪工作条件如表 2-21-1 所示。

表 2-21-1　原子吸收分光光度仪工作条件

元素	波长 /nm	灯电流 /mA	光谱通带 /nm	乙炔流量 /(m^3·h^{-1})	空气流量 /(m^3·h^{-1})	狭缝宽度 /mm
Cu	324.8	3.0	0.5	0.04	0.35	0.15
Mn	279.5	8.0	0.2	0.04	0.35	0.15

五、注意事项

(1)茶叶尽量捣碎,利于灰化。
(2)灰化应彻底,若酸溶后发现有未灰化物,应定量过滤,将未灰化物重新灰化。
(3)茶叶灰化后,酸溶解速度较慢时可小火略加热,定量转移要注意安全。

六、思考题

(1)利用分光光度法测铁含量时,与邻菲罗啉结合的离子是 Fe^{2+} 还是 Fe^{3+}?
(2)加入盐酸羟胺的作用是什么?

参考文献

[1] 兰菊,陈建荣,陈骠,等. 分光光度法测定食品中铁的含量[J]. 光谱实验室,2006,23(4):850-851.
[2] 刘辉,田亚红. 邻菲罗啉分光光度法测定蔬菜中铁的含量[J]. 化学与生物工程,2008,25(3):77-78.
[3] 卢新生,张海玲,苟如虎,等. 离子交换及络合滴定测茶叶中钙的含量[J]. 湖北农业科学,2011,50(22):4705-4706.
[4] 胡浩斌,郑旭东. 茶叶中钙的快速测定[J]. 理化检验(化学分册),2003,39(9):544.
[5] 刘守廷. ICP-AES 法快速测定植酸中钙[J]. 理化检验(化学分册),1994,30(5):302.
[6] 李芳清. 原子吸收光谱法测定茶叶中微量元素[J]. 东华理工大学学报(自然科学版),2008,31(3):279-282.

(编写:李骁勇;校对:张雯)

实验二十二　茶叶中咖啡因的提取及其核磁共振波谱表征

一、实验目的

(1) 了解从天然产物中提取有机物的方法,了解咖啡因的一般性质;

(2) 了解核磁共振的原理和仪器结构,学习 AVANCE 400 核磁共振波谱仪的使用方法;

(3) 了解核磁共振测试方法在研究有机化合物中的应用。

二、实验原理

咖啡因(1,3,7-三甲基-2,6-二氧嘌呤)又叫咖啡碱,是一种生物碱,存在于茶叶、咖啡、可可等植物中。例如茶叶中含有 1%~5% 的咖啡因,同时还含有单宁酸、色素、纤维素等物质。

咖啡因是弱碱性化合物,可溶于氯仿、丙醇、乙醇和热水中,难溶于乙醚和苯(冷),纯品熔点 235~236 ℃。含结晶水的咖啡因为无色针状晶体,在 100 ℃时失去结晶水,并开始升华,120 ℃时显著升华,178 ℃时迅速升华。利用这一性质可纯化咖啡因。咖啡因的结构式为

咖啡因

咖啡因是一种温和的兴奋剂,工业上主要通过人工合成制得。它具有刺激心脏、兴奋中枢神经和利尿等作用,故可以作为中枢神经兴奋药,它也是复方阿司匹林(APC)等药物的组分之一。

具有磁矩的原子核在外磁场作用下,由于磁性的相互作用,会产生能级分裂,产生能级差,让处于外加磁场中的核受到一定频率的电磁波辐射,当辐射所提供的能量($h\nu$)恰好等于核两能级的能量差(ΔE)时,核便吸收该频率电磁辐射的能量从低能级向高能级跃迁,改变自旋状态,这样就形成了一个核磁共振信号。而不同分子中原子核的化学环境不同,将会有不同的共振频率,产生不同的共振谱。由此可判断该原子在分子中所处的位置及相对数目,并对有机化合物进行结构分析。

核磁共振波谱仪主要由超导超屏蔽磁体、前置放大器、主机、探头、工作站几部分构成,还包括空气压缩机、不间断电源等。超导磁铁可产生一个恒定的、均匀的磁场。磁场强度增加,灵敏度增加。超导磁铁是由金属(如 Nb、Ta 合金)丝在低温下(液氦、液氮)呈现超导特性而形成的。在极低温度下,导线电阻率为零,通电闭合后,电流可循环不止,产生强磁场。探头由样品管、扫描线圈和接收线圈组成。样品管要在磁场中以几十赫兹的频率旋转,使磁场的不均匀平均化。扫描线圈与接收线圈垂直放置,以防相互干扰。前置放大器放大检测的 NMR 信号,分离高能 RF 脉冲与低能 NMR 信号。前置放大器含有一接收发射开关(T/R),其作用就是阻止高压 RF 脉冲进入敏感的低压信号接收器。主机一般包含射频发射、射频接收、信号放大、样品温度控制、样品升降、锁场、匀场等一系列装置。工作站则主要通过人机对话进行各种

参数的设置、数据的保存及处理。

三、仪器与试剂

1. 仪器

AVANCE 400 核磁共振波谱仪、NMR 样品管(5 mm)1 支、索氏(Soxhlet)提取器、圆底烧瓶、酒精灯、冷凝管、尾接管、蒸发皿、电热套、玻璃漏斗。

2. 试剂

茶叶、95%乙醇、生石灰、无水乙醇、氘代氯仿。

四、实验内容

1. 试样的制备

称取 10 g 干茶叶,装入滤纸筒内,轻轻压实,滤纸筒上口塞一团脱脂棉,置于索氏提取器中。圆底烧瓶内加入 120～130 mL 95%乙醇,加热乙醇至沸腾,连续抽提 1～1.5 h,待冷凝液刚刚虹吸下去时,立即停止加热。稍冷后,将仪器改装成蒸馏装置,加热回收大部分乙醇,然后将残留液倾入蒸发皿中,蒸发至近干。加入 3～4 g 生石灰粉,搅拌均匀,用电热套加热,蒸发至干,除去全部水分。冷却后,擦去沾在边上的粉末,以免升华时污染产物。

将一张刺有许多小孔的圆形滤纸盖在蒸发皿上,取一只大小合适的玻璃漏斗罩于其上,漏斗颈部疏松地塞一团棉花。用电热套小心加热蒸发皿,慢慢升高温度,使咖啡因升华。咖啡因通过滤纸孔遇到漏斗内壁凝为固体,附着于漏斗内壁和滤纸上。当纸上出现白色针状晶体时,暂停加热。冷至 100 ℃左右,揭开漏斗和滤纸,仔细用小刀把附着于滤纸及漏斗壁上的咖啡因刮入表面皿中。将蒸发皿内的残渣加以搅拌,重新放好滤纸和漏斗,用较高的温度再加热升华一次。合并两次升华所收集的咖啡因,待测。

2. 试样的测试

使用干净和干燥的样品管(以免污染样品)称取试样 5 mg 左右,放入直径 5 mm 的样品管,加入氘代试剂,使溶液体积为 0.50 mL 左右,盖上样品管帽,擦净样品管,备测。

核磁共振波谱仪具体操作步骤如下。

(1)打开空压机电源(电源开关向上推),打开空压机的排气口。

(2)取下磁体样品腔上端的盖子,将样品管插入转子中,然后用定深量筒控制样品管的高度。这个步骤不能缺少,如果样品管插入得太长,有可能会损坏探头。

(3)双击桌面上的图标,进入 topspin2.1 主界面,调出最近做过的一张谱图。

(4)在命令行中输入"new"按回车键,跳出一窗口,建立一个新的实验,设置 NAME、Solvent、Experiment 等实验参数。其中 ^1H 选 proton。

(5)输入"ej"并按回车,打开气流,放入样品管;输入"ij"并按回车,关闭气流,样品管落入磁体底部。

(6)输入"lock solvent(选用的溶剂)"并按回车,进行锁场,待锁场完成后进行下步操作。

(7)输入"atma"并按回车,进行探头匹配调谐。

(8)输入"ts"并按回车,进行自动匀场。

(9)输入"ased"并按回车,调出采样参数,根据具体的样品设置 NS、DS、D1 等。

(10)输入"getprosol"并按回车,调脉冲参数。所有参数不用改动,尤其 PL1 不能修改。

(11)输入"rga"并按回车,并按自动增益。

(12)输入"zg"并按回车,并按开始采样。

(13)待采样完毕,进行数据处理,键入"eft"并按回车,进行傅里叶变换。

(14)输入"apk"并按回车,并按自动相位校正。

(15)输入"abs"并按回车,并按自动基线校正。

(16)谱图定标,积分,输入"plot"并按回车,打印图谱。

(17)输入"ej"命令,把样品管吹出,取出样品管;输入"ij"关断气流。

五、注意事项

(1)实验前空压机必须打开,保证气流流畅。

(2)打开气流前,查看样品腔的上盖是否取下。

(3)尽量不要带具有磁性的物质靠近磁体。

(4)匀场好坏对谱图质量影响很大,一定要做好匀场。

(5)电脑数据转移使用光盘,不允许使用其他工具如 U 盘等。

六、思考题

(1)核磁共振仪由几部分组成? 主要功能是什么?

(2)除 ^{1}H NMR 谱外,在有机分析中常用的还有哪些核的 NMR 谱?

七、附录

图 2-22-1 所示为咖啡因的 ^{1}H NMR 谱。

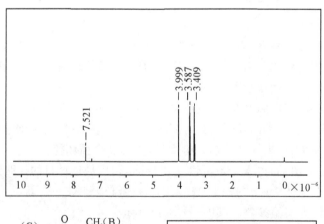

图 2-22-1　咖啡因的 ^{1}H NMR 谱

参考文献

[1] 兰州大学. 有机化学实验[M]. 3 版. 王清廉, 李瀛, 高坤, 等, 修订. 北京: 高等教育出版社, 2010.

[2] 邢其毅, 徐瑞秋, 周政, 等. 基础有机化学[M]. 2 版. 北京: 高等教育出版社, 2010.

(编写: 郑阿群; 校对: 张雯)

实验二十三　红辣椒中辣椒色素的提取、分离及鉴定

一、实验目的

(1)学习从红辣椒中提取辣椒红素的原理和方法;

(2)掌握萃取、干燥、浓缩、薄层层析、柱层析等基本操作;

(3)学习色谱分离方法的原理与操作,学习红外光谱鉴定有机化合物的方法。

二、实验原理

　　天然植物色素作为着色剂的重要组成部分,被广泛应用于食品加工、医药和化妆品等与人体健康紧密相关的行业。与人工合成色素相比,天然植物色素原料来源充足,对人体无毒副作用,并且天然色素大多具有一定的生理功能,如 β-胡萝卜素在防癌、抗癌和预防心血管疾病等方面有明显作用。随着生物技术的发展,天然植物色素的研究与开发日益受到人们的重视,其应用有着广泛的发展前景。辣椒色素是含有多种色素成分的混合色素,包括辣椒红素(Capsanthin)、辣椒玉红素(Capsorubin)、隐黄素(Crytoxabthin)等红色系色素和紫黄质、黄灵等黄色系色素,是天然色素研究的热点之一。目前的辣椒色素产品主要是辣椒红色素,它是辣椒红素、辣椒玉红素和 β-胡萝卜素的混合物,安全无毒,能够被人体消化吸收,并在人体内转化为维生素 A。

　　辣椒红素外观为深红色黏性油状液体,可与植物油、丙酮、乙醚、三氯甲烷、正己烷以任意比互溶,易溶于乙醇,稍难溶于丙三醇,不溶于水,对酸、碱、热稳定。辣椒红素色泽鲜艳,色价高,其显色强度为其他色素的 10 倍,并且具有较强的着色力和良好的分散性,但耐光性、耐氧化性较差。

　　干红辣椒为茄科植物辣椒的成熟干燥果实,含有辣椒红素、辣椒玉红素和 β-胡萝卜素等多种色素,其中以辣椒红素为主。实验室常用二氯甲烷作为溶剂提取辣椒红素,所得产物为辣椒素与辣椒红素、辣椒玉红素及 β-胡萝卜素等的混合物。由于辣椒红素易溶于正己烷而辣椒素在正己烷中的溶解度较小,据此可除去辣椒素,剩余辣椒红素等混合物可通过薄层色谱或柱色谱法将它们一一分离,如图 2-23-1 所示。

　　将分离纯化的辣椒红素做红外光谱检测,并与标准谱图对照(见图 2-23-2),确认为辣椒红素。

图 2-23-1　各种辣椒色素分离示意图

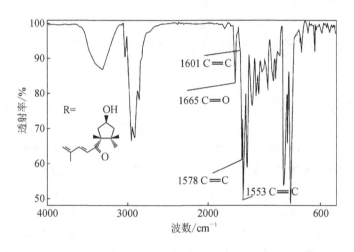

图 2-23-2　辣椒红素红外标准谱图

三、仪器与试剂

1. 仪器

研钵、载玻片、球形冷凝管、层析板、层析缸、层析柱、抽滤瓶、布氏漏斗、蒸馏装置一套、圆底烧瓶、锥形瓶、量筒、烧杯。

2. 试剂

干红辣椒、二氯甲烷、正己烷、硅胶 G、硅胶(60~200 目)。

四、实验内容

1. 材料预处理

称取 5 g 干红辣椒,去蒂、去籽,研磨成粉末。

2. 辣椒色素的提取

装好回流装置。在 50 mL 圆底烧瓶中,加入 3 g 磨细的红辣椒粉和 25 mL 二氯甲烷,放入 2 粒沸石,加热回流 30 min。冷却至室温,抽滤,得鲜红色滤液,浓缩至小体积,即得样品溶液。

3. 层析板的制备

取 4 块载玻片(7.5 cm×2.5 cm),洗净后用蒸馏水淋洗,再用少量乙醇淋洗,晾干;在 50 mL 烧杯中加 6 mL 水和 3 g 硅胶 G,搅匀(切勿剧烈搅拌,以防带入气泡)。将调好的匀浆快速倒在两块玻璃板上,拿住玻片的两端,前后左右轻轻摇晃,使匀浆均匀铺在玻片上。将铺好的薄层板水平放置,晾干,放入烘箱,缓慢升温至 110 ℃,恒温半小时后取出,放在干燥器中备用。

4. 薄层色谱分离

用毛细管吸取上述制备的样品,在硅胶 G 板上点样,斑点直径不超过 0.2 cm,挥干溶剂,将薄层板放入盛有二氯甲烷展开剂的层析缸中,上行展开。当展开剂到达前沿时,取出薄层板,挥干溶剂,用铅笔标示各色谱斑点位置,计算辣椒红素的 R_f 值,并与辣椒色素的薄层色谱图比较。

5. 柱色谱分离

取 12 g 硅胶(60~200 目)放入小烧杯中,加入适量的二氯甲烷,搅拌均匀,湿法装柱,待装填密实后,在硅胶上表面加入 0.5~1 cm 厚的无水硫酸钠粉末,并使其处于二氯甲烷液面以下。打开层析柱活塞,当液面降至硫酸钠上表面时关闭活塞,用长滴管小心加入上述样品溶液,用二氯甲烷洗脱。按照色带,用锥形瓶依次收集洗脱液,回收溶剂,得辣椒色素纯品。

6. 辣椒红素的鉴定

(1)最大吸收波长(λ_{max})法鉴定:取上述柱色谱分离得到的辣椒色素纯品,分别加入 5 mL 正己烷溶解,以正己烷为空白对照,在紫外-分光光度计上测定其吸收曲线,找出各自的 λ_{max},与文献值对照,确定辣椒红素。

(2)红外光谱法鉴定:取上述辣椒红素溶液少量,在红外光谱仪上做红外光谱图,并将谱图与标准辣椒红素红外光谱图作比较。

五、注意事项

(1)制备薄层板时,务必注意两个操作:①硅胶和水混合时,玻璃棒须沿同一个方向搅拌,以防夹带入气泡,且必须搅拌混合均匀、充分;②铺板时操作要快速、细心,保证板上各处的硅胶层薄厚均匀。

(2)湿法装柱时,须保证硅胶装填紧密;加样时小心不要破坏硅胶表面;样品浓度尽可能大,样品带尽可能窄,保证各个组分良好的分离度。

(3)二氯化碳洗脱辣椒色素时,可在柱子上看到 3 个色带,由下至上依次为 β-胡萝卜素、辣椒玉红素和辣椒红素。

六、思考题

(1)用有机溶剂提取辣椒色素的基本原理是什么?

(2)除了本实验中采取的方法,辣椒色素还可以用什么方法提取?

参考文献

[1] 李兆龙. 辣椒红色素的提取方法[J]. 食品工业,1991,1:33-37.

[2] 刘振华,丁卓平,董洛文. 辣椒中红色素的提取工艺研究[J]. 食品科学,2006,27(12):291-295.

[3] 尚雪波. 辣椒红色素提取工艺的改进[J]. 湖南农业科学,2011,5:92-94.

(编写:李健军;校对:张雯)

实验二十四　中药白芨中白芨胶的制备及理化性质测定

一、实验目的

(1)了解天然药物有效成分的制备和纯化方法;

(2)掌握沉淀、过滤、理化性质测定等实验操作。

二、实验原理

白芨为兰科植物白芨(*Bletilla striata* Reichb. f.)的块茎,含有大量胶质,白芨胶为其主要成分,具有收敛止血、消肿生肌等广泛药理作用,且易被组织吸收,毒副作用小,在临床上被广泛用于体腔内局部止血、上消化道出血、肺咯血及其他出血的治疗,还可用于抗结核、肿瘤、皮肤黏膜溃疡等疾患。

白芨胶是由甘露糖和葡萄糖按4∶1比例组成的一种大分子多糖,可溶于水,不溶于乙醇,所以可采用水提醇沉法制备。对白芨胶性状及理化性质的测定,有助于对其进行质量控制及品质评价。

三、仪器与试剂

1. 仪器

天平、电热恒温干燥箱、磁力搅拌器、真空泵、垂熔玻璃漏斗、自动旋光仪、酸度计、黏度计。

2. 试剂

白芨药材、95%乙醇、盐酸、氢氧化钠、斐林试剂、活性炭。

四、实验内容

1. 白芨胶的制备

取白芨粗粉50 g,分别加蒸馏水1000 mL、600 mL、500 mL、400 mL浸泡并不断搅拌,纱布过滤,合并四次滤液,反复减压抽滤。滤液中加活性炭适量,加热,同时电动搅拌2 h,趁热抽滤。滤液换用垂熔玻璃漏斗减压抽滤,得无色透明胶液。将上述胶液加热浓缩至 300 mL 左右,冷却。搅拌下缓慢加入 95% 乙醇至沉淀完全,得大量白色絮状沉淀。抽滤,沉淀物中加入适量 95% 乙醇,浸泡三次,每次 4 h,使其充分脱水,减压抽滤,将沉淀物置恒温烤箱 80~90 ℃烘干,即得白芨胶。称重,计算提取率。

2. 性状描述

从颜色、形状、气味、溶解度等方面描述所制白芨胶的性状。

3. 成分鉴别

(1)取本品 1 g 加蒸馏水 100 mL 制成 1% 的溶液,加入 95% 乙醇并搅拌,应立即析出白色絮状沉淀。

(2)取本品 1% 水溶液 4 mL,加稀 HCl 0.5 mL,水浴加热 30 min,放冷,加 NaOH 适量调至碱性,再加斐林试剂 3 mL,水浴加热,应析出红色沉淀。

4. 理化性质检查

取白芨胶干燥粉末 1 g,置 50 mL 量瓶中,加入适量温蒸馏水,振摇、过夜、加水至刻度、摇匀,即得 2% 水溶液,备用。

(1)取上述白芨胶水溶液,测定其黏度。

(2)取上述白芨胶水溶液,测定其酸度,注明温度。

(3)取上述白芨胶水溶液,测定其比旋光度。

五、注意事项

(1)白芨胶水溶液黏度较大,难以顺利过滤,加入纸浆可大大提高过滤效率。

(2)应力求脱水完全,否则烘干后质地坚硬,难以粉碎,且色泽较差。

(3)关于白芨胶的提取工艺,文献多有报道,但方法简单,提取率及纯度均偏低,一般在 2%~14%。本实验增加了浸泡次数,可显著提高浸出率。

六、思考题

(1)什么是大分子多糖?

(2)多糖大分子中,连接单体的化学键是什么样的?

参考文献

[1] 郑玉炎,汪如明. 白芨胶的制备及临床应用研究[J]. 福建中医药,1992,23(3):50.

[2] 万立夏. 白芨胶粉的制备及应用[J]. 淮海医药,2003,21(1):71.

[3] 孙达锋,史劲松,张卫明,等. 白芨多糖胶研究进展[J]. 食品科学,2009,30(3):296-298.

（编写:李健军;校对:张雯）

实验二十五　芝麻油的 CO_2 超临界萃取及 GC – MS 分析

一、实验目的

(1)了解 CO_2 超临界萃取仪器的原理及使用方法;

(2)了解气相色谱的分离原理、质谱的检测原理及其在天然产物分析中的应用;

(3)熟悉天然产物分析的一般流程。

二、实验原理

芝麻是脂麻科一年生草本植物芝麻(*Sesamum indicum*)的种子,是我国主要油料作物之一,兼作药用。芝麻油俗称香油,是以芝麻为原料加工制取的食用植物油。作为生活中常用的调味品,含有蛋白质、不饱和脂肪酸(亚油酸等)、碳水化合物、维生素等多种营养物质。利用传统方法提取芝麻油,因其操作时间长、温度高、系统开放,易造成热不稳定与易氧化成分的破坏及挥发损失。CO_2 超临界萃取技术是近十几年来迅速发展起来的一种高新提取分离技术,具有提取效率高、生产周期短、不造成环境污染、操作简便等优点。

气相色谱法(GC)是利用不同物质在固定相和流动相中分配系数的差别,使不同化合物从色谱柱流出的时间不同,以达到分离的目的。其最大特点在于高效的分离能力和较高的灵敏度,因此是分离混合物的有效手段。

质谱法(MS)是利用带电粒子在磁场或电场中的运动规律,按其质荷比(m/z,质量和电荷之比)实现分离分析,测定离子质量及其强度分布,具有定性专属性强、灵敏度高、检测快速的优势。

GC – MS 联用分析技术是将气相色谱(GC)与质谱(MS)两种技术相结合,利用气相色谱将混合物中的组分一一分离,再用质谱对分离得到的单一组分分别加以鉴定。GC – MS 联用能够使两者的优势互补,充分发挥气相色谱法分离效率高和质谱法定性专属性强的特点,被广泛应用于复杂组分的分离与鉴定。

本实验利用 CO_2 超临界萃取芝麻油,混合油分采用气相色谱加以分离,再用质谱对其中的活性组分芝麻素加以鉴定。

三、仪器与试剂

1. 仪器

超临界萃取仪器(华安超临界萃取有限公司)、岛津 GCMS – QP2010Plus 气相色谱–质谱联用仪(电子轰击离子源)、微量注射器 10 μL。

2. 试剂

芝麻(市售)、乙醚(AR)。

四、实验内容

1. CO_2 超临界萃取芝麻油

将芝麻 200 g 粉碎,投入萃取釜中,分别对萃取釜、分离釜Ⅰ、分离釜Ⅱ、贮罐进行加热或冷却,当达到所选定温度时,对系统加压,当达到所选压力时,开始循环萃取,整个过程保持恒温恒压。到达所选定的时间后,从分离釜 I 出料口出料得芝麻油,对所得样品称重,计算收率并测定其芝麻素含量。

2. GC－MS 联用分析芝麻油的组成

(1)开机:依次打开氦气瓶,质谱仪、气相色谱仪、计算机。

注意:打开氦气瓶时,先将主控阀打开至最大,然后调节减压阀使氦气出口压力在 0.5～0.9 MPa,一般为 0.6 MPa。

(2)抽真空:单击真空控制图标,点击自动启动,显示完成时,点击关闭。

(3)调谐:真空控制完成后,等待 10 min,待系统的高真空度达到 $3 \times 10^{-4} \sim 4 \times 10^{-4}$ 后,单击调谐图标。

(4)设定分析条件:气相色谱条件为采用程序升温法,初始温度 50 ℃,保持 2 min,以 5 ℃·min^{-1}升温至 280 ℃,保持 10 min,进样口温度为 230 ℃,分流比为 50:1,载气为 He,载气流速为 1 mL·min^{-1};质谱条件为离子源温度 200 ℃,接口温度 250 ℃,电子能量 70 eV,溶剂延迟 2 min;四级杆温度 150 ℃,扫描质量范围 15～1000。

(5)测定:取适量芝麻油用乙醚溶解,进样 1 μL,进行测定,得到芝麻油的总离子流图。

3. 实验结果分析

运用自动质谱去卷积软件和 NIST08 标准谱库检索,分析 GC－MS 获得的总离子流图,鉴定芝麻油中的主要成分。

五、注意事项

(1)在进行测试以前,要进行充分的抽真空,保证测试结果的准确性和可重现性。

(2)为延长仪器寿命,一般使用都不关机,以维持真空。

(3)仪器长时间没有使用后,再次使用前要进行调谐操作。

(4)离子源脏了,可以通过调谐报告或者质谱本底看出,可卸下清洗,但要注意安装顺序以及清洗时使用的试剂、工具等。

(5)换隔垫和衬管时关 GC 不关 MS,原则上每进 50 个样换一次隔垫。

(6)GCMS－QP2010Plus 仪器系精密贵重仪器,在未熟悉仪器的性能及操作方法之前,不得随意拨动主机的各个开关和旋钮。仪器在开、关机时必须严格按照操作方法进行。

六、思考题

(1)气相色谱仪与质谱仪各有何优缺点?联用后有何优缺点?

(2)质谱仪主要由哪几个部分组成?最简单的气质联用仪由哪几个部分组成?

(3)使用气质联用仪应该注意哪些方面?

参考文献

[1] 张令莉,郑永杰,任桂兰. CO$_2$ 超临界萃取芝麻油中芝麻素的 GC－MS 测定[J]. 齐齐哈尔大学学报,

　　　　2006,22(5):28-30.

[2] 谢春英,袁雨婕,宁德山,等. 超临界 CO_2 萃取芝麻油及芝麻素的工艺研究[J]. 中药材,2007,30(9):
　　　　1163-1165.

[3] BOUTIN O, BADENS E. Extraction from oleaginous seeds using supercritical CO_2: Experimental design
　　　　and products quality[J]. Journal of Food Engineering, 2009, 92 (4):396-402.

(编写:李骁勇;校对:李健军)

实验二十六　　罗丹明 6G 酰肼荧光试剂法测定微量铜

一、实验目的

　　(1)掌握由酯类制备酰肼类化合物的合成方法;

　　(2)掌握用罗丹明 6G 酰肼荧光试剂测定铜离子(Ⅱ)的原理和实验方法;

　　(3)了解荧光分光光度计的主要构造和使用方法。

二、实验原理

　　近年来,由于荧光分析法灵敏度高、选择性强、原料用量少、测定方便快捷,其应用越来越广泛。罗丹明及其衍生物是一类重要的荧光物质,属于呫吨类碱性染料,常用的分子结构见表 2-26-1。由于苯环间氧桥的存在,分子具有刚性共平面的稳定结构,在激发光作用下产生最大发射波长位于红色可见光区的强烈荧光。加之罗丹明具有较高的荧光量子产率、优良的光学稳定性,以及较好的细胞穿透能力和细胞内溶解能力,对生物体的毒害作用小,因而被广泛地应用于化学和生物分析领域。

表 2-26-1　常用的罗丹明类试剂及其分子结构

基本结构	试剂名称	取代基的位置						
		R^1	R^2	R^3	R^4	R^5	R^6	R^7
	罗丹明 B	C_2H_5	C_2H_5	C_2H_5	C_2H_5	H	H	H
	丁基罗丹明 B	C_2H_5	C_2H_5	C_2H_5	C_2H_5	H	H	C_4H_9
	罗丹明 3GB	C_2H_5	C_2H_5	H	H	CH_3	H	C_2H_5
	罗丹明 6G	C_2H_5	H	C_2H_5	H	CH_3	CH_3	C_2H_5
	罗丹明 3GO	H	H	C_2H_5	C_2H_5	H	H	C_2H_5
$X=Cl^-$, Br^-, SCN^- 或 SO_4^{2-}	罗丹明 123	H	H	H	H	H	H	CH_3

　　罗丹明内酰胺类化合物具有螺环结构,此结构在长波处无吸收、无色、无荧光,在罗丹明体系中加入特定识别客体时,就会诱导其向着有颜色和有荧光的开环结构转变(图 2-26-1)。近年来,已开发的相当多的罗丹明类荧光探针正是充分利用了这一开闭环结构改变致使荧光产生的独特性能,实现了特异性检测待分析物种的目的。

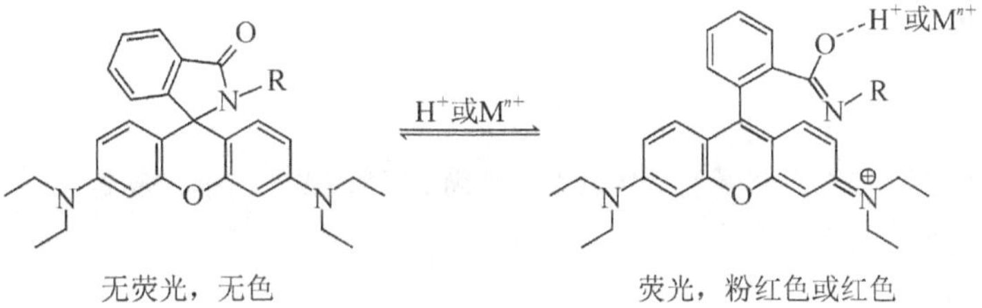

图 2 - 26 - 1　罗丹明螺环的开环过程

罗丹明酰肼能够特异性识别 Cu^{2+}。例如,在室温下和中性水溶液中,适当浓度的 Cu^{2+} 数秒钟即能通过水解机理使无色无荧光的罗丹明 B 酰肼溶液转化为粉红色和有荧光的罗丹明 B,反应机理如图 2 - 26 - 2 所示。Hg^{2+} 也能通过相同机理促使罗丹明 B 酰肼水解而产生粉红色和荧光,但生成的颜色和荧光在相同条件下要弱得多。其他各种常见的金属离子包括 Ca^{2+}、Mg^{2+}、Zn^{2+}、Fe^{3+}、Mn^{2+}、K^+、Na^+、Co^{2+}、Ni^{2+}、Cr^{3+}、Cd^{2+}、Pb^{2+}、Ag^+ 和 Al^{3+},由于不能与罗丹明酰肼作用,所以加入其溶液后无明显的颜色和荧光变化。因此,罗丹明酰肼可作为分析检测 Cu^{2+} 的荧光探针试剂。

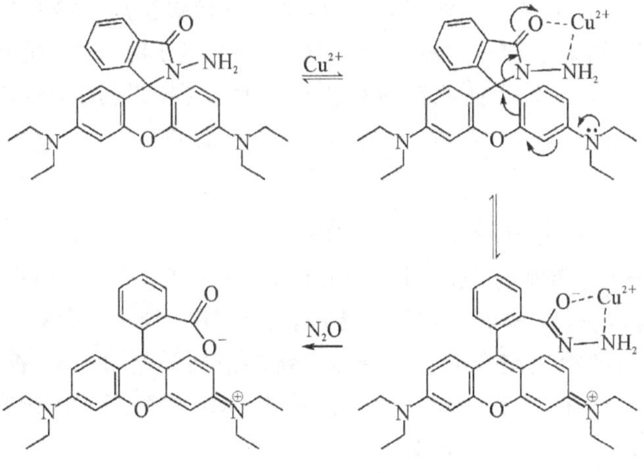

图 2 - 26 - 2　罗丹明 B 酰肼识别 Cu^{2+} 的反应机理

罗丹明酰肼识别 Cu^{2+} 的荧光信号受溶液 pH 值影响较大。强酸性溶液中,由于质子化作用,罗丹明酰肼自身就具有较强的荧光;在强碱性溶液中,由于金属离子的水解作用,分析结果的准确性会受到影响;在近中性溶液中,罗丹明酰肼的背景荧光很弱,而检测 Cu^{2+} 的荧光信号却很强,并且 Cu^{2+} 的水解作用也较弱,因此是利用罗丹明酰肼对 Cu^{2+} 进行荧光分析的最佳 pH 值范围。

罗丹明 6G 的酰肼衍生物的合成和纯化过程都十分简单,易于操作。在近中性的水溶液中,该化合物能通过不可逆的 Cu^{2+} 选择性水解反应,快速产生与 Cu^{2+} 浓度呈线性关系的荧光响应信号,其最大激发波长和发射波长分别为 500 nm 和 550 nm。实验证明:罗丹明 6G 酰肼是一种良好的荧光探针试剂,灵敏度高,选择性强。加之其优良的光稳定性、良好的细胞跨膜能力和较低的细胞毒性,因此借助于高分辨的荧光成像技术,有可能实现活细胞中 Cu^{2+} 的分布和浓度的动态变化的实时示踪,从而有可能为 Cu^{2+} 生物学作用的研究提供新材料和新的分析方法。

三、仪器与试剂

1. 仪器

锥形瓶、圆底烧瓶、球形冷凝管、电热套、量筒、滴管、减压抽滤装置、棕色容量瓶、移液管(1 mL、5 mL)、荧光分光光度计。

2. 试剂

罗丹明 6G 盐酸盐、水合肼(80％,AR)、95％乙醇、N,N-二甲基甲酰胺(DMF,AR)、$0.1\ mmol\cdot L^{-1}\ Cu^{2+}$ 标准溶液、三羟甲基氨基甲烷-盐酸缓冲液($10\ mmol\cdot L^{-1}\ Tris-HCl$ 缓冲液,pH 值为 7.4)、未知浓度含 Cu^{2+} 水样。

四、实验内容

1. 罗丹明 6G 酰肼的合成

用量筒分别量取 0.5 mL 80％的水合肼和 5 mL 95％的乙醇,于 25 mL 锥形瓶中混合均匀,将所得溶液在冰水中冷却。在 25 mL 圆底烧瓶中加入 0.15 g 罗丹明 6G 盐酸盐(相对分子质量为 479.01)和 10 mL 95％的乙醇,然后在摇动下分批缓慢加入冷却的水合肼乙醇溶液,使其混合均匀。加入沸石,装上回流冷凝管,用电热套低电压小心加热,使反应液回流 2 h。将反应体系冷却至室温,用布氏漏斗抽滤反应析出的固体。将滤饼用少量乙醇/水洗涤,之后于 60 ℃烘箱中避光且充分干燥。观察并称量得到的产物,计算产率。

2. 溶液的制备

1)$0.1\ mmol\cdot L^{-1}$罗丹明 6G 酰肼储备溶液的制备

用万分之一电子天平精确称取配制 25 mL $0.1\ mmol\cdot L^{-1}$ 罗丹明 6G 酰肼(相对分子质量为 428.53)溶液所需溶质,放入 25 mL 锥形瓶中,加入 10~15 mL DMF。用电热套低电压小心加热并轻摇锥形瓶,使溶质完全溶解。冷却后将溶液转移至 25 mL 棕色容量瓶中,用少量 DMF 反复多次冲洗锥形瓶,一起加入容量瓶后再用 DMF 稀释至刻度定容混匀。

2)标准分析溶液和未知水样的配制

取 7 个 25 mL 棕色容量瓶编号,依次用 1 mL 移液管吸取 $0.1\ mmol\cdot L^{-1}\ Cu^{2+}$ 标准溶液 0、0.1、0.2、0.3、0.4、0.5 mL 和未知水样 0.5 mL 加入其中,然后再用 5 mL 移液管吸取 $0.1\ mmol\cdot L^{-1}$ 罗丹明 6G 酰肼储备溶液 2.5 mL 加入到每一个容量瓶中,最后分别用 $10\ mmol\cdot L^{-1}\ Tris-HCl$ 缓冲液定容,充分摇匀待用。

3. 罗丹明 6G 酰肼荧光试剂分析测定 Cu^{2+}

将 1~6 号容量瓶中的标准分析溶液依次置于比色皿中,设置荧光分光光度计的激发狭缝和发射狭缝宽度都为 5 nm,激发波长(Ex)为 500 nm,检测并记录发射波长(Em)550 nm 处的荧光强度。以浓度为横坐标,荧光强度为纵坐标,绘制标准曲线,计算回归方程和相关系数。在相同条件下,测定配制好的未知水样的荧光强度,分别利用标准曲线和回归方程求得未知水样中 Cu^{2+} 的浓度,并作出比较。

五、注意事项

(1)水合肼具有强还原性,能与氧化剂发生强烈反应,引起燃烧或爆炸。

(2)荧光试剂的合成和分离过程尽量避光,配置好的荧光试剂需尽快检测荧光信号。

六、思考题

(1)如何用实验证明罗丹明 6G 酰肼是通过不可逆的水解机理识别 Cu^{2+},而不是络合机理?

(2)除了产生较强的荧光信号外,适当浓度的 Cu^{2+} 也能使无色的罗丹明 6G 酰肼溶液产生颜色,能否用罗丹明 6G 酰肼以分光光度法检测溶液中 Cu^{2+} 的含量? 和分光光度法比较,荧光分析法有什么优点?

参考文献

[1] DUJOLS V. A long-wavelength fluorescent chemodosimeter selective for Cu(Ⅱ) ion in water[J]. J Am Chem Soc,1997,119:7386 - 7837.

[2] KIM H N. A new trend in rhodamine-based chemosensors:application of spirolactam ring-opening to sensing ions[J]. Chem Soc Rev,2008,37:1465 - 1472.

(编写:张祯;校对:郭丽娜)

实验二十七 循环伏安法测定亚铁氰化钾的动力学参数

一、实验目的

(1)熟练使用电化学中循环伏安法分析的实验技术;

(2)了解循环伏安法的基本原理和好的循环伏安曲线的判断标准;

(3)了解循环伏安图与反应物浓度、扫描速率、反应物扩散系数的关系。

二、实验原理

循环伏安法(Cyclic Voltammetry,CV)是将循环变化的电压加于工作电极和参比电极之间,记录工作电极上得到的电流与施加电压的关系曲线的扫描方法,也称为三角波线性电位扫描法。循环伏安法是最常用的电化学分析测试技术之一,已被广泛地应用于化学、生命科学、能源科学、材料科学和环境科学等领域中相关体系的测试表征。

常规的 CV 实验采用三电极系统,工作电极(Working Electrode,WE)相对于参比电极(Reference Electrode,RE)的电位在设定的电位区间内随时间进行循环的线性扫描,WE 相对于 RE 的电位由电化学仪器控制和测量。因为 RE 上流过的电流总是接近于零,所以 RE 的电位在 CV 实验中几乎不变,是实验中 WE 电位测控过程中的稳定参比。若忽略流过 RE 上的微弱电流,则实验体系的电解电流全部流过由 WE 和对电极(Counter Electrode,CE)组成的串联回路。WE 和 CE 间的电位差可能很大,以保证能成功地施加所设定的 WE 电位(相对于RE)。CE 也常称为辅助电极(Auxiliary Electrode,AE)。当工作电极被施加的扫描电压激发时,其上将产生响应电流,以电流(纵坐标)对电位(横坐标)作图,所得的图形称为循环伏安图。

　　分析 CV 实验所得到的电流-电位曲线(循环伏安图)可以获得溶液中或固定在电极表面的组分的氧化和还原信息,电极、溶液界面上电子转移(电极反应)的热力学和动力学信息,电极反应所伴随的溶液中或电极表面组分的化学反应的热力学和动力学信息。因此,CV 能迅速提供电活性物质电极反应过程的可逆性、化学反应历程、电极表面吸附等许多信息。

　　循环伏安图中可得到的几个重要参数是:阳极峰电流(i_{pa})、阴极峰电流(i_{pc})、阳极峰电位(E_{pa})、阴极峰电位(E_{pc})。

　　对可逆体系氧化还原电对的式量电位 E'_o 与 E_{pa} 和 E_{pc} 的关系可表示为

$$E'_o = (E_{pa} + E_{pc})/2 \qquad (2-27-1)$$

而两峰之间的电位差值为

$$E_p = E_{pa} - E_{pc} \geqslant 0.056 \text{ V} \qquad (2-27-2)$$

　　对可逆体系的正向峰电流,由 Randles-Sevcik 方程可表示为

$$i_p = 2.69 \times 10^5 n^{3/2} A D^{1/2} v^{1/2} c \qquad (2-27-3)$$

式中:i_p 为峰电流,A;n 为电子转移数;A 为电极面积,cm²;D 为扩散系数,cm²·s⁻¹,在 0.5 mol·L⁻¹ KNO₃ 溶液中[Fe(CN)₆]³⁻/⁴⁻的扩散系数为 6.5×10^{-1} cm²·s⁻¹;v 为扫描速度,V·s⁻¹;c 为浓度,mol·L⁻¹。

　　在可逆电极反应过程中,

$$i_{pa}/i_{pc} \approx 1 \qquad (2-27-4)$$

　　对一个简单的电极反应过程,式(2-27-2)和式(2-27-4)是判断电极反应是否是可逆体系的重要依据。并且,根据式(2-27-3),i_p 与 $v^{1/2}$ 和 c 都是线性关系,这对研究电极反应过程具有重要意义。

三、仪器与试剂

1. 仪器

　　电化学分析系统、2 mm 直径铂盘工作电极、铂片对电极、饱和甘汞电极、电解池、CHI660A 电化学工作站。

2. 试剂

　　K₄[Fe(CN)₆](GR)、KNO₃(GR)、无水乙醇、Al₂O₃ 粉末、蒸馏水。

四、实验内容

1. 工作电极的预处理

　　用 Al₂O₃ 粉末(粒径 0.05 μm)将铂盘工作电极表面抛光,然后用蒸馏水清洗,再在蒸馏水和无水乙醇中分别超声 3 min。

2. 循环伏安图的测定

1)支持电解质的循环伏安图(空白试验)

　　在电解池中放入 0.5 mol·L⁻¹ KNO₃ 溶液,插入电极,以新处理的铂电极为工作电极,铂片电极为对电极,饱和甘汞电极为参比电极,扫描速度为 100 mV·s⁻¹,起始电位为 −0.2 V;终止电位为 +0.6 V,开始循环伏安扫描,记录循环伏安图。

2)不同浓度的 $K_4[Fe(CN)_6]$ 溶液的循环伏安图

分别作 0.01 mol·L⁻¹、0.02 mol·L⁻¹、0.04 mol·L⁻¹、0.06 mol·L⁻¹、0.08 mol·L⁻¹ 的 $K_4[Fe(CN)_6]$ 溶液(均含支持电解质 KNO_3 0.5 mol·L⁻¹)在 20 mV·s⁻¹ 的扫描速度下的循环伏安图。

3)不同扫描速度的 $K_4[Fe(CN)_6]$ 溶液的循环伏安图

在 0.04 mol·L⁻¹ $K_4[Fe(CN)_6]$ 溶液中,以 10 mV·s⁻¹、20 mV·s⁻¹、50 mV·s⁻¹、100 mV·s⁻¹、200 mV·s⁻¹ 在 $-0.2\sim+0.6$ V 电位范围内扫描,分别记录循环伏安图。

五、数据处理

1)不同浓度的 $K_4[Fe(CN)_6]$ 循环伏安图

(1)找出各浓度的氧化峰和还原峰的峰电位(E_{pa},E_{pc})、氧化峰和还原峰的峰电流(i_{pa},i_{pc}),并求出不同浓度下的氧化峰和还原峰的峰峰电位差($E_{pa}-E_{pc}$)、氧化峰和还原峰的峰电流比值($|i_{pa}/i_{pc}|$),填入表 2-27-1。找出不同 $K_4[Fe(CN)_6]$ 浓度下,峰峰电位差、峰电流比值与 $K_4[Fe(CN)_6]$ 浓度的关系。

表 2-27-1　不同 $K_4[Fe(CN)_6]$ 浓度下峰电位、峰峰电位差、峰电流、峰电流比值

(扫描速度 20 mV·s⁻¹)

$K_4[Fe(CN)_6]$浓度 /(mol·L⁻¹)	氧化峰电位/V	还原峰电位/V	峰峰电位差($E_{pa}-E_{pc}$)/V	氧化峰电流 i_{pa}/A	还原峰电流 i_{pc}/A	峰电流比值($|i_{pa}/i_{pc}|$)
0.01						
0.02						
0.04						
0.06						
0.08						

(2)将不同浓度的 $K_4[Fe(CN)_6]$ 循环伏安图进行叠加,并以 $K_4[Fe(CN)_6]$ 的浓度为横坐标,以氧化峰电流为纵坐标画出峰电流与浓度的关系图。

(3)根据电位-时间曲线图中的斜率以及公式(2-27-3)求出 $K_4[Fe(CN)_6]$ 在水溶液中的扩散系数 D,并与理论值 6.5×10^{-6} cm²·s⁻¹ 进行比较,求出误差百分比。

2)不同扫描速度下 $K_4[Fe(CN)_6]$ 溶液的循环伏安图

(1)记录不同扫描速度下 $K_4[Fe(CN)_6]$ 的氧化峰、还原峰的峰电位和峰电流值,由此得出峰峰电位差、峰电流与扫描速度的关系,填入表 2-27-2。

表 2-27-2　不同扫描速度下 $K_4[Fe(CN)_6]$ 的峰电位、峰峰电位差、峰电流、峰电流比值

($K_4[Fe(CN)_6]$ 浓度为 0.04 mol·L⁻¹)

扫描速度 /(mV·s⁻¹)	扫描速度¹ᐟ² /(mV·s⁻¹)¹ᐟ²	氧化峰电位/V	还原峰电位/V	峰峰电位差($E_{pa}-E_{pc}$)/V	氧化峰电流 i_{pa}/A	还原峰电流 i_{pc}/A	峰电流比值($|i_{pa}/i_{pc}|$)
0.01							
0.02							
0.04							
0.06							
0.08							

(2)以峰电流为横坐标,扫描速度的二分之一次方或扫描速度为纵坐标,考察二者的关系。

(3)用标准曲线法中的线性拟合处理,得出峰电流 i_p 与扫描速度的二分之一次方呈线性关系的系数。

六、注意事项

(1)电化学实验中电极预处理非常重要,电极一定要处理干净,使得实验中 $K_4[Fe(CN)_6]$ 体系的峰峰电位差接近其理论值(约 60 mV),否则误差较大。

(2)扫描过程保持溶液静止。

(3)在使用 KCl 饱和甘汞电极前,应检查其内参比溶液(饱和 KCl 水溶液)的液面高度,要求内参比溶液与内参比电极连通。

(4)电极千万不能接错,也不能短路,否则会导致错误结果,甚至烧坏仪器。

七、思考题

(1)以某一个循环伏安图为例,指出在什么电位区间内明显发生阴极(还原)反应,什么电位区间明显发生阳极(氧化)反应,并写出有关半反应方程式。

(2)在变扫速实验中,选择一个 CV 图,以 2 mm 直径铂圆盘电极为主,粗略估算阳极反应中有多少物质的量的 $K_4[Fe(CN)_6]$ 在电极上被氧化。

补充阅读

循环伏安法是一种控制电位的电位反向扫描技术,只需要做一个循环伏安实验,就可既对溶液中或电极表面组分电对的氧化反应进行测试和研究,又对其还原反应进行测试和研究。循环伏安法也可以进行多达 100 圈以上的反复多圈电位扫描。多圈电位扫描的循环伏安实验常可用于电化学合成导电高分子。

以铁氰化钾离子 $[Fe(CN)_6]^{3-}$ 亚铁氰化钾离子 $[Fe(CN)_6]^{4-}$ 的循环伏安实验为例,$[Fe(CN)_6]^{3-}/[Fe(CN)_6]^{4-}$ 氧化-还原电对的标准电极电位为

$$[Fe(CN)_6]^{3-} + e^- \rightleftharpoons [Fe(CN)_6]^{4-} \qquad E^\ominus = 0.36 \text{ V(vs. NHE)} \qquad (2-27-5)$$

电极电位与电极表面活度的能斯特(Nernst)方程式为

$$E = E^\ominus + RT/F\ln(c_{Ox}/c_{Red}) \qquad (2-27-6)$$

图 2-27-1 为 3 mmol·L^{-1} K$_4$[Fe(CN)$_6$] + 0.5 mol·L^{-1} KNO$_3$ 水溶液中金电极上的 CV 实验结果。由图(a)可见,扫描电位从起始电位(-0.1 V)开始沿正电位的方向变化(如箭头所指方向),当电位至 $[Fe(CN)_6]^{4-}$ 可氧化时,即析出电位,将产生阳极电流。其电极反应为

$$[Fe^{II}(CN)_6]^{4-} - e^- \rightleftharpoons [Fe^{III}(CN)_6]^{3-} \qquad (2-27-7)$$

在析出电位后随着电位的变正,阳极电流迅速增加,直至电极表面的 $[Fe(CN)_6]^{4-}$ 浓度趋近零,电流达到最高峰。然后电流迅速衰减,这是因为电极表面附近溶液中的 $[Fe(CN)_6]^{4-}$ 几乎全部电解转变为 $[Fe(CN)_6]^{3-}$ 而耗尽,即所谓的贫乏效应。当电压扫描至 0.5 V 处,虽然已经转向开始阴极极化扫描,但这时的电极电位仍为正,扩散至电极表面的 $[Fe(CN)_6]^{4-}$ 仍在不断还原,故仍呈现阳极电流,而不是阴极电流。当电极电位继续负向变化至 $[Fe(CN)_6]^{3-}$ 的析出电位时,聚集在电极表面附近的氧化产物 $[Fe(CN)_6]^{3-}$ 被还原,其反应为

$$[Fe^{III}(CN)_6]^{3-} + e^- \rightleftharpoons [Fe^{II}(CN)_6]^{4-} \qquad (2-27-8)$$

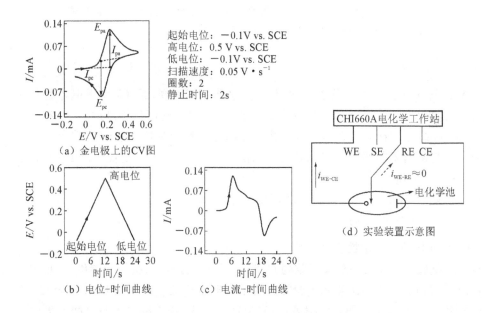

图 2-27-1 3 mmol·L⁻¹ K₄[Fe(CN)₆]＋0.5 mol·L⁻¹ KNO₃ 水溶液中采用 CHI660A 电化
学工作站进行实验,实验中的感受电极(Sense Electrode, SE)悬空

这时产生阴极电流。阴极电流随着扫描电位的负移迅速增加,当电极表面的 $[Fe(CN)_6]^{3-}$ 浓度趋于零时,阴极极化电流达到峰值。随着扫描电位继续负移,电极表面附近的 $[Fe(CN)_6]^{3-}$ 耗尽,阴极电流衰减至最小。当电位扫至 −0.1 V 时,完成第一次循环,获得了循环伏安图。

简而言之,在电位变正时,$[Fe(CN)_6]^{4-}$ 在电极上氧化产生阳极电流而指示它在电极表面附近的浓度变化的信息;在电位变负时,产生的 $[Fe(CN)_6]^{3-}$ 重新还原产生阴极电流而指示它是否存在和变化。

参考文献

[1] 张成孝. 化学测量实验[M]. 北京:科学出版社,2001.
[2] 董杜英. 现代仪器分析实验[M]. 北京:化学工业出版社,2008.
[3] 陈国松,陈昌云. 仪器分析实验[M]. 南京:南京大学出版社,2009.

（编写:李菲;校对:张雯）

实验二十八 Flory-Leutner 黏度法测定 PVA 分子中 1,2-乙二醇单元数

一、实验目的

(1)了解 PVA 分子中 1,2-乙二醇单元对其性能的影响;

（2）了解 Flory-Leutner 黏度法测定高聚物平均相对分子质量的基本原理；

（3）掌握乌氏黏度计测定高聚物平均相对分子质量的方法。

二、实验原理

PVA(Polyvinyl Alcohol,聚乙烯醇)是一种水溶性高聚物,通常认为其基本性质是由聚合度和醇解度决定的。在 PVA 分子中存在着两种化学结构,即间位羟基的 1,3-乙二醇单元和邻位羟基的 1,2-乙二醇单元。这两种结构单元的存在数量有较大差异,通常情况下前者为主要存在形式,后者含量较少；弗洛里(Flory)和洛伊特纳(Leutner)发现提高 PVA 温度能逐步提高后者的存在数量。

近年来,随着 PVA 的广泛应用,人们发现邻位羟基 1,2-乙二醇单元数量的多少显著影响其性能。主要表现在以下两点。

1. PVA 水凝胶的吸水性和稳定性

PVA 水凝胶除了具备一般水凝胶的性能外,还具有毒性低、机械性能优良、吸水量高和生物相容性好等特点,在生物医学和工业方面的用途非常广泛。图 2-28-1 为利用 PVA 和硼酸制备的 PVA 水凝胶结构图。由图可见,间位羟基 1,3-乙二醇单元与硼酸发生脱水交联形成水凝胶,经实验证明其稳定性和吸水性很好。而邻位 1,2-乙二醇单元越多则会导致交联反应不规则、不稳定,进而会显著影响水凝胶的稳定性和吸水性。

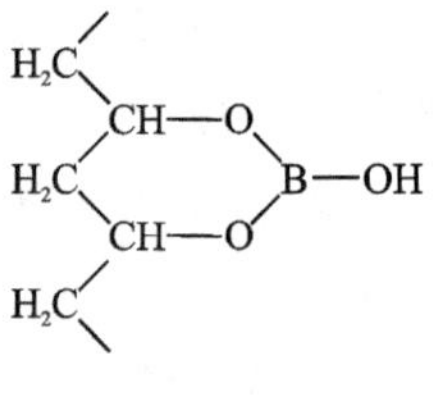

图 2-28-1　单二醇(Monodiol)水凝胶结构

2. PVA 缩醛化反应程度

PVA 作为工业原料大规模使用正是因为它能够通过缩醛化反应制成多种性能优良的高分子材料。在缩醛反应过程中,间位羟基 1,3-乙二醇单元形成的六元环缩醛结构比邻位羟基 1,2-乙二醇单元形成的五元环缩醛结构稳定性强,因而缩醛度更高,所生成的材料质量更好。

因此,测定 PVA 分子内 1,2-乙二醇单元数量对 PVA 性能表征显得相当重要。由于 1,2-乙二醇结构能被高碘酸盐定量地分解,所以用高碘酸盐处理 PVA 后其摩尔质量会有相当程度的降低。用黏度法测定 PVA 处理前后的摩尔质量,就能计算出 PVA 分子中 1,2-乙二醇单元数量,这种方法称为 Flory-Leutner 黏度法。

PVA 分子中 1,2-乙二醇结构单元的分布分数为

$$f = 分子数的增加数 / 体系中总的单体数$$

因为增加的分子数与体系中总的单体数均与摩尔质量成反比,若用 M_1 和 M 分别表示用高碘酸盐处理前后 PVA 的摩尔质量,则有

$$f = (1/M - 1/M_1)/(1/M_0) \tag{2-28-1}$$

式中, M_0 为 PVA 中单体的摩尔质量,代入数值上式变为

$$f = 44(1/M - 1/M_1) \tag{2-28-2}$$

由式(2-28-2)可知,若测得 PVA 经高碘酸盐处理前后的摩尔质量即可计算出 PVA 分子中 1,2-乙二醇结构单元的分布分数。称量 PVA 的质量进而可计算出 1,2-乙二醇单元数量。

本实验采用乌氏黏度计来测量溶液的黏度,其结构如图 2-28-2 所示。根据泊塞勒公式(Poiseuille)公式,对于确定的黏度计,所测溶液的黏度为

$$\eta = A\rho t \qquad (2-28-3)$$

式中,A 为常数;ρ 为液体密度;t 为溶液经毛细管流出的时间。由于溶液很稀,可视溶液的密度 ρ 和溶剂的密度 ρ_0 相等。以 t_0 表示纯溶剂经毛细管流出的时间,η_0 表示纯溶剂黏度,溶液黏度与纯溶剂黏度的比值称为相对黏度,用 η_r 表示,那么 PVA 溶液的相对黏度可表示为

$$\eta_r = \frac{\eta}{\eta_0} = \frac{t}{t_0} \qquad (2-28-4)$$

相对于溶剂,溶液黏度增加的分数称为增比黏度,用 η_{sp} 表示

$$\eta_{sp} = \frac{\eta - \eta_0}{\eta_0} = \eta_r - 1 \qquad (2-28-5)$$

定义 $[\eta]$ 为高聚物溶液的特性黏度

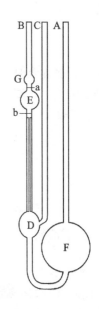

图 2-28-2　乌氏黏度计结构示意图

$$\lim_{c \to 0} \frac{\eta_{sp}}{c} = \lim_{c \to 0} \frac{\ln\eta_r}{c} = [\eta] \qquad (2-28-6)$$

它主要反映高聚物分子与溶剂分子之间的内摩擦作用,由于 η_{sp} 和 η_r 都是无量纲量,故 $[\eta]$ 的单位是浓度 c 的倒数。实验证明,在足够稀的高聚物溶液中有

$$\frac{\eta_{sp}}{c} = [\eta] + k[\eta]^2 \qquad (2-28-7)$$

$$\frac{\ln\eta_r}{c} = [\eta] - \beta[\eta]^2 \qquad (2-28-8)$$

以 $\frac{\eta_{sp}}{c}$ 和 $\frac{\ln\eta_r}{c}$ 对 c 作图,可得两条直线,这两条直线外推后在纵轴上相交于同一点,如图 2-28-3 所示,其截距就是特性黏度 $[\eta]$。

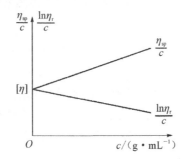

图 2-28-3　外推法求特性黏度示意

特性黏度$[\eta]$的值与浓度无关。实验证明,当聚合物、溶剂和温度确定后,$[\eta]$的数值只与高聚物的摩尔质量 M 有关,它们之间的半经验关系可用马克-豪温克(Mark-Houwink)方程表示

$$[\eta] = KM^\alpha \qquad\qquad (2-28-9)$$

当体系和温度确定时,式(2-28-9)中的 K 和 α 均为定值。表 2-28-1 给出 PVA-水体系在25℃和30℃下 K 和 α 的数值。只要测出 PVA 的特性黏度,根据式(2-28-9)就可以计算出它的摩尔质量。

表 2-28-1　PVA-水体系的 K 值和 α 值

温度/℃	$K/(\times 10^4 \, kg^{-1} \cdot m^3)$	α
25	2.0	0.76
30	6.7	0.74

三、仪器与试剂

1. 仪器

乌氏黏度计、移液管、恒温槽、秒表、烧杯、吸耳球、锥形瓶、三号砂芯漏斗、容量瓶、抽滤瓶、真空泵、乳胶管、夹子。

2. 试剂

聚乙烯醇(相对分子质量 60000)、正丁醇(AR)、高碘酸钾(AR)。

四、实验内容

1. 溶液配置

(1)准确称取 1.000 g 聚乙烯醇放于烧杯中,加入 300 mL 蒸馏水,加热至 80 ℃使其溶解,冷却至室温,加入 3 滴正丁醇,转移至 500 mL 容量瓶中,定容,放置一段时间后,用三号砂芯漏斗过滤。

(2)从过滤后的聚乙烯醇溶液中吸取 50 mL 溶液编号溶液Ⅰ,剩余溶液编号溶液Ⅱ。向溶液Ⅱ中加入 0.2 g 高碘酸钾,搅拌使其溶解。记录溶液Ⅱ开始降解的时间。

2. 仪器准备

恒温槽温度调至(25.0±0.02)℃。在洁净、干燥的乌氏黏度计 B 管和 C 管上端各套一段乳胶管,用夹子夹紧使之不漏气。然后将黏度计垂直固定在恒温槽中,并使水面完全浸没 G 球。

3. 溶剂流出时间的测定

用移液管移取 10 mL 蒸馏水,从 A 管注入黏度计 F 球内。打开 B 管乳胶管夹子,用吸耳球从 B 管上端乳胶管处抽吸,直到黏度计里面的蒸馏水到达 G 球一半高度后停止抽吸。打开C 管上端乳胶管的夹子使其连通大气。此时溶液顺毛细管流下,当液面流经刻度线 a 时,立刻按下秒表开始计时,液面至刻度线 b 处时停止计时。记下液体流经 a、b 之间所需的时间。重复测定三次,偏差小于 0.2 s 后取平均值即为溶剂流出时间 t_0。

4. 溶液黏度的测定

1)降解前黏度的测定

在黏度计中原有 10 mL 水的基础上用移液管依次加入 5、5、10、10 mL 溶液Ⅰ(每次加液

移液管尽量伸入黏度计 A 管底部),按上述测 t_0 的方法逐一测定不同浓度溶液的流出时间。每次加入溶液后,要多次将溶液用吸耳球抽吸至 G 球以充分混合并洗涤 B 管。

2)降解后黏度的测定

换溶液时要用蒸馏水反复冲洗毛细管。按上述溶液 I 的测定方法,测定降解 1.5 h 后不同浓度的溶液 II 的流出时间。若时间允许,还可分别测定降解 3、5、7、10 h 后不同浓度溶液 II 的流出时间。

5. 数据处理

(1)计算不同浓度溶液的 η_{sp}、η_r、$\dfrac{\eta_{sp}}{c}$ 和 $\dfrac{\ln \eta_r}{c}$ 。

(2)用 $\dfrac{\eta_{sp}}{c}$ 和 $\dfrac{\ln \eta_r}{c}$ 对 c 作图,得两条直线,外推至 $c=0$ 处求出 $[\eta]$ 。

(3)计算 PVA 的摩尔质量。

(4)根据降解不同时间所得的平均相对分子质量,讨论高碘酸钾对 PVA 的降解规律。

(5)由降解前后摩尔质量计算 PVA 分子中 1,2-乙二醇结构单元的分布分数和数量。

五、注意事项

(1)选择黏度计时应注意使最浓和最稀溶液与溶剂的相对黏度在 1.1~2 之间,溶剂的流出时间不少于 100 s;

(2)PVA 溶液提前 1~2 天配置,实验前要用 3 号砂芯漏斗过滤;

(3)PVA 溶液抽吸时会产生泡沫,加入消泡剂正丁醇能有效减少泡沫产生;

(4)PVA 进行降解时,刚开始降解速度很快,摩尔质量呈直线下降;当降解到 10 h 以后,降解速度趋于平缓,摩尔质量维持在 500~600 g·mol^{-1} 之间。

六、思考题

(1)乌氏黏度计中支管 C 有什么作用?

(2)黏度法测定高聚物平均相对分子质量有什么优缺点?

(3)影响黏度准确测量的主要因素有哪些?

参考文献

[1] 北京有机化工研究所. 聚乙烯醇的性质和应用[M]. 北京:纺织工业出版社,1979.

[2] 孟立山,詹秀环,姚新建. 聚乙烯醇水凝胶的制备及其溶胀性能[J]. 化工技术与开发,2010,39(8):13-15.

[3] 宋建华,何永钙,罗淑玲. 聚乙烯醇分子中键合形式的研究[J]. 广州大学学报,2006,5(3):22-25.

[4] 宋明,马会民,黄月仙,等. 聚乙烯醇分析[J]. 化学通报,1996,9:27-31.

(编写:王耿;校对:张雯)

实验二十九　食品抗氧化剂 TBHQ 的合成

一、实验目的

(1)学习制备邻叔丁基对苯二酚的原理和方法；

(2)巩固回流、水蒸气蒸馏、热过滤、减压抽滤等基本实验操作。

二、实验原理

TBHQ 化学名称为 2-叔丁基对苯二酚，又称叔丁基氢醌，是一种低毒、高效的酚类抗氧化剂，对植物性油脂抗氧化性有特效，被广泛用作食品添加剂。

2-叔丁基对苯二酚的制备一般以对苯二酚为原料，在酸催化剂(浓硫酸、磷酸、苯磺酸等)作用下与叔丁醇、异丁烯或甲基叔丁基醚进行弗里德-克拉夫茨(Friedel-Crafts)烷基化反应而得到。以后两者为烷基化试剂时，对设备要求高，工艺复杂。以叔丁醇和对苯二酚为原料的合成方法具有对设备要求低、操作灵活的特点。本实验以对苯二酚、叔丁醇为原料，85%磷酸为催化剂，在甲苯溶剂中反应制得 TBHQ。具体反应式如下

$$\text{对苯二酚} + (CH_3)_3COH \xrightarrow{H_3PO_4} \text{2-叔丁基对苯二酚} + H_2O$$

三、仪器与试剂

1. 仪器

三口瓶、恒压滴液漏斗、回流冷凝管、温度计、烧杯、分液漏斗、无颈漏斗、磁力搅拌器、蒸馏装置、减压抽滤装置、熔点仪。

2. 试剂

对苯二酚、叔丁醇、85%磷酸、甲苯。

四、实验内容

在置有搅拌磁子的 100 mL 三口瓶上，安装恒压滴液漏斗、回流冷凝管和温度计。依次向三口瓶中加入 4.0 g (0.036 mol)对苯二酚，15 mL 85%磷酸，15 mL 甲苯。开动磁力搅拌器搅拌，油浴加热反应瓶。待反应温度升至 90 ℃时，通过恒压滴液漏斗缓慢滴加 2.67 g(3.5 mL，0.036 mol)叔丁醇和 3.5 mL 甲苯的混合液(约 40 min 滴完)，滴加过程中维持反应温度在 90~95 ℃。滴加完，继续搅拌 15 min 至固体完全溶解。

停止搅拌，撤去油浴，趁热将反应液转移至分液漏斗中，分出磷酸层，然后把有机层转移回三口瓶中，加入 45 mL 水进行水蒸气蒸馏，蒸除溶剂。把三口瓶中残留的混合物趁热过滤，滤液静置后有白色晶体析出，最后用冷水浴充分冷却，抽滤，并用少量冷水洗涤两次，得无色针状结晶，产量约 3.8 g。称重，计算产率并测熔点。

纯 2-叔丁基对苯二酚为无色针状晶体,熔点为 128 ℃。

五、注意事项

(1)应严格控制反应温度,若温度过低,则反应的速度太慢;若温度过高,则反应会有二取代或多取代的副产物生成;

(2)趁热过滤可滤去少量不溶或难溶于热水的二取代或多取代物。

六、思考题

(1)写出对苯二酚叔丁基化的反应历程,本实验中以甲苯为溶剂是否会发生甲苯的烷基化?

(2)本实验的副反应是什么? 实验中采取了哪些措施来减少副产物?

(3)抗氧化剂为什么能够减缓食物的腐败?

补充阅读

有机物(或无机物)在常压、常温(或低于 120 ℃)下与空气(或氧气气氛下)所进行的不伴随燃烧现象的自发性缓慢氧化过程称为自动氧化反应。油脂的酸败、橡胶的老化、裂解汽油的胶化、干性油类的干燥等都和自动氧化有关。为了能防止食物的变质,提高橡胶、塑料制品的使用寿命,通常需要添加一些阻止氧气不良影响的物质,即抗氧化剂。

食品抗氧化剂是能阻止或延缓食品氧化变质、提高食品稳定性和延长储存期的食品添加剂。食品抗氧化剂的种类有很多,常见的油脂类抗氧化剂有:丁基羟基茴香醚(BHA)、二丁基羟基甲苯(BHT)、没食子酸丙酯(PG)、叔丁基对苯二酚(TBHQ)、生育酚(维生素 E)等,它们皆属于酚类抗氧化剂。

油脂暴露在空气中会发生自动氧化,分解生成低级脂肪酸、醛、酮等,产生恶劣的酸臭味和口味变坏等现象,这一过程就称为油脂的自动氧化酸败。这一变质过程是一个自由基的链式反应过程

$$\vdots$$
$$RH + O_2 \longrightarrow ROOH$$
$$ROOH \longrightarrow ROO\cdot + H\cdot$$
$$\vdots$$

抗氧化剂的作用机制主要是中断氧化过程中的链反应,从而阻止氧化的进一步进行。抗氧化剂(AH)产生的自由基没有活性,它不能引起链式反应,却能参与一些终止反应

$$AH + ROO\cdot \longrightarrow ROOH + A\cdot$$
$$A\cdot + ROO\cdot \longrightarrow ROOA$$
……

油脂的氧化酸败是自发的链式反应,在链式反应的引发期之前加入抗氧化剂,即能阻断过氧化物的产生,切断反应链,从而发挥其抗氧化作用,达到防止氧化的目的。反之,抗氧化剂加入过迟,即使加入较多量也已无法阻止氧化链式反应及过氧化物的分解反应,往往还会起到相反的作用。这是因为抗氧化剂本身是易被氧化的还原性物质,被氧化了的抗氧化剂反而可能促进油脂氧化。故在添加食品抗氧化剂时必须掌握时机。

参考文献

[1] 兰州大学. 有机化学实验[M]. 3 版. 王清廉，李瀛，高坤，等，修订. 北京：高等教育出版社，2010：268 - 269.

[2] 梁建林，冯光烒，周新华，等. 叔丁基对苯二酚合成研究进展[J]. 广东化工，2011，2(38)：84 - 85.

（编写：郭丽娜；校对：段新华）

实验三十　无铅汽油抗震剂 MTBE 的合成

一、实验目的

(1) 了解甲基叔丁基醚的用途；

(2) 掌握甲基叔丁基醚的不同制备原理和方法；

(3) 巩固分馏、蒸馏、洗涤等基本操作技术。

二、实验原理

MTBE，化学名称为甲基叔丁基醚，是一种无色、透明、可挥发的液体。MTBE 的特点是水溶性低、抗酸性强、安全稳定，是能与烃类完全相溶的化学氧载体。MTBE 不仅能有效提高汽油辛烷值（添加 2% 的 MTBE，汽油产品的辛烷值可增加 7%）和汽油燃烧效率，使汽车尾气中不含铅，同时减少了其他有害物质如臭氧、苯、丁二烯等的排放，降低了汽油的成本。作为汽油中的添加剂，MTBE 已成为近年来发展最快的化工产品之一。

目前生产 MTBE 的工艺主要是由异丁烯和甲醇在低压条件下通过离子交换树脂催化反应而得，但也有用改性沸石或固载杂多酸作催化剂，以异丁烯和甲醇作为原料气固相催化合成，反应式如下

$$\underset{\substack{|\\ CH_3}}{\overset{\substack{CH_3\\ |}}{H_3C-C=CH_2}} + CH_3OH \xrightarrow{\text{酸性催化剂}} \underset{\substack{|\\ CH_3}}{\overset{\substack{CH_3\\ |}}{H_3C-C-OCH_3}}$$

在实验室制备中，MTBE 可以用威廉姆逊制醚法制取，反应式如下

$$\underset{\substack{|\\ CH_3}}{\overset{\substack{CH_3\\ |}}{H_3C-C-ONa}} + CH_3X \longrightarrow \underset{\substack{|\\ CH_3}}{\overset{\substack{CH_3\\ |}}{H_3C-C-OCH_3}} + NaX$$

$$X = Cl, Br, I$$

尽管此方法的产率很高，但由于两原料的价格比较昂贵，且氯甲烷、溴甲烷为气体，碘甲烷沸点很低易挥发等原因，在具体操作过程中不便使用，故没有实际工业生产价值。

在本实验中,我们以廉价、易得的叔丁醇与甲醇为原料,采用硫酸脱水法合成。反应式如下

$$
\underset{\substack{| \\ CH_3}}{\overset{\substack{CH_3 \\ |}}{H_3C-\underset{}{C}-OH}} + CH_3OH \xrightarrow[\triangle]{H_2SO_4} \underset{\substack{| \\ CH_3}}{\overset{\substack{CH_3 \\ |}}{H_3C-\underset{}{C}-OCH_3}} + H_2O
$$

三、仪器与试剂

1. 仪器

电热套、三口瓶、圆底烧瓶、分馏柱、直型冷凝管、温度计、接引管、锥形瓶、分液漏斗、阿贝折光仪。

2. 试剂

叔丁醇、甲醇、15% 硫酸、无水碳酸钠、10% 亚硫酸钠水溶液。

四、实验内容

在 250 mL 三口瓶上安装分馏柱,一个侧口将温度计插到瓶底,另一侧口用塞子塞住。在分馏柱柱顶装上温度计,其支管口再依次安装冷凝管、接引管和接收瓶。接收瓶用冰水冷却,接引管支管连接橡胶管并导入水槽中。

向三口瓶中加入 70 mL 15% 硫酸、12.8 g (16 mL, 0.4 mol)甲醇和 14.8 g(19 mL, 0.2 mol)叔丁醇,振摇使之混合均匀,投入几粒沸石。小火进行加热分馏,当瓶内温度达到 75~80 ℃时,产物慢慢馏出,调节加热速度,控制分馏柱顶温度在(51±2)℃。当柱顶温度明显波动时,停止分馏(约需 1.5 h),粗产物约为 22 mL。

将馏出液移入分液漏斗,用 5 mL 水洗涤 3~4 次,尽量除去其中未反应的醇,再依次用等体积 10% 亚硫酸钠水溶液和水洗涤。分出醚层,经无水碳酸钠干燥后蒸馏,收集 53~55 ℃的馏分,产量约为 8 g。计算产率,并测折光率。

纯甲基叔丁基醚的沸点为 55.2 ℃,折光率为 $n_D^{20}=1.3689$。

五、注意事项

(1)叔丁醇的熔点为 23~26 ℃,室内温度较低时,叔丁醇为固体,加料困难。但是有少量水存在时叔丁醇呈液态,故可以加入少量水使之液化后再加料。

(2)甲醇的沸点为 64.7 ℃;叔丁醇的沸点为 82.6 ℃;叔丁醇与水的共沸混合物(含醇88.3%)的沸点为 79.9 ℃,所以分馏时温度尽量控制在 51 ℃左右(醚与水的共沸物的沸点),不宜超过 53 ℃。

(3)洗涤至所加水的体积在洗涤后不再增加为止,当醇被除尽时,醚层澄清透明。

六、思考题

(1)采用威廉姆逊制醚法时,能否用甲醇钠与叔卤代烷来制备,为什么?

(2)为什么要以稀 H_2SO_4 为催化剂?若采用浓 H_2SO_4 会产生什么结果?

(3)蒸馏前为什么要用 10% Na_2SO_3 水溶液洗涤粗产物？

参考文献

[1] 兰州大学. 有机化学实验[M]. 3 版. 王清廉,李瀛,高坤,等,修订. 北京:高等教育出版社,2010:
233-234.

[2] 闫银梅,孙宾宾. 汽油抗爆剂甲基叔丁基醚合成研究进展[J]. 应用化工,2011,40 (9):1645-1647.

[3] 松文. 甲基叔丁基醚生产与发展趋势[J]. 精细化工原料及中间体,2011,2:33-38.

(编写:郭丽娜;校对:段新华)

实验三十一 抗凝血素——华法林的合成

一、实验目的

(1)巩固萃取、重结晶、减压蒸馏、柱层析等基本实验操作;

(2)掌握核磁共振在化合物结构鉴定方面的应用;

(3)掌握反合成分析策略在有机合成中的应用;

(4)了解相转移催化的应用原理及对有机反应的影响。

二、实验原理

华法林,又名苄丙酮香豆素,是唯一可口服且被批准可长期使用的抗凝血素,可用于治疗心脑血管疾病。其结构式如下

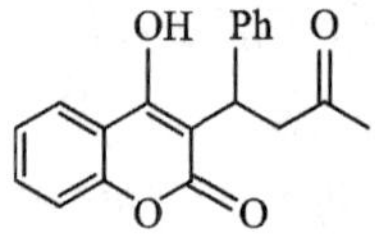

华法林的化学结构由两部分组成:4-羟基香豆素部分和 4-苯基丁酮部分。反合成分析可知,华法林可以通过 4-羟基香豆素的 3 位与 4-苯基丁烯酮(苄叉丙酮)发生 Michael 加成反应得到。进一步反合成分析可知,4-羟基香豆素可以以邻羟基苯乙酮与碳酸二乙酯为原料,通过缩合反应得到;4-苯基丁烯酮(苄叉丙酮)可以以苯甲醛和丙酮为原料,通过 Claisen-Schmidt 反应制备得到。因此,本实验中的华法林合成路线如下

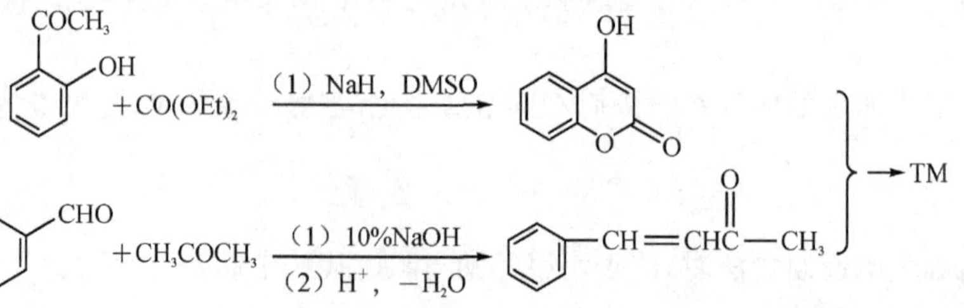

三、仪器与试剂

1. 仪器

磁力搅拌器、旋转蒸发仪、紫外分析仪、真空泵、层析柱、圆底烧瓶、三颈瓶、分液漏斗、温度计、搅拌子、蒸馏头、尾接管等。

2. 试剂

2-羟基苯乙酮、碳酸二乙酯、苯甲醛、丙酮、十六烷基三甲基溴化铵、氢化钠、氢氧化钠、乙醇、盐酸、二甲基亚砜、乙酸乙酯、石油醚、硅胶等。

四、实验内容

1. 4-羟基香豆素的合成

在室温下，向圆底烧瓶中加入 2-羟基苯乙酮（272 mg，2 mmol）、碳酸二乙酯（354 mg，3 mmol）、二甲基亚砜（3 mL）。在搅拌下，向反应瓶中滴加氢化钠（6 mmol）的二甲基亚砜溶液。待滴加完毕加热到 80 ℃反应 4 h。反应结束后，向反应液中加入 20 mL 冰水。用乙酸乙酯萃取（20 mL/次，共 3 次）。合并有机相，蒸除乙酸乙酯，析出晶体，抽滤，水洗数次。粗产品经水和乙醇溶液（体积比为 1∶2）重结晶，得到淡黄色晶体（4-羟基香豆素的熔点为 208～212 ℃）。

2. 苄叉丙酮的合成

在装有搅拌子、温度计和恒压滴液漏斗的 100 mL 三颈瓶中加入丙酮（5.8 g，100 mmol）、10％的氢氧化钠溶液（10 mL）以及十六烷基三甲基溴化铵（1.2 g），开启搅拌器，温度控制在 30 ℃左右。从恒压滴液漏斗中缓慢滴加新蒸馏的苯甲醛（5.3 g，50 mmol），控制 10 min 滴加完毕，继续反应约 40 min（TLC 检测反应进程）。反应完成后，向反应液中加入稀盐酸至微酸性（pH 值为 5～6）。将混合物转入分液漏斗中，用乙酸乙酯萃取（20 mL/次，共 3 次）。合并有机相，分别用水、饱和食盐水洗涤，用无水硫酸镁干燥，过滤。减压除去溶剂，然后对残留物进行减压蒸馏，得淡黄色结晶状物质苄叉丙酮（苄叉丙酮的熔点为 41～42 ℃）。

3. 华法林合成

将 4-羟基香豆素（324 mg，2 mmol）与苄叉丙酮（292 mg，2.4 mmol）依次溶于 10 mL 乙醇中。反应液加热回流 10 h。冷却至室温，滴加 5 mL 浓度为 1 mol/L 的稀盐酸，继续搅拌 2 h。反应结束后向反应液中加入 50 mL 水和 50 mL 乙酸乙酯，分出有机层。有机层用饱和食盐水洗涤、干燥、减压回收溶剂，柱层析（石油醚/乙酸乙酯：8∶1～2∶1）得白色固体华法林。通过 ^{1}H NMR 对产物进行表征，并对谱图进行解析。

五、注意事项

（1）氢化钠遇水分解，故溶剂要干燥；

（2）市售的氢化钠一般分散在矿物油中，NaH 含量为 60％；

（3）合成苄叉丙酮时要使用新蒸馏的苯甲醛；

（4）减压蒸馏时，真空度不一样，产物的收集温度不同。

六、思考题

(1)苄叉丙酮的合成中,加入十六烷基三甲基溴化铵的作用是什么?

(2)比较减压蒸馏、重结晶、柱层析等纯化方法的优缺点。

(3)查阅文献,收集 4 -羟基香豆素的其他合成方法。

参考文献

[1] 刘小帆. 香豆素类抗凝血药华法林及其类似物的合成[D]. 湘潭:湘潭大学,2005.

[2] 苏丽红,陈彦玲,邱平. 相转移催化合成苄叉丙酮[J]. 长春师范学院学报,2008,27:56 - 58.

[3] 黄维,卞金辉,江道峰,等. 4 -羟基香豆素类抗凝血药华法林的合成[J]. 亚太传统医药,2011,8:27 -28.

(编写:郭丽娜;校对:段新华)

实验三十二　药物中间体安息香的制备

一、实验目的

(1)掌握安息香缩合反应的原理;

(2)了解维生素 B_1 的催化原理;

(3)掌握以维生素 B_1 为催化剂合成安息香的方法。

二、实验原理

安息香(Benzoin)又称苯偶姻,化学名称为 2 -羟基- 1,2 -二苯基乙酮,是一种白色或无色晶体,结构式为

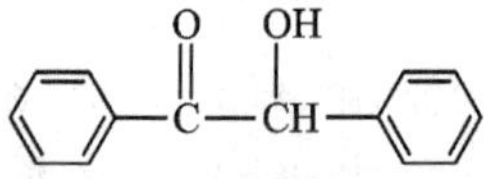

安息香是一种重要的药物合成中间体,也是重要的化工原料,广泛用作感光性树脂的光敏剂、染料中间体和粉末涂料的防缩孔剂等。经典的安息香合成以氰化钾(钠)为催化剂,通过两分子的苯甲醛缩合来制备,也称为安息香缩合。其反应式如下

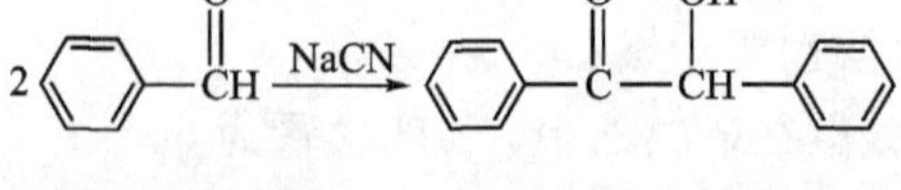

虽然反应的产率很高,但氰化钾是剧毒品,易对人体造成危害,且"三废"处理困难。20 世纪 70 年代末,国外学者采用无毒、易得的生物辅酶维生素 B_1 为催化剂替代了剧毒的氰化钾催化剂。维生素 B_1 的结构式及其催化的安息香缩合反应历程如下

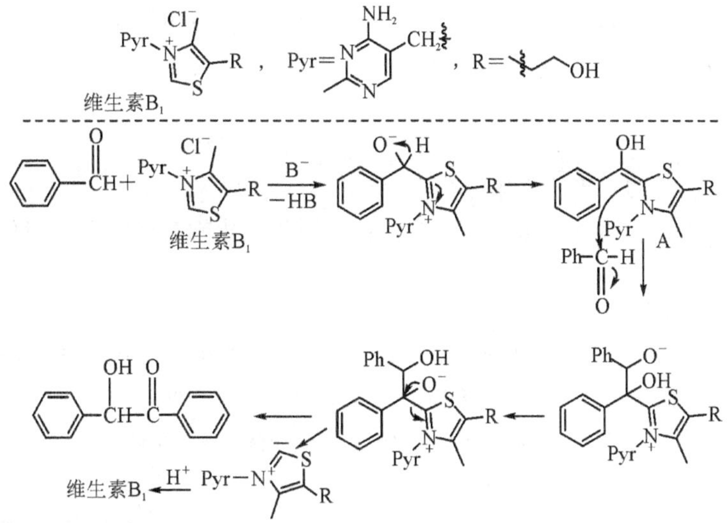

在安息香缩合反应中实际上用到了"羰基的极性反转"策略。维生素 B_1 在碱作用下生成的碳负离子对羰基的亲核加成生成烯醇加和物 A，使得原来的羰基碳性质由亲电性变为亲核性，继而进攻另一分子醛羰基发生反应。这种试剂反应性的改变在有机合成中被称为"极性反转"。

本实验中，我们采用维生素 B_1 盐酸盐催化苯甲醛缩合来制备安息香，反应条件温和、安全、无毒。

三、仪器与试剂

1. 仪器

圆底烧瓶、直形冷凝管、抽滤瓶、布氏漏斗、磁力搅拌器、水浴锅、熔点测定仪等。

2. 试剂

苯甲醛、维生素 B_1（维生素 B_1，盐酸硫铵）、95％乙醇、10％氢氧化钠。

四、实验内容

在 100 mL 圆底烧瓶中加入 1.8 g 维生素 B_1 和 6 mL 蒸馏水，摇匀溶解，再加入 15 mL 95％乙醇和 10 mL 新蒸的苯甲醛，充分摇匀，得淡黄色混合液。将 5 mL 10％氢氧化钠溶液慢慢滴加至反应液中并不断摇荡，调节溶液 pH 值为 9～10（溶液呈橙黄色）。向圆底烧瓶中加入几粒沸石，装上冷凝管，并将圆底烧瓶置于 60～75 ℃的水浴上继续反应 1.5 h。反应过程中注意保持溶液的 pH 值为 9～10（通过补加 10％的 NaOH 溶液控制）。反应完毕，将反应混合物冷却至室温，析出浅黄色晶体。将烧瓶置于冰水浴中进一步冷却至结晶完全。抽滤，用少量冷水洗涤结晶，得粗产物约 6 g。用 95％乙醇重结晶，得白色针状晶体产物，产量约 5 g。对产物进行 MP、IR、^{1}H NMR 表征并分析。纯安息香的熔点为 134～136 ℃。

五、注意事项

（1）苯甲醛在空气中易氧化，为保证产率，必须使用新蒸的苯甲醛。

(2)反应温度不宜过高,维生素 B₁ 结构中噻唑环受热易分解失活。

(3)如果产物有颜色,重结晶时可用活性炭脱色。

六、思考题

(1)为什么反应液的 pH 值要保持在 9~10?

(2)反应中采用 10%氢氧化钠溶液,若采用 50%氢氧化钠溶液将会出现什么结果?

参考文献

[1] 何强芳,伍光仲,朱洁民. 安息香缩合反应的影响因素[J]. 大学化学,2010,25(3):58-60.

[2] 吕洪舫,刘宗林,赵爱武. 安息香缩合反应的改进[J]. 化学试剂,1995,17(6):378-379.

[3] 张国升,程俊,孙玉亮,等. 安息香缩合反应的改进[J]. 安徽中医学院学报,2003,22(6):46-47.

(编写:郭丽娜;校对:段新华)

实验三十三　增塑剂 DBP 的合成及表征

一、实验目的

(1)学习由酸酐和醇制备酯的原理和方法;

(2)巩固减压蒸馏及分水装置的操作和应用;

(3)掌握傅里叶变换-红外光谱(FT-IR)与 ¹H 核磁共振(¹H NMR)等表征技术。

二、实验原理

在塑料和橡胶制造中,通常要用到增塑剂(或称塑化剂)。增塑剂是一类能增强塑料和橡胶柔韧性和可塑性的有机化合物。常用的增塑剂有邻苯二甲酸二丁酯(DBP)、邻苯二甲酸二辛酯(DOP)、磷酸三辛酯、癸二酸二辛酯等。

邻苯二甲酸二丁酯是一种无色透明的黏稠液体,是广泛应用于乙烯型塑料中的一种增塑剂,还可用作油漆、黏结剂、染料、印刷油墨、织物润滑剂的添加剂。目前,国内外常用的合成方法是由邻苯二甲酸酐与正丁醇在酸催化剂(如浓硫酸、对甲苯磺酸、酸性离子交换树脂等)作用下酯化而成。实际上,此酯化过程分两步进行:首先是酸酐发生醇解生成邻苯二甲酸单丁酯,随后在酸催化下,单酯进一步酯化生成二酯。具体反应式如下

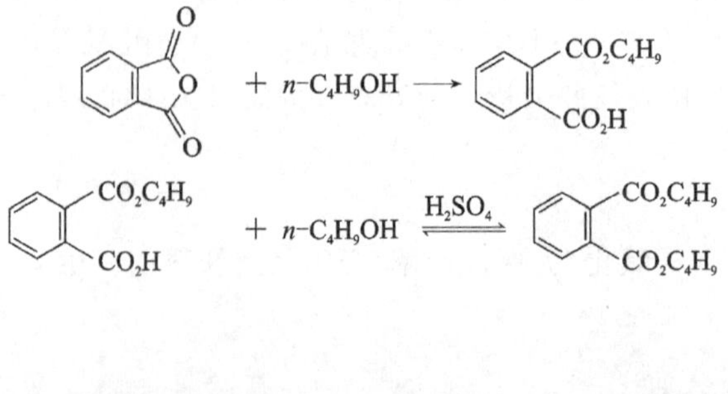

第一步醇解反应中,由于酸酐的反应活性较高,故此反应进行得迅速而完全。当邻苯二甲酸酐固体于丁醇中受热全部溶解后,醇解反应就完成了。第二步邻苯二甲酸单丁酯的进一步酯化相对困难一些。由于此反应是一个平衡反应,本实验中可通过使用过量的正丁醇、提高反应温度、并采用共沸蒸馏除去生成的水,促进反应向生成二酯的方向进行。

丁醇和水可以形成二元共沸混合物,沸点为 93 ℃,含醇量为 56%。共沸物冷凝后积聚在分水器中并分为两层,上层主要是正丁醇(含 20.1% 的水),可以流回到反应瓶中继续反应,下层为水(约含 7.7% 的正丁醇)。

三、仪器与试剂

1. 仪器

电热套、三口烧瓶、圆底烧瓶、冷凝管、分水器、分液漏斗、温度计、减压蒸馏装置、阿贝折光仪、红外光谱仪、核磁共振波谱仪。

2. 试剂

邻苯二甲酸酐、正丁醇、浓硫酸、5% 碳酸钠溶液、饱和食盐水、无水硫酸镁。

四、实验内容

1. DBP 的合成

在 50 mL 干燥的三口烧瓶中,依次加入 6 g(0.04 mol)邻苯二甲酸酐,13.8 mL 正丁醇和 4 滴浓硫酸(可用对甲苯磺酸代替)及几粒沸石,充分摇匀后固定在铁架台上。在三口瓶上配置温度计(温度计应浸入反应混合物液面下)和分水器,余下的一口用塞子塞住。在分水器中加入几毫升正丁醇,直至与支管口平齐(以便使冷凝下来的共沸混合物中的原料能及时流回反应瓶)并在分水器上口接上冷凝管。

用小火加热三口瓶,待邻苯二甲酸酐固体全部消失后,改用大火加热,使反应混合物沸腾。不久即可观察到自回流冷凝管流入分水器的冷凝液中有水珠沉入分水器底部;同时上层正丁醇冷凝液又流回反应瓶中。随着反应的不断进行,反应混合物温度逐渐升高,当温度升至 160 ℃时(约 2 h),停止加热。

待反应混合物冷却至 70 ℃以下,将其转入分液漏斗,先用等量饱和食盐水洗涤两次,再用 15 mL 5% 碳酸钠水溶液洗涤一次,然后用饱和食盐水洗 2～3 次,使有机层呈中性。有机相用少量无水硫酸镁干燥后滤入 25 mL 蒸馏瓶中,先用水泵减压蒸出正丁醇,再在油泵减压下蒸馏,收集 180～190 ℃/1.3 kPa(10 mmHg)的馏分。产量约 6～7 g。称量,计算产率,测折光率。

纯邻苯二甲酸二丁酯为无色透明液体,沸点为 340 ℃,折光率 $n_D^{20} = 1.4910$。

2. DBP 的表征

对上述合成的 DBP 样品按照附录中的操作规程分别进行 IR 及 ^{1}H NMR 表征,并对各谱图中不同位置的吸收峰进行归属解析。

五、注意事项

(1)如果分水器中不再有水珠出现,即可判断反应已至终点。当反应温度超过180 ℃时,在酸性条件下的邻苯二甲酸二丁酯会发生分解,具体反应式如下

(2)当温度高于70 ℃时,酯在碱液中易发生皂化反应。因此,在洗涤时,温度不宜高,碱液浓度也不宜高。

(3)如果有机层没有洗至中性,在蒸馏过程中,产物将会发生变化。例如,当有机层中含有残余的硫酸,在减压蒸馏时,冷凝管中会出现大量白色针状晶体,这是由于产物发生分解反应生成邻苯二甲酸酐的缘故。

六、思考题

(1)酯化反应为什么要及时分出生成的水?
(2)三口瓶为什么要干燥?

补充阅读

上述硫酸催化酯化法合成DBP具有硫酸价廉、工艺成熟、产率较高等优点,但易引起副反应、设备腐蚀严重,还存在三废污染和产品质量难以控制等缺点。为了减少环境污染和对设备的腐蚀,近十多年来我国化学工作者在催化合成DBP方面,发展了一系列价廉易得、易于保管、运输和使用的固体酸催化剂,如对甲苯磺酸、强酸性树脂、杂多酸和相转移催化剂等。其中,不少催化剂可回收利用、对环境友好、具有潜在的工业应用价值。新型、高效的催化剂的发展必将促进我国DBP工业的发展。

参考文献

[1] 兰州大学. 有机化学实验[M]. 3版. 王清廉,李瀛,高坤,等,修订. 北京:高等教育出版社,2010: 365 -366.

[2] 熊文高,俞善信,刘淑云. 对甲苯磺酸催化合成邻苯二甲酸二丁酯[J]. 甘肃教育学院学报(自然科学版),2000,14(4):37 -39.

[3] 李继忠. 邻苯二甲酸二丁酯和草酸二乙酯的合成[J]. 精细石油化工进展,2004,5(5):46 -48.

[4] 管仕斌,俞善信. 我国合成邻苯二甲酸二丁酯用催化剂研究现状[J]. 塑料助剂,2005(6):10 -13.

(编写:郭丽娜;校对:段新华)

实验三十四　微波促进的卤代芳烃的胺化反应

一、实验目的

(1)掌握微波反应仪的操作；

(2)巩固混合溶剂重结晶的操作；

(3)了解微波合成技术的优势。

二、实验原理

芳基卤代物的胺化反应是合成高级芳香胺的有效途径之一，这类骨架广泛存在于一些天然产物及药物分子中。已报道的 Ullmann 反应、Goldberg 反应和 Buchwald-Hartwig 胺化反应都可以实现该类反应，但是往往涉及高温、贵金属、配体等复杂体系，而且一般需要很长的反应时间。众所周知，卤代芳烃很难与各类胺发生亲核取代反应(S_N反应)用于合成高级胺。令人高兴的是，化学家们发现在微波辐射促进下，卤代芳烃可以很容易地与胺反应，实现传统加热条件下无法进行的反应。本实验中，我们将采用传统加热及微波加热两种不同反应方式进行卤代芳烃的胺化反应，以便了解微波有机合成技术的优势。

$$\text{OHC}\!-\!\!\bigcirc\!\!-\!\text{Cl} + \underset{\underset{H}{N}}{\bigcirc\!\!O} \xrightarrow[\text{条件3：碱性Al}_2\text{O}_3，\text{MVI}]{\substack{\text{条件1：K}_2\text{CO}_3，\text{C}_2\text{H}_5\text{OH，refux}\\ \text{条件2：K}_2\text{CO}_3，\text{C}_2\text{H}_5\text{OH，MVI}}} \text{OHC}\!-\!\!\bigcirc\!\!-\!\text{N}\!\!\bigcirc\!\!O$$

三、仪器与试剂

1. 仪器

圆底烧瓶、锥形瓶、球形冷凝管、布氏漏斗、抽滤瓶、陶瓷研钵、家用微波炉、磁力搅拌器、真空泵。

2. 试剂

对氯苯甲醛、吗啉、乙醇、氯仿、碱性三氧化二铝、滤纸。

四、实验内容

1. 传统加热

在 50 mL 圆底烧瓶中，将 2.8 g(20 mmol)对氯苯甲醛，1.74 g(20 mmol)吗啉溶于 20 mL 乙醇中，再加入 5.52 g(40 mmol)K$_2$CO$_3$，加热回流反应 15 h。反应结束后，滤去无机盐，将有机相倒入水中，抽滤、水洗得粗产物。将粗产物用乙醇-氯仿混合溶剂重结晶，得白色固体。

2. 液相微波促进

在 250 mL 锥形瓶中，将 2.8 g(20 mmol)对氯苯甲醛，1.74 g(20 mmol)吗啉溶于 20 mL 乙醇中，再加入 5.52 g(40 mmol)K$_2$CO$_3$。将该混合溶液放入微波炉中反应 7 min(每 20～30 s 停

止一次)。反应结束后,滤去无机盐,将有机相倒入水中,抽滤、水洗得粗产物。将粗产物用乙醇-氯仿混合溶剂重结晶,得白色固体。

3.固相微波促进

在陶瓷研钵中,将 2.8 g(20 mmol)对氯苯甲醛溶于少量乙醇中,再加入 1.74 g(20 mmol)吗啉。在不断搅拌下,加入 20 g 碱性三氧化二铝,充分混匀。将该混合物晾干并放入微波炉中反应 1 min(每 20~30 s 停止一次)。反应结束后,用乙醇萃取三次,将有机相旋干,并用乙醇-氯仿溶液重结晶,得白色固体。

分别计算三者的产率,并比较。

五、注意事项

(1)使用微波炉时,保持 1 m 以上距离;

(2)微波炉加热过程中必须每 20~30 s 停止一次。

六、思考题

为什么卤代芳烃不容易发生亲核取代反应?

参考文献

[1] KIDWAI M, SAPRA P, DAVE B. A Facile Method for Nucleophilic Aromatic Substitution of Cyclic Amine[J]. Synth Commun, 2000, 30: 4479 - 4488.

(编写:郭丽娜;校对:张雯)

实验三十五　乙酰基二茂铁的制备与衍生化

一、实验目的

(1)掌握利用傅-克(Friedel-Crafts)酰基化反应制备乙酰二茂铁的原理和方法;

(2)掌握利用色谱法跟踪反应及分离、纯化混合物的方法;

(3)掌握熔点法、红外光谱法和核磁共振法鉴定产物的方法;

(4)掌握微波辐射合成技术的应用。

二、实验原理

二茂铁,又称二环戊二烯合铁,分子式为 $Fe(C_5H_5)_2$,是一类典型的由离域碳环与过渡金属所形成的配合物,结构如图 2-35-1 所示。

由于二茂铁具有芳香性、氧化还原可逆性、稳定性高、亲电性

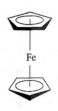

图 2-35-1　二茂铁结构

和毒性低等特点,二茂铁及其衍生物引起了大家的广泛关注。本实验中,以乙酸酐为酰基化试剂,通过傅-克酰基化反应制备乙酰基二茂铁,其反应式为

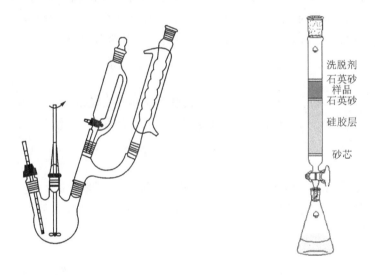

在此反应条件下,主要生成单乙酰二茂铁,双乙酰二茂铁很少,同时还有少量未反应的二茂铁。利用柱层析分离法可以分离这几种化合物。

在此基础上,我们将利用微波辐射合成技术,以乙酰基二茂铁与苯甲醛为原料,在 KF - Al_2O_3 催化下干法缩合,制取二茂铁基 α,β-不饱和酮,其反应式为

该方法快速、安全,同时避免了大量溶剂的使用,减少了有机溶剂的污染。实验装置如图 2 - 25 - 2所示。

图 2 - 35 - 2　合成乙酰二茂铁装置示意图及柱色谱示意图

三、仪器与试剂

1. 仪器

分析天平、恒压滴液漏斗、三颈烧瓶、球形冷凝管、球形干燥管、烧杯、油浴锅、温度计、抽滤瓶、砂芯漏斗、层析柱、锥形瓶、磁力搅拌器、真空循环水泵、旋转蒸发仪、家用微波炉。

2. 试剂

二茂铁、乙酸酐、85％磷酸、$NaHCO_3$、无水 $CaCl_2$、硅胶、石油醚、乙醚、冰、石英砂、$KF-Al_2O_3$、苯甲醛、无水乙醇、丙酮。

四、实验内容

1. 乙酰基二茂铁的制备

在装有恒压滴液漏斗和球形冷凝管(冷凝管上装上 $CaCl_2$ 干燥管)的 100 mL 三颈烧瓶中，加入 4.3 g(12 mmol)二茂铁和 6 mL(60 mmol)乙酸酐。边搅拌边通过恒压滴液漏斗滴加 85％的磷酸 2 mL(不能滴加过快，必要时水浴冷却)。滴加完毕后，在 100 ℃继续反应 15 min。后将反应物倾入装有 30 g 冰的 250 mL 烧杯中。边搅拌，边小心加入 10％的 $NaHCO_3$ 溶液，中和反应混合物直至不再有二氧化碳气泡产生。抽滤，洗涤至中性，收集粗产物。用柱层析(硅胶为固载相，石油醚和乙酸乙酯混合液为洗脱剂)分离、纯化得橙黄色固体。称重，计算产率。用 IR 表征二茂铁与乙酰基二茂铁。

2. 二茂铁基 α, β-不饱和酮的制备

在陶瓷研钵中，将 1.14 g(5 mmol)乙酰基二茂铁和 0.53 g(5 mmol)苯甲醛溶于少量无水乙醇中，加入 1.3 g(5 mmol)$KF-Al_2O_3$，充分混匀。将该混合物晾干，并放入微波炉(140 W)中反应，每次 1 min 直至反应完全(TLC 监测)。用丙酮浸泡反应物(10 mL/次，共 4 次)，以提取其中的有机物。合并溶剂，浓缩，并用柱层析(石油醚：乙醚＝3：1)分离、纯化得到目标产物。称重，计算产率。用 IR 和 ^1H NMR 表征产物，并对各吸收峰进行指认。

五、注意事项

(1)用 $NaHCO_3$ 中和时要小心，以防产生大量泡沫使产物溢出；
(2)用红外光谱仪对产物进行表征时，应按仪器使用要求进行操作。

六、思考题

(1)乙酰基二茂铁合成中，冷凝管为什么要用 $CaCl_2$ 干燥管来保护？
(2)除了乙酸酐外，还有哪些乙酰化试剂？它们各自有什么特点？

参考文献

[1] JOLLY W L.无机合成：第 11 卷[M].李士绮，陈惠萱，译.北京：科学出版社，1975：102.
[2] ANGELOCO R J.无机化学合成和技术[M].郑汝丽，郑志宇，译.北京：高等教育出版社，1989：115.

（编写：郭丽娜；校对：段新华）

实验三十六 2-噻吩乙醇的合成研究

一、实验目的

(1)巩固无水无氧操作、重结晶、减压分流等实验操作;

(2)掌握通过格氏试剂制备醇的一般操作流程;

(3)掌握有机化合物的 IR 和 NMR 表征方法。

二、实验原理

2-噻吩乙醇,又名噻吩-2-乙醇,是制备噻吩并吡啶类化合物的关键中间体,也是治疗多种与血小板及血栓有关的心脏血管疾病和消炎镇痛等新药的前体原料,其结构式如下

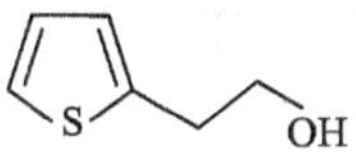

2-噻吩乙醇作为有重要用途的精细化工产品,有着良好的应用前景。其合成工艺主要有(1)丁基锂工艺、(2)格氏试剂工艺和(3)酯还原工艺。各工艺路线如下

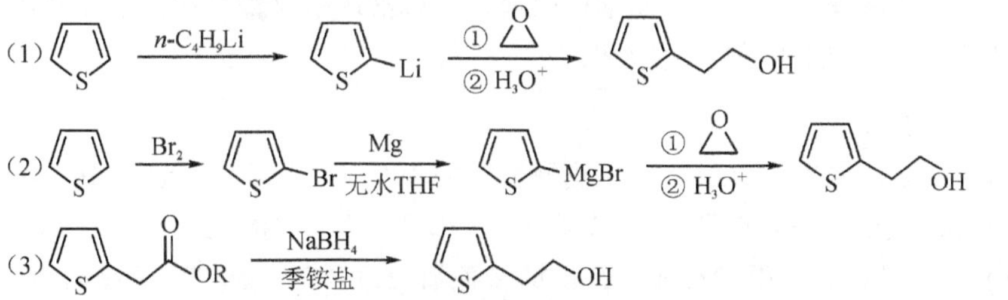

上述工艺中,丁基锂工艺反应操作必须在绝对无水无氧条件下进行,条件苛刻,产率只有 78%,且丁基锂价格较高,制备困难,需低温保存。酯还原工艺中,噻吩乙酸酯的原料不易得,其制备需要经过噻吩乙酰化、重排、水解、酯化等四步操作,产率不高,且还原剂硼氢化钠的价格昂贵,成本较高。格氏试剂工艺路线是国内噻吩乙醇的主要合成路线。

本实验主要采用格氏试剂工艺路线:以噻吩为原料,先经溴化制得 2-溴噻吩;再经格氏反应后,直接与环氧乙烷反应,然后酸性水解,得 2-噻吩乙醇。该法具有原料易得、操作简便、产率高、成本低等特点。

通常采用溴素在四氯化碳溶液中溴化制备 2-溴噻吩。由于噻吩环电子云密度较高,直接溴化常生成二溴或多溴化合物。为了避免副反应发生,我们将采用一种新的、温和的溴化试剂——过溴化吡啶氢溴酸盐($C_6H_5N \cdot HBr \cdot Br_2$)。该化合物不挥发,不溶于水、四氯化碳,溶于乙酸。该溴化方法的选择性可达 100%,收率接近定量,且含溴原料经处理可重复使用。

环氧乙烷是气体,实验室操作不方便。实验中我们采用市售的环氧乙烷的四氢呋喃溶液。

三、仪器与试剂

1. 仪器

三颈烧瓶、烧杯、圆底烧瓶、冷凝管、恒压滴液漏斗、温度计、分液漏斗、搅拌器、减压分馏装

置、旋转蒸发仪、注射器等。

2. 试剂

噻吩、吡啶、48％氢溴酸、溴素、四氯化碳、冰醋酸、镁屑、碘单质、干燥四氢呋喃、3 mol/L 环氧乙烷的四氢呋喃溶液、10％稀盐酸。

四、实验内容

1. 过溴化吡啶氢溴酸盐的合成

在 250 mL 烧杯中，将吡啶 15.8 g(200 mmol)与 48％氢溴酸 20 mL 混合，冷却。在搅拌下缓慢滴加溴素 32 g(200 mmol)，滴完后再剧烈搅拌 1 h。抽滤，用少量冰醋酸洗涤，滤干。用冰醋酸重结晶(约 4 mL/g)，得橙色针状晶体。

2. 2-溴噻吩的合成

向装有冷凝管、温度计的 250 mL 三颈烧瓶中加入 48％氢溴酸 20 mL、噻吩 20 mL (240 mmol)、四氯化碳 20 mL，于冰盐浴冷却至 0 ℃。在搅拌下，少量多次加入上述制备的过溴化吡啶氢溴酸盐(约 200 mmol)，反应过程中控制温度在 0 ℃左右，加完后继续搅拌 0.5 h。将反应液倒入分液漏斗中，分液。水相用四氯化碳萃取(10 mL/次，共 2 次)。合并有机相，用饱和食盐水洗涤、无水硫酸镁干燥。常压蒸馏回收溶剂。残液用带分馏柱的蒸馏瓶减压分馏，收集 42～46 ℃/1.73 kPa 的馏分，得无色液体。

3. 2-噻吩乙醇的合成

氮气保护下，向装有冷凝管、温度计、恒压滴液漏斗的 100 mL 干燥三颈烧瓶中加入 2.8 g 镁屑，20 mL 干燥的四氢呋喃，碘单质 1 粒，先滴加 1 mL 2-溴噻吩溶液(16.3 g，100 mmol 2-溴噻吩溶于 10 mL 四氢呋喃)引发反应。待碘的颜色消失后，将剩余的 2-溴噻吩溶液慢慢滴加到反应瓶中。控制滴加速度，保持反应回流。滴加完毕后，再回流 0.5 h。冷却至 10 ℃，向反应瓶中缓慢滴加环氧乙烷的四氢呋喃溶液(3 mol/L，30 mL)。滴加完毕后，室温下搅拌 2 h。在冷却下，用 10％的稀盐酸进行淬灭反应，搅拌 10 min。将反应液倒入分液漏斗中，用乙酸乙酯萃取(20 mL/次，共 3 次)。合并有机相，用饱和食盐水洗涤、无水硫酸镁干燥，加压蒸除溶剂。残液用带分馏柱的蒸馏瓶减压分馏，收集 110～112 ℃/1.73 kPa 的馏分，得无色或淡黄色液体。称重，计算产率。用 IR 和 NMR 表征并解析。

五、注意事项

(1)溴素蒸气有毒，使用时注意防护，在通风橱中操作；若溴素滴在皮肤上，立即用酒精冲洗。

(2)四氯化碳的密度比水大，分液时保留下层。

(3)格氏试剂反应中所有的仪器、试剂必须充分干燥；四氢呋喃经钠砂回流干燥处理。

(4)镁屑由镁条用砂纸打磨，剪切成 2 mm 左右的细丝，不能太大。

六、思考题

2-溴噻吩的制备过程中，噻吩稍微过量，为什么？若不小心溴化试剂过量，应如何处理？

参考文献

[1] 林原斌，梁春根. 2-溴噻吩的简便合成[J]. 湘潭大学自然科学学报，1998，3：92-93.

[2] 申东升. 经格氏反应合成噻吩乙醇的研究[J]. 精细石油化工，2001，5(3)：30-31.

[3] 郑志满，何雪涛. 2-噻吩乙醇的合成及工艺改进[J]. 广州化工，2011，39(14)：87-88，151.

（编写：郭丽娜；校对：段新华）

实验三十七　芳基硼酸的制备及 Suzuki 偶联反应

一、实验目的

　　(1)掌握格氏试剂、芳基硼酸的制备方法；

　　(2)掌握无水无氧实验操作和微量反应的操作；

　　(3)了解 Suzuki 偶联反应的反应机理及影响因素。

二、实验原理

　　芳基硼酸作为一类非常重要的有机合成试剂，被广泛用于天然产物、医药化工、光电材料、高分子材料合成等领域。芳基硼酸的经典合成方法之一是采用溴代芳烃在格氏试剂条件下生成芳基镁试剂，然后将芳基镁在低温（一般为 $-78\ ℃$）下缓慢加入硼酸三甲酯的醚类溶液中，最后在酸性条件下水解得到苯硼酸。后来，化学家们发展了在格氏试剂生成条件下原位一锅法来制备芳基硼酸的方法。该方法使得传统的芳基硼酸的合成过程得到了进一步简化。

　　芳基硼酸具有低毒、官能团兼容性良好、对水及空气不敏感、易于长期保存等优点，被广泛地应用于各类反应中，如 Suzuki 偶联反应。

　　Suzuki 偶联反应是指在 Pd(0)配合物催化下，芳基或烯基硼化合物与芳基、烯基卤代物或三氟甲磺酸酯的交叉偶联反应，其反应通式如下

$$R-X + R'-BY_2 \xrightarrow{[Pd]} R-R'$$

　　R=aryl, alkenyl, alkyl; X=Cl, Br, I, OTf; Y=OH, OR^2, 等

　　该反应具有反应条件温和、底物适应范围广和官能团容忍性好的优点，常用于合成多烯烃、苯乙烯，以及联苯类衍生物的合成。日本科学家 Suzuki 也凭借该反应获得了 2010 年诺贝尔化学奖。

　　Suzuki 偶联反应的催化过程通常认为是卤代芳烃与 Pd(0)氧化加成，形成 Pd(Ⅱ)的络合物Ⅰ，然后与活化的硼酸发生转金属化生成 Pd(Ⅱ)络合物Ⅱ，最后进行还原消除得到偶联产物，同时钯催化剂回到 Pd(0)。其循环过程如下

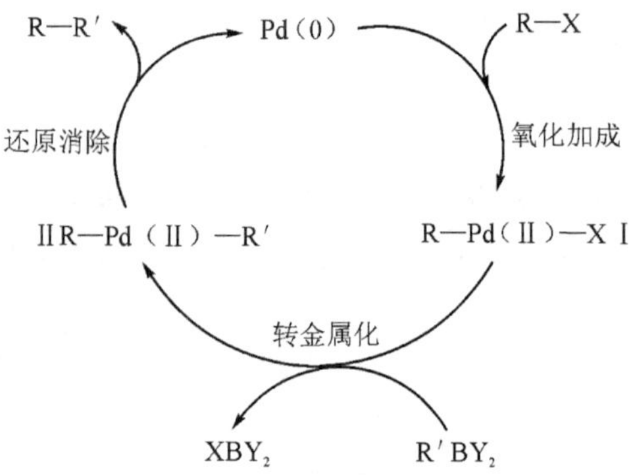

本实验先通过格氏试剂生成条件下原位一锅法合成 3,4 -二甲氧基苯硼酸,再利用钯催化实现 3,4 -二甲氧基苯硼酸与碘苯的 Suzuki 偶联反应,制备联苯衍生物。

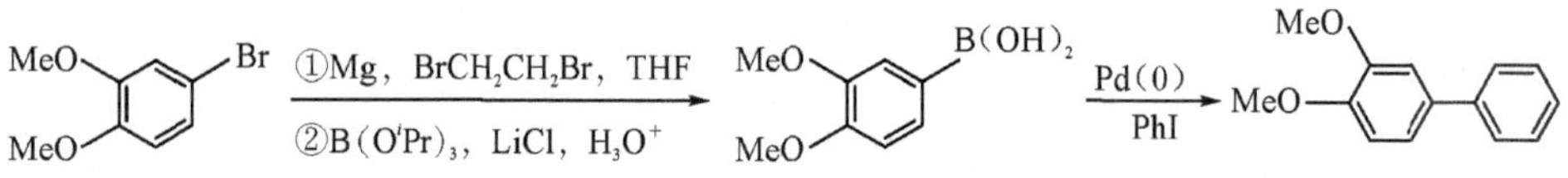

三、仪器与试剂

1. 仪器

磁力搅拌器、旋转蒸发仪、紫外分析仪、层析柱、Schlenk 反应管、圆底烧瓶、分液漏斗、温度计、搅拌子。

2. 试剂

3,4 -二甲氧基溴苯、碘苯、硼酸三异丙酯、镁条、1,2 -二溴乙烷、干燥四氢呋喃、无水氯化锂、四(三苯基膦)钯、碳酸铯、甲苯、盐酸、乙酸乙酯、石油醚、硅胶等。

四、实验内容

1. 3,4 -二甲氧基苯硼酸的制备

氩气保护下,向 Schlenk 反应管中依次加入搅拌子、Mg 粉(720 mg, 30 mmol)、3,4 -二甲氧基溴苯(6.48 g, 30 mmol)、硼酸三异丙酯(5.64 g, 30 mmol)、1,2 -二溴乙烷(2 滴)、无水氯化锂(1.26 g, 30 mmol)、30 mL 干燥的四氢呋喃,升温至 50 ℃反应过夜。次日,在冰浴冷却下,向反应瓶中滴加 10 %的盐酸 20 mL,析出淡黄色固体。用乙酸乙酯萃取(15 mL/次,共 3次),合并有机相,干燥,过滤,旋除有机溶剂,得粗产物。用水/乙醚体系重结晶,得 3,4 -二甲氧基苯硼酸白色固体。计算产率,^{1}H NMR 表征并分析谱图。

2. Suzuki 偶联反应

氩气保护下,在干燥的 Schlenk 反应管中加入 3,4 -二甲氧基苯硼酸(182 mg, 1 mmol),四(三苯基膦)钯(51.5 mg, 0.05 mmol),碳酸铯(651 mg, 2 mmol)。将碘苯(204 mg,1.2 mmol)溶于 5 mL 甲苯并注射入 Schlenk 反应管中。用油浴加热至 100 ℃,并在此温度下搅拌 2 h。反应完毕后,冷却至室温。用乙酸乙酯稀释(20 mL),水洗有机相。用无水硫酸钠干燥,过滤,减压旋干溶剂,柱层析(石油醚∶乙酸乙酯=10∶1 作为洗脱剂)分离可得联苯衍

生物白色固体。计算产率，^{1}H NMR 表征并分析谱图。

五、注意事项

(1)格氏反应必须隔绝空气，采用无水溶剂。

(2)Pd(PPh$_3$)$_4$ 是零价钯催化剂，易被氧化，称取要迅速，用完密封保存。

六、思考题

(1)制备硼酸时，加 1,2-二溴乙烷的作用是什么？

(2)格氏反应和 Suzuki 反应为什么要严格在氮气下进行？

(3)查阅文献，找出影响 Suzuki 偶联反应的因素有哪些。

参考文献

[1] GERRARD W. The Organic Chemistry of Boron[M]. New York：Academic Press，1961.

[2] MUETTERTIES E L. The Chemistry of Boron and its Compounds[M]. New York：John Wiley & Sons Ltd，1967.

[3] LI W W，NELSON D P，JENSEN M S. An Improved Protocol for the Preparation of 3-Pyridyl and Some Arylboronic Acids[J]. J Org Chem，2002，67：5394 – 5397.

[4] 张强，史娟，田光辉，等. 格氏试剂生成条件下原位一锅法合成 3,4-二烷氧基苯硼酸[J]. 化学试剂，2016，38：903 – 906.

[5] MIYAUAR N，SUZUKI A. Palladium-Catalyzed Cross-Coupling Reactions of Organoboron Compounds [J]. Chem Rev，1995，95：2457 – 2483.

[6] SUZUKI A. Recent advances in the cross-coupling reactions of organoboron derivatives with organic electrophiles：1995 – 1998[J]. J Organomet Chem，1999，576：147 – 168.

[7] NAVARRO O，KELLY R A，NOLAN S P. A General Method for the Suzuki-Miyaura Cross-Coupling of Sterically Hindered Aryl Chlorides：Synthesis of Di-and Tri-ortho-substituted Biaryls in 2-Propanol at Room Temperature[J]. J Am Chem Soc，2003，125：16194 – 16195.

（编写：郭丽娜；校对：段新华）

实验三十八　苯乙炔的制备及 Sonogashira 偶联反应

一、实验目的

(1)掌握从烯烃制备炔烃的方法；

(2)掌握滴液漏斗的使用方法和低温反应的控制方法；

(3)掌握微量实验的操作及反应进程的跟踪技术；

(4)掌握无水无氧实验条件的操作、Sonogashira 偶联反应的操作及应用。

二、实验原理

炔烃是一类非常重要的有机合成中间体,在医药、农药、有机功能材料等领域具有广泛的应用。其中,末端芳基乙炔经常用于各种非端炔的合成或多取代乙烯的立体选择性合成。通常,芳基乙炔可以从烯烃出发,经与卤素加成再消除制得。

$$\diagup\!\!\!\!\diagdown Ar + Br_2 \longrightarrow \underset{Ar}{\overset{Br}{\diagdown}}\underset{Br}{\overset{H}{\diagup}} \overset{KOH}{\longrightarrow} Ar \!=\!\!=\! H$$

Sonogashira 偶联反应是制得非末端炔的非常有效的方法之一。Sonogashira 偶联反应是指在过渡金属催化下,末端炔烃与芳基、烯基卤代物或三氟甲磺酸酯的交叉偶联反应。此反应已经广泛应用于天然产物、生物活性分子、材料化学和精细化工中间体的合成。传统的 Sonogashira反应通常是以钯作催化剂、铜盐作助催化剂、胺作碱或溶剂条件下进行的,如下式

$$R^1\!-\!X + \ \equiv\!\!-R^2 \ \xrightarrow[\text{Base}]{\text{Pd/Cu}} \ R^1\!-\!\!\equiv\!\!-$$

R¹=aryl, hetaryl, vinyl; R²=aryl, hetaryl, alkenyl, alkyl; X=I, Br, Cl, OTf

钯/铜共催化 Sonogashira 偶联反应的机理可以总结为以下几个步骤:①芳基卤代物对 Pd(0)进行氧化加成生成 Pd(Ⅱ)络合物 I;②由于炔的末端氢酸性较强,在有机碱的作用下炔烃可以与 Cu 作用生成炔铜金属试剂;③炔铜与 Pd(Ⅱ)络合物进行转金属化生成中间体 Ⅱ;④Ⅱ经历还原消除生成最终产物,如下所示。

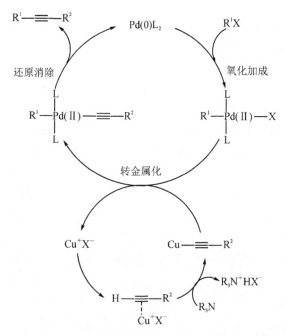

本实验从苯乙烯出发,通过加溴、消除反应先制备苯乙炔,再与溴苯发生Sonogashira偶联反应,合成二苯基乙炔。

三、仪器与试剂

1. 仪器

三口烧瓶、烧杯、恒压滴液漏斗、Schlenk 反应管、圆底烧瓶、锥形瓶、温度计。

2. 试剂

苯乙烯、溴、氢氧化钾、三甘醇、醋酸钯、碘化亚铜、三苯基膦、三乙胺、四氯化碳。

四、实验内容

1. 苯乙炔的制备

在 250 mL 三口烧瓶中加入苯乙烯(2.1 g，20 mmol)和四氯化碳(50 mL)。冰水冷却，剧烈搅拌下，滴加溴(3.2 g，20 mmol)的四氯化碳溶液(24 mL)，持续滴加 0.5 h，观察溶液颜色变化。滴加完毕后继续搅拌 1 h，抽滤，得到 1,2 -二溴苯乙烷淡黄色固体。

在 250 mL 圆底烧瓶中加入氢氧化钾(2.8 g，50 mmol)和三甘醇(60 mL)并加热至 100 ℃使固体氢氧化钾溶解。随后加入 1,2 -二溴苯乙烷(5.3 g，20 mmol)，改成蒸馏装置。缓慢加热，使其反应，当温度达到 200 ℃时停止加热。恢复至室温后，馏液分离，有机相用无水硫酸钠干燥，过滤。进一步减压分馏提纯，得苯乙炔无色液体(苯乙炔的沸点为 141～142 ℃)。

2. Sonogashira 偶联反应

氩气保护下，在干燥的 Schlenk 反应管中加入醋酸钯(22.4 mg，0.1 mmol)、碘化亚铜(38.2 mg，0.2 mmol)、三苯基膦(52.4 mg，0.2 mmol)和搅拌子。随后，将苯乙炔(204 mg，2 mmol)、溴苯(375 mg，2.4 mmol)和 5 mL 三乙胺分别注入反应管中。加热至 60 ℃反应 3 h，整个过程用 TLC 检测(乙酸乙酯∶石油醚＝1∶10 作为展开剂)，直至反应原料消失。反应结束后，乙酸乙酯萃取(15 mL/次，共 3 次)，合并有机相，干燥，过滤，旋除有机溶剂。粗产物通过柱层析纯化(乙酸乙酯∶石油醚＝1∶15，作为洗脱剂)，得二苯乙炔白色固体(二苯乙炔的熔点为 60～62 ℃)。

五、注意事项

(1)溴对皮肤有强烈腐蚀作用，注意戴好手套及口罩在通风橱中操作。

(2)苯乙烯加溴过程温度需控制在 5～15 ℃。

(3)萃取、洗涤操作出错会导致产量严重偏低。

(4)Sonogashira 偶联反应必须在无氧条件下进行，需严格规范双排管抽充氮气操作。

六、思考题

(1)苯乙炔的制备中，为什么用三甘醇作溶剂？蒸馏过程要注意什么？

(2)Sonogashira 偶联反应为什么必须在无氧条件下反应？若在空气中进行会产生什么副

产物?

(3)Sonogashira 偶联反应中三乙胺有什么作用?

参考文献

[1] 李述文,范如霖. 实用有机化学手册[M]. 上海:上海科学技术出版社,1981:428.

[2] SONOGASHIRA K. Palladium-Catalyzed Alkynylation: Sonogashira Alkyne Synthesis[M]//NEGISHI E. Handbook of Organopalladium Chemistry for Organic Synthesis. New York:Wiley Interscience, 2002: 493.

[3] SONOGASHIRA K. Development of Pd-Cu catalyzed cross-coupling of terminal acetylenes with sp2-carbon halides[J]. J Organomet Chem, 2002, 653:46-49.

[4] SONOGASHIRA K. Coupling Reactions Between sp2 and sp Carbon Centers[M]// TROST B M, FLEMING I. Comprehensive Organic Synthesis. Oxford:Pergamon Press Ltd, 1991, 3:521.

(编写:郭丽娜;校对:段新华)

实验三十九　　甲基橙的合成及定性检验

一、实验目的

(1)掌握重氮盐制备的原理和方法;

(2)熟悉重氮化反应及偶联反应在有机合成中的应用;

(3)加深对重氮化反应及偶联反应原理的理解和认识。

二、实验原理

芳香族伯胺在强酸性介质中与亚硝酸钠作用,生成重氮盐的反应称为重氮化反应。反应式如下

$$ArNH_2 + NaNO_2 + HX \xrightarrow{0\sim5\,℃} ArN_2^+ X^- + NaX + H_2O$$

在重氮化反应过程中,反应温度的控制至关重要。由于大多数重氮盐不稳定,室温下就会分解放出氮气,所以反应一般在低温(0~5 ℃)下进行。得到的重氮盐溶液不宜长时间放置,最好现制现用,而且重氮盐通常不需要分离就可以直接使用。

芳香族重氮盐的用途很广,其反应可分为两类:一类是在卤化亚铜、氰化亚铜或其他试剂的作用下,重氮基被—Cl、—Br、—CN、—F、—NO_2、—OH、—H 等基团取代,制备出相应的芳香族化合物;另一类是与芳香胺或酚类发生偶联反应,制备偶氮染料。在偶联反应中,溶液的 pH 值很重要,胺的偶联反应一般需在中性或弱酸性介质中进行,而酚的偶联则要在中性或弱碱性介质中进行。

甲基橙(Methyl Orange),别名为 4-[[4-(二甲氨基)苯基]偶氮基]苯磺酸钠,是一种常用的酸碱指示剂或 pH 指示剂,其结构式为

$$NaO_3S-\!\!\!\left\langle\!\!\!\bigcirc\!\!\!\right\rangle\!\!\!-N\!=\!N-\!\!\!\left\langle\!\!\!\bigcirc\!\!\!\right\rangle\!\!\!-N\!\!\begin{matrix}CH_3\\CH_3\end{matrix}$$

甲基橙属于芳香族的偶氮化合物,可以通过氨基苯磺重氮盐与 N,N -二甲基苯胺的偶联反应制得。反应过程中,首先对氨基苯磺重氮盐与 N,N -二甲基苯胺在弱酸介质中偶合得到红色的酸性甲基橙(称为酸性黄),然后碱性条件下转变为甲基橙的钠盐,即甲基橙,具体反应式如下

$$H_2N-\!\!\!\left\langle\!\!\!\bigcirc\!\!\!\right\rangle\!\!\!-SO_3H+NaOH\longrightarrow H_2N-\!\!\!\left\langle\!\!\!\bigcirc\!\!\!\right\rangle\!\!\!-SO_3Na+H_2O$$

$$H_2N-\!\!\!\left\langle\!\!\!\bigcirc\!\!\!\right\rangle\!\!\!-SO_3Na\ \xrightarrow[0\sim5℃]{NaNO_2,\ HCl}\ \left[HO_3S-\!\!\!\left\langle\!\!\!\bigcirc\!\!\!\right\rangle\!\!\!-\overset{+}{N}\!\!\equiv\!\!N\right]Cl^-\ \xrightarrow[HOAc]{C_6H_5N(CH_3)_2}$$

$$HO_3S-\!\!\!\left\langle\!\!\!\bigcirc\!\!\!\right\rangle\!\!\!-N\!=\!N-\!\!\!\left\langle\!\!\!\bigcirc\!\!\!\right\rangle\!\!\!-N\!\!\begin{matrix}CH_3\\CH_3\end{matrix}\ \xrightarrow[H_2O]{NaOH}\ NaO_3S-\!\!\!\left\langle\!\!\!\bigcirc\!\!\!\right\rangle\!\!\!-N\!=\!N-\!\!\!\left\langle\!\!\!\bigcirc\!\!\!\right\rangle\!\!\!-N\!\!\begin{matrix}CH_3\\CH_3\end{matrix}$$

三、仪器与试剂

1. 仪器
烧杯、温度计、玻璃棒、表面皿、减压抽滤装置。

2. 试剂
对氨基苯磺酸晶体、亚硝酸钠、N,N -二甲基苯胺、浓盐酸、5%氢氧化钠、乙醇、乙醚、冰醋酸、淀粉-碘化钾试纸、饱和食盐水。

四、实验内容

1. 重氮盐的制备
在 100 mL 烧杯中加入 10 mL 5%氢氧化钠溶液和 2.1 g 对氨基苯磺酸晶体,在热水浴中溶解后冷却至室温,然后加入 0.8 g 亚硝酸钠与 6 mL 水配成的溶液。用冰盐浴将烧杯冷却至 0~5℃。在不断搅拌下,将 3 mL 浓盐酸与 10 mL 冰水配成的溶液慢慢滴加到上述混合液中,并控制温度在 5℃以下。滴加完后用淀粉-碘化钾试纸检验,试纸应为蓝色。然后在冰盐浴中放置 15 min 以保证反应完全。滴加 5%NaOH 溶液,至重氮盐溶液 pH 值至 4 为止。

2. 偶合
在另一小烧杯中加入 1.2 g(约 1.3 mL)N,N -二甲基苯胺和 1 mL 冰醋酸,混匀。在充分搅拌下,将此混合液缓慢滴加到上述冷却的重氮盐溶液中,加完后继续搅拌 15 min。然后缓缓加入 25 mL 5%氢氧化钠溶液,直至反应物变为橙色(此时反应液为碱性),甲基橙粗品呈细粒状沉淀析出。

将反应物置沸水浴中加热 5 min,冷至室温后再放入冰水浴中冷却,使甲基橙晶体完全析出。抽滤,依次用少量水、乙醇和乙醚洗涤,压紧抽干。干燥后得粗品约 2.0 g。

3. 定性检验
将少许甲基橙溶于水中,加几滴 5%盐酸,然后用 5%氢氧化钠溶液中和,观察颜色变化。

五、注意事项

(1)对氨基苯磺酸为两性化合物,酸性比碱性强,以酸性内盐存在,所以它能与碱作用成盐而不能与酸作用成盐。

(2)重氮化过程中,应严格控制温度,反应温度若高于 5 ℃,生成的重氮盐易水解为酚,从而降低产率。

(3)若试纸不显蓝色,则需补充亚硝酸钠。

(4)N,N-二甲基苯胺有毒,处理时要小心,不要接触皮肤,避免吸入其蒸气。如不小心接触皮肤,立即用 2‰醋酸擦洗,再用肥皂水洗。

六、思考题

(1)本实验中重氮盐制备前为什么还要加入氢氧化钠? 如果直接将对氨基苯磺酸与盐酸混合后,再加入亚硝酸钠溶液进行重氮化操作可以吗? 为什么?

(2)制备重氮盐为什么要维持 0~5 ℃的低温? 温度高有何不良影响?

(3)重氮化为什么要在强酸条件下进行? 此偶合反应为什么要在弱酸条件下进行?

参考文献

[1] 兰州大学. 有机化学实验[M]. 3 版. 王清廉,李瀛,高坤,等,修订. 北京:高等教育出版社,2010:303 -
304.

[2] 王福来. 有机化学实验[M]. 武汉:武汉大学出版社,2001:193 - 194.

（编写:郭丽娜;校对:段新华）

实验四十　局部麻醉剂苯佐卡因的合成

一、实验目的

(1)掌握酰化、氧化、水解、酯化反应的原理及操作;

(2)巩固回流、萃取、过滤、干燥、减压抽滤等基本实验操作;

(3)熟悉药物合成的一般过程,理解有机合成过程中基团保护的意义。

二、实验原理

苯佐卡因(Benzocaine)化学名称为对氨基苯甲酸乙酯,为白色结晶性粉末,是一种重要的医药合成中间体,同时也是一种重要的局部麻醉剂,有止痛、止痒作用,常制成散剂或软膏用于疮面及溃疡面。其化学结构式如右图所示。

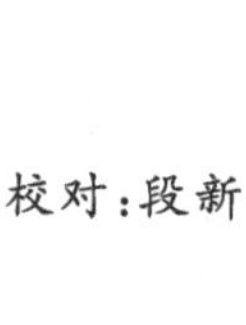

本实验将以对甲苯胺为原料,经酰化、氧化、水解、酯化一系列反应合成对氨基苯乙酯。具体合成路线如下

$$p\text{-}CH_3C_6H_4NH_2 \xrightarrow{(CH_3CO)_2O} p\text{-}CH_3C_6H_4NHCOCH_3 \xrightarrow[(2)\ H^+,\ H_2O]{(1)\ KMnO_4} p\text{-}NH_2C_6H_4COOH \xrightarrow[H_2SO_4]{C_2H_5OH} p\text{-}NH_2C_6H_4COOC_2H_5$$

本实验分以下四步反应来进行。

(1)将对甲苯胺用乙酸酐处理转变为相应的酰胺,其目的是防止在第二步氧化反应中氨基被氧化。酰化过程中,为避免二乙酰胺[$p\text{-}CH_3C_6H_4N(COCH_3)_2$]副产物的生成,常在醋酸-醋酸钠的缓冲溶液中进行。

(2)利用高锰酸钾将苯环上的甲基氧化为相应的羧基。氧化过程中,紫色的高锰酸盐被还原成棕色的二氧化锰沉淀。鉴于溶液中有氢氧根离子生成,故要加入少量的硫酸镁作为缓冲剂,使溶液碱性不致于太强而使酰胺基发生水解。此反应中生成的羧酸盐经酸化后可转化为羧酸,进而从溶液中析出。

(3)在稀酸溶液中,乙酰胺很容易发生水解生成胺。

(4)在酸催化下,对氨基苯甲酸与乙醇可以进行酯化反应。此反应是可逆反应。本实验中将采用过量的醇来促使反应向有利于生成酯的方向进行。

具体反应式如下

$$p\text{-}CH_3C_6H_4NH_2 \xrightarrow[CH_3COONa]{(CH_3CO)_2O} p\text{-}CH_3C_6H_4NHCOCH_3 + CH_3COOH$$

$$p\text{-}CH_3C_6H_4NHCOCH_3 + KMnO_4 \xrightarrow{85℃} p\text{-}CH_3CONHC_6H_4COOK + 2MnO_2 + H_2O + KOH$$

$$p\text{-}CH_3CONHC_6H_4COOK + H^+ \longrightarrow p\text{-}CH_3CONHC_6H_4COOH + K^+$$

$$p\text{-}CH_3CONHC_6H_4COOH + H_2O \xrightarrow{H^+} p\text{-}NH_2C_6H_4COOH + CH_3COOH$$

$$p\text{-}NH_2C_6H_4COOH + CH_3CH_2OH \underset{Reflux}{\overset{H_2SO_4}{\rightleftharpoons}} p\text{-}NH_2C_6H_4COOCH_2CH_3 + H_2O$$

三、仪器与试剂

1. 仪器

烧杯、玻璃棒、电热套、圆底烧瓶、冷凝管、分液漏斗、温度计、减压抽滤装置、蒸馏装置、熔点仪。

2. 试剂

对甲基苯胺、醋酸酐、三水合醋酸钠、高锰酸钾、七水合硫酸镁、盐酸、氨水、无水乙醇、浓硫酸、碳酸钠、乙醚、无水硫酸镁。

四、实验内容

1. 对甲基乙酰苯胺的制备

在 250 mL 烧杯中,加入 3.8 g (0.035 mol)对甲苯胺、90 mL 水和 3.8 mL 浓盐酸,必要时在水浴上温热搅拌促使溶解。若溶液颜色较深,可加适量的活性炭脱色后过滤。同时将 6 g 三水合醋酸钠溶于 10 mL 水配成溶液。

将上述对甲苯胺盐酸盐的溶液加热至 50 ℃,加入 4.35 g(4.2 mL,0.0425 mol)醋酸酐,并立即加入预先制备好的醋酸钠溶液,充分搅拌(15 min)后将混合物置于冰浴中冷却,则析出对甲基乙酰苯胺白色固体。抽滤,用少量冷水洗涤,干燥后称重,产量为 4~5 g。

将得到的上述产物进行红外光谱检测,并与对甲苯胺的红外谱图对照,观察谱图的变化。

2. 对乙酰氨基苯甲酸的制备

在 250 mL 烧杯中,加入约 4.5 g 上述产品、10 g(0.04 mol)七水合硫酸镁和 150 mL 水,将混合物在水浴上加热至 85 ℃。同时将 10.3 g(0.065 mol)高锰酸钾溶于 60 mL 沸水中配成溶液。在充分搅拌下,将热的高锰酸钾溶液在 30 min 内分批加到对甲基乙酰苯胺的混合物中,以免氧化剂局部浓度过高破坏产物。加完后,继续在 85 ℃搅拌 15 min,混合物变成深棕色,趁热用两层滤纸减压过滤除去二氧化锰沉淀,并用少量热水洗涤二氧化锰沉淀。若滤液呈紫色,可加入 1~1.5 mL 乙醇煮沸直至紫色消失,将滤液再用折叠滤纸过滤一次。

将滤液冷却,并用 20%硫酸酸化至溶液呈酸性(pH 值为 1~2),此时生成大量白色固体,抽滤、压干。干燥后,对乙酰氨基苯甲酸产量为 2~3 g。湿产品可直接进行下一步合成。

纯对乙酰氨基苯甲酸的熔点为 250~252 ℃。

3. 对氨基苯甲酸的制备

称量上步产品并按照每克湿产品用 5 mL 18%的盐酸进行水解。将反应物置于 100 mL 圆底烧瓶中,加热缓缓回流 30 min。待反应物冷却后,加入 15 mL 冷水,然后用 10%的氨水中和此溶液至石蕊试纸刚刚变蓝,切勿使氨水过量。每 30 mL 最终溶液加 1 mL 冰醋酸,充分摇振后置于冰浴中骤冷以引发结晶,必要时用玻璃棒摩擦瓶壁或放入晶种引发结晶。抽滤收集产物,干燥后称重。

纯对氨基苯甲酸的熔点为 186~187 ℃。

4. 对氨基苯甲酸乙酯的制备

在 50 mL 圆底烧瓶中加入 2 g 对氨基苯甲酸和 25 mL 无水乙醇,摇动使大部分固体溶解。将烧瓶置于冰水浴中冷却,边摇动边滴加 2 mL 浓硫酸,立即产生大量沉淀。加入搅拌磁子,将反应混合液在油浴中加热回流 1.5 h。

将反应物转入烧杯中,冷却后,分批加入 10%碳酸钠溶液至 pH 值为 9 左右。在中和过程中可能产生少量固体沉淀(生成了什么物质?)。将溶液转入分液漏斗中,用少量乙酸乙酯洗涤固体后并入分液漏斗。用 20 mL 乙酸乙酯萃取水相两次,合并有机相,用无水硫酸镁干燥。

用旋转蒸发仪减压蒸除有机溶剂,至残余油状物约剩 1 mL 为止。残余液加少量冷水析出粗品。经 50%乙醇-水混合溶剂重结晶,产量约 1.0 g。测定产物的熔点并以对甲苯胺为标准计算累积产率。

纯对氨基苯甲酸乙酯的熔点为 91~92 ℃。

五、注意事项

(1)实验过程中应注意安全,严格规范使用浓硫酸、高锰酸钾等;

(2)实验中,反应时间一定要充分,冷却结晶应充分,以防止产物损失;

(3)第四步反应后处理的萃取过程,要充分静置分层。

六、思考题

(1)在氧化步骤中,若滤液有色,需加入少量乙醇煮沸,此时发生了什么反应?

(2)在水解步骤中,用氢氧化钠溶液代替氨水中和可以吗? 中和后加入醋酸的目的何在?

(3)在酯化步骤中,加入浓硫酸的量远多于催化量,为什么? 加入浓硫酸时产生的沉淀是什么物质? 试解释之。

(4)酯化反应结束后,为什么要用碳酸钠溶液而不用氢氧化钠进行中和? 为什么不中和至 pH 值为 7 而要使溶液 pH 值为 9 左右?

参考文献

[1] 兰州大学. 有机化学实验[M]. 3 版. 王清廉,李瀛,高坤,等,修订. 北京:高等教育出版社,2010:337 - 340.

[2] 关烨第,李翠娟,葛树丰. 有机化学实验[M]. 2 版. 北京:北京大学出版社,2002,187 - 188.

(编写:郭丽娜;校对:段新华)

实验四十一　　两性表面活性剂 BS - 12 的合成与评价

一、实验目的

(1)了解两性表面活性剂的结构特点;

(2)掌握甜菜碱型两性表面活性剂的合成方法;

(3)掌握表面张力的测定方法及相关仪器的使用方法。

二、实验原理

两性表面活性剂是指同时具有阴、阳两种离子性质的表面活性剂。从结构上来说,与亲油基相连的亲水基是同时带有阴、阳两种电荷的表面活性剂(见图 2 - 41 - 1)。大多数情况下,亲水基中的阳离子都是由铵基或季铵基组成的,阴离子可以由羧基、磺酸基或磷酸基组成。常见的羧基型两性表面活性剂(分子中的阴离子为羧基)可分为氨基酸型(分子中的阳离子为铵基)和甜菜碱型(分子中的阳离子为季铵基)。

图 2 - 41 - 1　两性表面活性剂的结构

与氨基酸型相比,甜菜碱型两性表面活性剂在酸性、中性或碱性介质中均能溶解于水,即使在等电点也不致产生沉淀,因而可以在任何 pH 值的水溶液中使用。

十二烷基二甲基甜菜碱(BS-12)具有优良的稳定性,对皮肤刺激性低,生物降解性好,具有优良的去污杀菌、柔软性、抗静电性、耐硬水性和防锈性。常用于配制洗发剂、儿童清洁剂,也可用作纤维、织物柔软剂和抗静电剂等。

本实验中的十二烷基二甲基甜菜碱是由 N,N-二甲基十二烷基胺与氯乙酸钠反应来制备,具体反应式如下

$$C_{12}H_{25}-\overset{\overset{\displaystyle CH_3}{|}}{\underset{\underset{\displaystyle CH_3}{|}}{N}} + ClCH_2COONa \longrightarrow C_{12}H_{25}-\overset{\overset{\displaystyle CH_3}{|}}{\underset{\underset{\displaystyle CH_3}{|}}{N^+}}-CH_2COO^- + NaCl$$

三、仪器与试剂

1. 仪器

三口瓶、球形冷凝管、温度计、磁力搅拌器、界面张力仪。

2. 试剂

N,N-二甲基十二烷基胺、氯乙酸钠、50%乙醇、浓盐酸、三乙醇胺月桂醇硫酸、十二烷基异丙醇酰胺、去离子水、香精、染料、防腐剂。

四、实验内容

1. 十二烷基二甲基甜菜碱的合成

向装有搅拌器、温度计和球形冷凝管的 250 mL 三口瓶中,依次加入 21.4 g(0.1 mol) N,N-二甲基十二烷基胺、11.6 g(0.1 mol)氯乙酸钠和 60 mL 50%乙醇溶液。在水浴中加热至 60~80 ℃,并在此温度下回流至反应液变成透明为止。

反应液冷却后,在搅拌下滴加浓盐酸,直至三口瓶中液体呈乳状且不再消失为止,放置过夜。待十二烷基甜菜碱盐酸盐结晶析出后,过滤。每次用 10 mL 乙醇和水(1∶1)的混合液洗涤滤饼两次,干燥滤饼。

所得粗产品还可用乙醇和乙醚(2∶1)的混合液重结晶,得进一步精制的十二烷基甜菜碱。

2. 十二烷基甜菜碱的性能测定

(1)表面张力的测定。采用最大起泡法,在 25 ℃下测定。

(2)不同 pH 值条件下的稳定性。配制质量浓度为 2.5 g·L^{-1} 的十二烷基甜菜碱溶液,调节不同 pH 值,考察溶液的稳定性。

(3)发泡性能。采用国标《表面活性剂 发泡力的测定 改进 Ross-Miles 法》(GB/T 7462—94)中的方法,测定在去离子水中的泡沫体积和泡沫稳定性。样品质量浓度为 2.5 g·L^{-1},将所配溶液 10 mL 置于具塞量筒中(量筒上部刻度延伸标定至 140 mL 处,下部刻度延伸至 5 mL 处),以 2 次/秒的速率用力振荡溶液 30 次,记录泡沫最大高度,每组测 5 次,取平均值。30 s 时的泡沫体积表示发泡能力,5 min 时的泡沫体积除以 30 s 时的泡沫体积表示泡沫的稳定性。

$$发泡倍数 = 泡沫最大体积/液体体积$$

(4)临界胶束浓度(CMC)测定。形成胶束所需表面活性剂的最低浓度称为临界胶束浓度,此时溶解的表面活性剂分子与聚集成胶束的分子或离子形成动态平衡。表面活性剂的水溶液只有在浓度略高于其 CMC 值时它的作用才能充分显示。在 CMC 附近的狭窄范围内,浓度与物性(如表面张力、电导率)之间有一个突变,借此可进行 CMC 的测定。如由相应的表面张力 $\gamma - \lg\rho$(质量浓度)曲线得到。

3. 洗发剂的配制

参考以下配方配制含有十二烷基甜菜碱的洗发剂:

三乙醇胺月桂醇硫酸	12%
十二烷基异丙醇酰胺	3%
十二烷基甜菜碱	1%
去离子水	84%
香精、染料、防腐剂	少量

五、注意事项

(1)浓盐酸加入量必须足够,否则不会出现结晶。但若盐酸加入过量,析出的白色沉淀为 NaCl,同样无法得到目标产物。

(2)实际 BS-12 工业品为无色或淡黄色液体,将 pH 值调至中性,活性物含量约为 30%,NaCl 含量小于 8%。

六、思考题

(1)两性表面活性剂有哪几类?其在工业和日用化工方面有哪些用途?

(2)甜菜碱型与氨基酸型两性表面活性剂性质的最大差别是什么?

参考文献

[1] 梁志能. 十二烷基二甲基甜菜碱的合成、性质和应用[J]. 广州化工, 1989, 4:13-16.

[2] 张慧超,苟绍华,周利华,等. 甜菜碱型疏水改性聚合物的合成及性能[J]. 应用化工, 2019, 48(11):2627-2631.

(编写:郭丽娜;校对:张雯)

实验四十二 dl-扁桃酸的合成

一、实验目的

(1)熟悉卡宾反应、相转移催化反应的原理;

(2)掌握相转移二氯卡宾法制备 dl-扁桃酸的操作;

(3)巩固萃取及重结晶操作技术。

二、实验原理

　　dl-扁桃酸(Mandelic Acid)又名苦杏仁酸,是一种重要的医药和染料合成中间体。扁桃酸分子中含有一个不对称碳原子,通常用化学方法合成得到的是外消旋体,用旋光性的碱如麻黄素可以将其拆分为一对对映异构体。

　　扁桃酸传统上可用扁桃腈$[C_6H_5(OH)CN]$和 α,α-二氯苯乙酮$(C_6H_5COCHCl_2)$的水解来制备。但这两种方法合成路线长、操作不便且不安全。本实验采用相转移二氯卡宾法一步可得到产物,既避免了使用剧毒的腈化物,又简化了操作,收率亦较高。

　　具体反应式如下

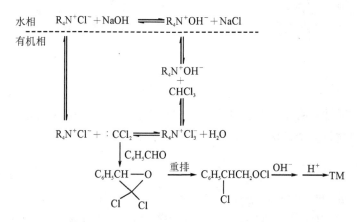

　　本实验采用三乙基苄基氯化铵(TEBA)为相转移催化剂。其原理是,季铵盐在碱性水溶液中形成季铵碱而转入氯仿层,继而季铵碱夺去氯仿中的一个质子而形成离子对$(R_4N^+ \cdot CCl_3^-)$,然后发生 α-消除反应生成二氯卡宾$(:CCl_2)$。二氯卡宾是非常活泼的中间体,能与苯甲醛加成生成环氧中间体,再经重排、水解得到 *dl*-扁桃酸。其反应机理如图 2-42-1 所示。

图 2-42-1　合成 *dl*-扁桃酸的反应机理

三、仪器与试剂

1. 仪器

　　搅拌器、电热套、三口烧瓶、温度计、回流冷凝管、恒压滴液漏斗、锥形瓶、分液漏斗、蒸馏装置、减压抽滤装置、熔点仪。

2. 试剂

　　苯甲醛(新蒸)、氯仿、氢氧化钠、三乙基苄基氯化铵(TEBA)、乙醚、硫酸、甲苯、无水硫酸钠。

四、实验内容

在锥形瓶中小心配制 6.5 g 氢氧化钠溶于 6.5 mL 水的溶液,冷至室温。

在装有搅拌子、回流冷凝管和温度计的 50 mL 三口烧瓶中,依次加入 3.4 mL(0.034 mol)苯甲醛、0.35 g TEBA 和 6 mL(0.075 mol)氯仿。在搅拌下慢慢加热反应液,待温度升到 50~60 ℃时,自冷凝管上口缓慢地滴加配制好的 50%氢氧化钠溶液,控制滴加速度,维持反应温度在 60~65 ℃,约需 45 min 到 1 h 加完。加完后,保持此温度继续搅拌 1 h。此时可取反应液测其 pH 值,当反应液 pH 值近中性时方可停止反应,否则要延长反应时间至 pH 值为中性。

将反应液用 70 mL 水稀释,每次用 8 mL 乙醚萃取两次,合并醚层,倒入指定容器待回收乙醚。此时水层为亮黄色透明状,用 50%硫酸酸化至 pH 值为 1~2,再用 15 mL 乙醚萃取两次,合并酸化后的乙醚萃取液,用无水硫酸钠干燥。蒸除乙醚,并在减压下尽可能抽净乙醚(产物在乙醚中溶解度较大),得粗产物约 3 g。

将粗产物用甲苯重结晶(每克粗产物约需 1.5 mL),趁热过滤,母液在室温下放置使结晶慢慢析出。冷却后抽滤,并用少量石油醚(30~60 ℃)洗涤促使其快干。最终产品为白色固体,产量约 2 g。称重,计算产率,并测熔点。

纯 *dl*-扁桃酸的熔点为 118~119 ℃。

五、注意事项

(1)相转移催化反应是非均相反应,搅拌必须是有效而安全的。这是实验成功的关键。

(2)浓碱溶液呈黏稠状,腐蚀性极强,应小心操作。盛碱的滴液漏斗用后要立即洗干净,以防活塞受腐蚀而黏结。

(3)滴加 50%氢氧化钠溶液速度不宜过快,每分钟 4~5 滴为宜。否则,苯甲醛在强碱条件下易发生歧化反应,使产品收率降低。

(4)乙醚是易燃易挥发溶剂,使用时务必注意周围应无火源。

六、思考题

(1)常用的相转移催化剂有哪些?其结构有什么特点?

(2)本实验可能的副反应有哪些?操作上应如何避免?

(3)本实验中,酸化前后两次用乙醚萃取的目的何在?

参考文献

[1] 兰州大学. 有机化学实验[M]. 3 版. 王清廉,李瀛,高坤,等,修订. 北京:高等教育出版社,2010:365 - 366.

[2] 北京大学化学学院有机化学研究所. 有机化学实验[M]. 2 版. 关烨第,李翠娟,葛树丰,修订. 北京:北京大学出版社,2002:185 - 186.

[3] 吴珊珊,魏运洋,周凤儿,等. 相转移催化法合成扁桃酸[J]. 江苏化工,2004,32(1):31 - 33.

(编写:郭丽娜;校对:段新华)

实验四十三　有机空穴注入材料 m‑MTDATA 的合成及性能测试

一、实验目的

(1)了解碘化钾、碘酸钾和乙酸为体系的碘化反应机制;

(2)熟悉 Ullmann 反应,了解反应的机理,掌握萃取、重结晶等分离提纯实验操作技术;

(3)熟悉紫外-可见光谱仪的使用操作和利用电化学工作站测试循环伏安曲线;

(4)学会利用光学带隙与电化学方法确定有机电致发光材料分子最高占据轨道(HOMO)与最低未占轨道(LUMO)能级的方法。

二、实验原理

有机电致发光二极管(简称 OLEDs)在信息显示、照明领域具有巨大的应用前景,被誉为"梦幻般的平板显示新技术"。有机电致发光材料和器件的研究是目前国际上竞争最为激烈的前沿科学技术领域之一。一个基本的有机发光器件一般由三个功能层构成,即空穴注入传输层、发光层和电子注入传输层。空穴注入传输材料的合成研究是有机电致发光材料研究的重要内容。性能优异的空穴注入传输材料在降低器件工作电压、提高发光效率方面有非常重要的作用。

三苯胺具有较强的给电子特性,以三苯胺为核的星形结构材料在有机电致发光领域是一类非常重要的空穴注入、传输材料,如图 2‑43‑1 所示的 2T‑NATA 和 m‑MTDATA。m‑MTDATA 是有机电致发光领域运用最为广泛的空穴注入材料。研究表明,采用 m‑MTDATA 作为空穴注入层的器件的发光亮度较为明显地提高了,器件的开启工作电压(一般定义开启电压为器件发光亮度为 1 cd/cm² 时外加的电压)降低了。有关 m‑MTDATA 作为空穴注入层提高 OLED 器件发光性能方面的研究资料请参看本实验的参考文献[1]和[2]。

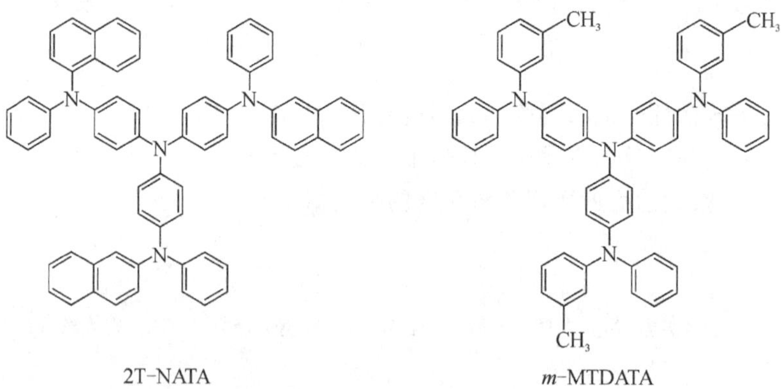

2T‑NATA　　　　　　　　　m‑MTDATA

图 2‑43‑1　两种以三苯胺为核的有机光电功能材料

1. 材料合成

本实验中 m‑MTDATA[4,4′,4″‑三(N‑3‑甲基苯基‑N‑苯基氨基)三苯胺]的合成分两步完成。首先是三(4‑碘苯)胺的合成,它是合成以三苯胺为内核的各种功能材料的重要中间体。本实验将以三苯胺为原料,用碘化钾和碘酸钾为碘化试剂进行碘化。然后,三(4 - 碘苯)胺与 3 - 甲基二苯胺在铜粉催化下加热反应(Ullmann 偶联反应)可得到 m - MTDATA。具体反应路线如图 2 - 43 - 2 所示。

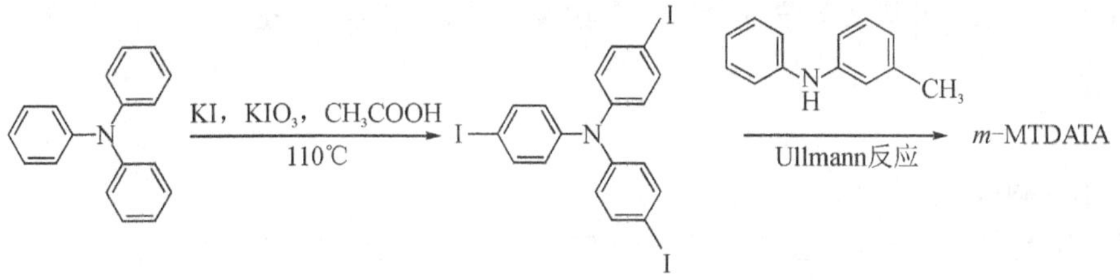

图 2 - 43 - 2 m - MTDATA 反应路线

2. 性能表征

有机电致发光器件领域,铟锡氧化物(ITO)是最基本的阳极材料,由于 ITO 阳极的功函数(4.7 eV)与空穴传输材料或发光层材料的 HOMO 能级不匹配,器件工作过程中会在 ITO 阳极与空穴传输层之间形成空穴注入势垒,导致器件工作电压提高,影响到器件发光效率和工作寿命。为了提高空穴注入效率,有效的方法是在 ITO 阳极与空穴传输层之间加入一层与 ITO 阳极功函数匹配的空穴注入材料。因此有机发光材料的 HOMO 与 LUMO 能级对 OLED 器件结构设计具有重要的参考作用。目前,表征有机电致发光材料 HOMO 与 LUMO 能级的方法有多种。用光电子发射能谱法可得到材料的 HOMO 和带隙值 E_g。能带理论中的带隙指价带顶与导带底的能量之差,相当于 HOMO 和 LUMO 的能量之差。紫外吸收光谱方法可得到材料的带隙值 E_g。电化学方法(如循环伏安法)能够同时给出有机材料的 HOMO、LUMO 与带隙值,且具有设备简单、操作方便等特点,目前应用最为广泛。

在电化学池中当给工作电极施加一定的正电位(相对于参比电极电位)时,吸附在电极表面的有机发光材料分子失去其价带上的电子发生电化学氧化反应,此时工作电极上有机发光材料发生电化学氧化反应的起始电位 E^{ox} 即对应于 HOMO 能级。同样地,当给工作电极施加一定的负电位时,吸附在电极表面的有机发光材料分子在其导带上得到电子发生电化学还原反应,此时还原反应的起始电位 E^{red} 即对应于 LUMO 能级。一般通过测定有机物的氧化电位 E^{ox} 可直接推算 HOMO 能级数值,如以二茂铁为参比物质时(二茂铁的氧化电位相对真空能级为 4.80 eV),

$$E_{HOMO} = -\left[E^{ox} - E(Fc/Fc^+) + 4.8 \right] \text{ eV} \qquad (2 - 43 - 1)$$

材料的带隙 E_g 直接由光谱或能谱法测得,

$$E_g = \frac{hc}{\lambda} = \frac{1240}{\lambda_{abs}} \qquad (2 - 43 - 2)$$

LUMO 能级的数值则可间接计算出,

$$E_{LUMO} = E_{HOMO} - E_g \qquad (2 - 43 - 3)$$

另外,有机电致发光器件发射出的光一般从 ITO 阳极出射,这就要求空穴注入材料在可见光谱范围具有低的吸收系数,以避免由于空穴注入层吸光导致的器件发光效率的降低。

三、仪器与试剂

1. 仪器

三口瓶、搅拌器、温度计(0~250 ℃)、量筒、分液漏斗、烧杯、圆底烧瓶、锥形瓶、分水器、减压抽滤装置、布氏漏斗、紫外-可见吸收光谱仪、电化学工作站。

2. 试剂

苯胺、碘化钾、碘酸钾、醋酸、氯仿、硫代硫酸钠、乙酸乙酯、石油醚、甲苯、铜粉、1,10 -邻菲罗啉、片状 KOH、3 -甲基二苯胺、活性炭、色谱纯乙腈、二茂铁、四正丁基高氯酸铵。

四、实验内容

1. 三(4 -碘苯)胺的合成

在装有温度计、回流冷凝管和搅拌子的 250 mL 三口烧瓶中,依次加入 7.8 g(0.032 mol) 三苯胺、12.0 g(0.072 mol)碘化钾、128 mL 乙酸和 12.8 mL 水。加热并搅拌至反应液呈黄色透明状,接着向反应瓶中分批量加入 15.4 g(0.072 mol)碘酸钾,然后在 110 ℃下回流 1 h。待反应体系冷却后,加入适量水使得晶体析出。减压抽滤,将得到的滤饼溶于 100 mL 氯仿中,得浅红色溶液,用硫代硫酸钠溶液和水洗数次,分离有机相,用无水硫酸钠干燥。过滤、浓缩有机相至 25 mL 左右,放入冰箱冷却静置,使粗产物完全析出。减压抽滤,得三(4 -碘苯)胺粗品,用乙酸乙酯重结晶得浅黄色三(4 -碘苯)胺纯品,产率约为 80%。

2. *m* - MTDATA 的合成

在氮气保护下,向装有温度计、带分水器的回流冷凝管和搅拌子的 250 mL 三口烧瓶中,依次加入 50 mL 甲苯、3.74 g(6 mmol)三(4 -碘苯)胺、4.4 g(24 mmol)3 -甲基二苯胺、2.69 g(48 mmol)片状氢氧化钾、0.38 g(6 mmol)铜粉、0.12 g(0.6 mmol)1,10 -邻菲罗啉。搅拌均匀后,将反应液加热至 125 ℃反应大约 5 h。反应结束后,冷却至 100 ℃以下。在搅拌下向反应体系加入 50 mL 甲苯和 100 mL 去离子水。趁热将反应液过滤,滤除少量铜粉和不溶的黑色沉淀物。将滤液倒入分液漏斗中,分离出甲苯相,用 100 mL 的去离子水洗涤甲苯相三次。蒸馏除去部分甲苯后,向体系加入石油醚,则沉淀出黑色胶状物。减压抽滤,再用石油醚洗涤滤饼三次,得到浅褐色 *m* - MTDATA 粗品约 3.0 g。将得到的粗品用氯仿重结晶并用活性炭进行脱色可得到纯品。

3. 性能测试

1) 紫外-可见吸收光谱测试

将 0.0394 g 的 *m* - MTDATA 溶于 50 mL 二氯甲烷中配成溶液,然后测试其吸收光谱曲线。

2) 循环伏安特性测试

测量时采用三电极体系,对电极用铂丝,工作电极用面积固定的铂片,参比电极用玻碳电极,支持电解质为四正丁基高氯酸铵($0.1 \ mol \cdot L^{-1}$),所用溶剂为高效液相纯的乙腈。配制 25 mL 浓度为 $10^{-4} \ mol \cdot L^{-1}$ 的 *m* - MTDATA 乙腈溶液,加入支持电解质(使其浓度为 $0.1 \ mol \cdot L^{-1}$),在电解池中装入样品溶液约 5 mL,插入三电极,接通电路,设置参数(扫描速率为 $100 \ m \cdot s^{-1}$,正负扫描电位通过实验确定)进行测试,然后在电解池中加入极少量二茂铁,设置同样参数测试一次循环伏安曲线。

4. HOMO 与 LUMO 能级的确定

循环伏安曲线中,一般取氧化电流为零的水平线与氧化峰的切线交点处的值为氧化起始电位。紫外可见吸收光谱中,做长波方向线性吸收部分的切线,切线与 x 轴的交点即为光学带隙 E_g 对应的波长,带入公式(2-43-3)便可计算出光学带隙。(文献中 m-MTDATA 的 E_{HOMO} 为 5.1 eV, E_{LUMO} 为 2.0 eV)

五、注意事项

甲苯和芳香胺的毒性很大,操作时应避免与皮肤接触或吸入其蒸气。

六、思考题

本实验中,用硫代硫酸钠溶液洗涤的目的是什么?

参考文献

[1] 杨慧山. 利用 m-MTDATA 作为空穴注入层增加有机发光器件的效率[J]. 泉州师范学院学报(自然科学版),2008,26:44-48.

[2] 委福祥,方亮,蒋雪茵,等. 不同空穴注入层对有机电致发光器件的影响[J]. 现代显示,2008,95:42-44.

[3] 张倩,徐茂梁,张创军. 三(4-碘苯)胺合成工艺研究[J]. 精细化工中间体,2011,41:57-59.

[4] 王利祥,杨继华,逢束芬. 三苯胺类衍生物的低温制备方法及应用:中国,CN1696107A[P]. 2005-22-16.

(编写:王栋东;校对:郭丽娜)

实验四十四　　Jacobsen 催化剂的合成及表征

一、实验目的

(1)了解手性 Salen Mn(Ⅲ)在有机合成中的应用;

(2)掌握手性 Salen 配体及其 Mn(Ⅲ)配合物的合成方法。

二、实验原理

环氧化合物是有机合成特别是药物化学中一个重要的结构单元,是合成二醇、衍生物、卤代醇等的重要中间体。因此,对环氧化合物的对映选择性合成和反应研究具有非常重要的理论意义和应用价值。目前,烯烃的催化不对称环氧化反应是制备手性环氧化物的重要途径之一。在众多的催化剂中,手性席夫碱金属配合物是一类十分有效的催化剂。

含有 N,N'-bis(salicylidene)ethylenediaminato 框架的席夫碱化合物通常称为 Salen,是近年来不对称催化反应和不对称合成研究中最重要和最活跃的一类配体。Salen 型化合物可以与铝、钴、锰等金属离子形成金属配合物。近年来,金属 Salen 型手性催化剂已广泛地应用于各种不对称催化反应中。金属 Salen 型手性催化剂的结构如下

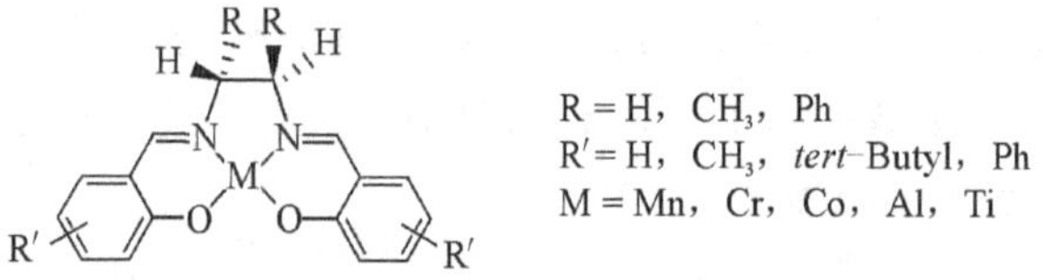

R = H, CH₃, Ph
R' = H, CH₃, *tert*-Butyl, Ph
M = Mn, Cr, Co, Al, Ti

Jacobsen 催化剂是一类对烯烃的不对称环氧化反应十分有效的手性 Salen - Mn(Ⅲ)配合物。本实验中将通过 3,5 -二叔丁基-2 -羟基苯甲醛与手性 1,2 -环己基胺的缩合反应来合成手性 Salen 化合物,再让其与醋酸锰中的 Mn²⁺ 络合。在络合过程中,Mn²⁺ 易被空气中的氧气氧化为 Mn³⁺,导入饱和氯化钠水溶液后,Mn³⁺ 被 Cl⁻ 稳定,最终将得到 Salen - Mn(Ⅲ)配合物。具体合成路线如下

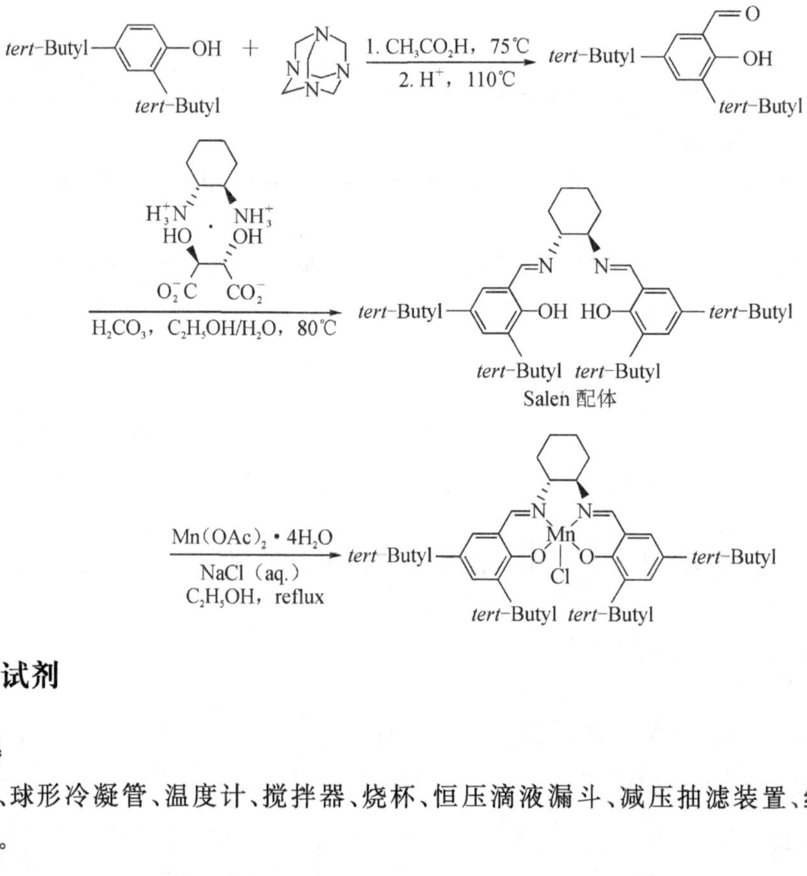

三、仪器与试剂

1. 仪器

三口瓶、球形冷凝管、温度计、搅拌器、烧杯、恒压滴液漏斗、减压抽滤装置、红外光谱仪(KBr 压片)。

2. 试剂

2,4 -二叔丁基苯酚、六次甲基四胺、冰醋酸、硫酸水溶液(质量分数 33%)、乙醇、(1R,2R)-1,2 -环己二胺-(+)-酒石酸盐、无水碳酸钾、四水醋酸锰、氯化钠。

四、实验内容

1. 3,5 -二叔丁基水杨醛的制备

向装有冷凝管、恒压滴液漏斗、温度计的 500 mL 三口烧瓶中加入 12.5 g(61 mmol) 2,4 -二叔丁基苯酚,17 g(121 mmol)六次甲基四胺及 30 mL 冰醋酸。开动搅拌,缓慢加热反

应瓶至 130℃(1 h 内)并维持该温度 2 h。随后,将反应体系降温至 75℃,并通过恒压滴液漏斗加入 30 mL 33%的硫酸,再缓慢升温至 105~110℃,并维持该温度 1 h。降温至 75℃后,将反应液倒入 500 mL 分液漏斗中,趁热分离水相。将有机相转入烧杯中,冷却至室温。减压抽滤,滤饼用蒸馏水和少量乙醇(均预冷至 5℃)洗涤,抽干得黄色固体化合物约 5 g,产率为 35%。

表征数据[1]:①纯 3,5-二叔丁基水杨醛的熔点为 55~58℃;② ^{1}H NMR (CDCl$_3$) δ 11.65 (s, 1H, ArOH), 9.87 (s, 1H, CHO), 7.59 (d, $J = 2.4$ Hz, 1H, ArH), 7.35 (d, $J = 2.4$ Hz, 1H, ArH), 1.43 (s, 9H, C(CH_3)$_3$), 1.33 (s, 9H, C(CH_3)$_3$);③HRMS (EI)m/z 234.1628 (calcd for M$^+$ 234.1619)。

实际工作得到的 ^{1}H NMR 谱和质谱如图 2-44-1 和图 2-44-2 所示。

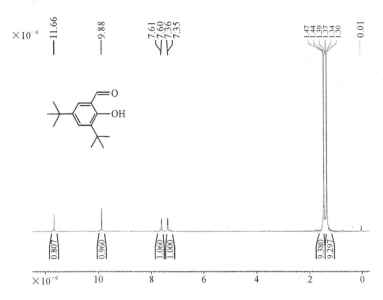

图 2-44-1　3,5-二叔丁基水杨醛的 ^{1}H NMR

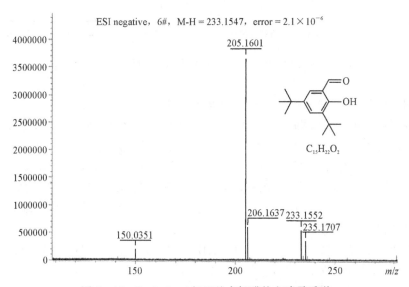

图 2-44-2　3,5-二叔丁基水杨醛的电喷雾质谱

2. Salen 配体((R,R)-N,N′-双(3,5-二叔丁基水杨基)-1,2-环己二胺)的制备

向装有冷凝管、恒压滴液漏斗的 500 mL 三口烧瓶中加入 2.97 g (11.2 mmol)(1R,2R)-1,2-环己二胺-(+)-酒石酸盐、3.12 g(22.5 mmol)无水碳酸钾及 15 mL 蒸馏水,持续搅拌直至完全溶解,再加入 60 mL 乙醇,并将所得浊液加热回流 1 h。通过恒压滴液漏斗将 5.37 g (22.9 mmol)3,5-二叔丁基水杨醛的 25 mL 乙醇溶液慢慢滴入反应液中。在 30 min 内滴加完毕后,继续加热回流 2 h。冷却至室温后,再加入蒸馏水 15 mL,并置于冰箱中冷藏(≤5 ℃)3 h。减压抽滤,滤饼用蒸馏水和少量乙醇(均预冷至 5 ℃)洗涤,抽干得黄色固体约 5.85 g,产率为 95%。

表征数据[1]:①纯 Salen 配体的熔点为 200～203 ℃;② ^{1}H NMR (CDCl$_3$) δ 13.76 (s,2H,ArOH),8.34 (s,2H,CHN),7.34 (d,J=2.2 Hz,2H,ArH),7.02 (d,J=2.2 Hz,2H,ArH),3.70～3.31 (m,2H,CH),2.0～1.4 (m,6H,CH_2),1.45 (s,20H,C(CH_3)$_3$ & CH_2),1.27 (s,18H,C(CH_3)$_3$);③IR(KBr) ν 2960,2869,1631,1595;④Anal. Calcd for C$_{36}$H$_{54}$N$_2$O$_2$:C,79.07;H,9.95;N,5.12. Found:C,79.12;H,9.97;N,5.12。实际工作得到的质谱如图 2-44-3 所示。

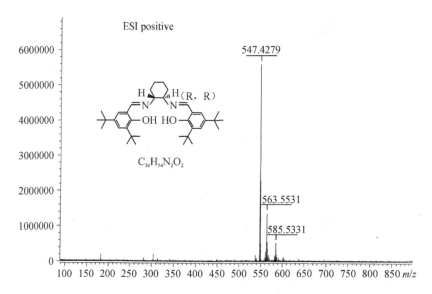

图 2-44-3　Salen 配体的电喷雾质谱

3. Jacobsen 催化剂 Salen-Mn(Ⅲ)配合物的合成

向装有冷凝管、恒压滴液漏斗的 500 mL 三口烧瓶中加入 6.72 g (27 mmol)Mn(OAc)$_2$·4H$_2$O 与 60 mL 乙醇。在搅拌下加热至 80 ℃,通过恒压滴液漏斗将 5.0 g (9.1 mmol)Salen 配体的 25 mL 乙醇溶液滴入反应瓶中,并维持 80 ℃反应 3 h。随后,通过恒压滴液漏斗将 8.2 g (140 mmol)NaCl 的 60 mL 水溶液滴入反应瓶中,继续维持 80 ℃ 反应 1 h。减压蒸馏除去五分之四的溶剂,冷却至室温。减压抽滤,冰水洗涤(3×50 mL)。抽干后得 Salen-Mn(Ⅲ)配合物为棕色固体粉末,产率为 35%～57%。

表征数据[1]:①熔点 324～326 ℃;②IR(KBr) ν 2958～2950,2912,1612,1535;③Anal. Calcd for C$_{36}$H$_{52}$ClMnN$_2$O$_2$:C,67.05;H,8.31;Cl,5.22;Mn,8.09;N,4.12. Found:C,67.05;H,8.34;Cl,5.48;Mn,8.31;N,4.28。

4. Jacobsen 催化剂的表征

通过对比 Salen 配体和 Salen-Mn(Ⅲ)配合物的红外光谱,观察二者的差别。试解释之。

五、注意事项

(1)稀释浓硫酸时注意放热,要将浓硫酸加入水中,切不可反向操作;

(2)进行表征时应规范操作,爱护仪器。

六、思考题

如何根据红外光谱判断锰离子与 Salen 配体配位?

补充阅读

手性环氧化物是一类具有强烈生理活性的有机合成子,广泛用于药物、香料、油漆、树脂、液晶等的制造领域。手性环氧化物可以在温和的反应条件下,通过单一立体选择性的开环反应合成一系列的目标产物。Jacobsen 催化剂可以催化苯乙烯等非官能团化烯烃的不对称环氧化反应,得到高的化学产率和手性产率。其合成路线简单,无毒,产率较高。例如,Jacobsen 催化剂可催化顺式肉桂酸酯的单一手性环氧化反应,进而可以合成有抗癌活性的天然产物——紫杉醇的侧链(见图 2-44-4)。标准的 Jacobsen 催化剂常温下可溶于二氯甲烷、氯仿、DMF 和 DMSO 等,在加热的条件下可溶于甲醇、乙醇或正己烷。为了提高 Jacobsen 催化剂在工业生产中的适用性,很多研究者开始进行催化剂的负载等研究,也有优化反应介质的报道。更深入的研究仍在进行中,未来的工业化生产值得期待。

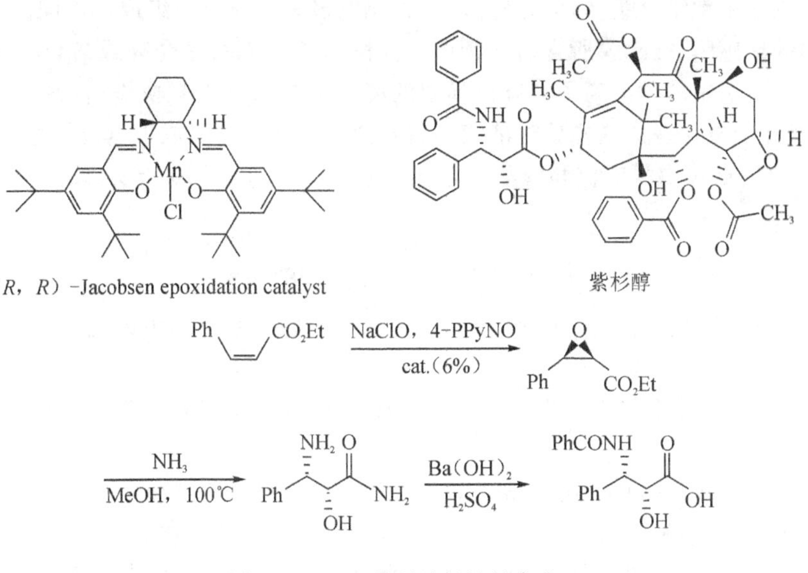

(R, R)-Jacobsen epoxidation catalyst

紫杉醇

图 2-44-4 紫杉醇侧链的合成

参考文献

[1] LARROW J F, JACOBSEN E N, GAO Y, et al. A Practical Method for the Large-Scale Preparation of

[N,N' – Bis(3,5 – di-tertbutylsalicylidene) – 1,2 – cyclohexanediaminato(2 –)]manganese(Ⅲ) chloride, a Highly Enantioselective Epoxidation Catalyst[J]. J Org Chem, 1994, 59: 1939 – 1942.

（编写：孙杨；校对：郭丽娜）

实验四十五　脂溶性金属酞菁的合成及高选择性 NO$_2^-$ PVC 离子选择性电极制备

一、实验目的

(1) 掌握固相制备金属酞菁的方法和金属酞菁的表征；
(2) 学会 PVC 离子选择性电极的制备方法及性能表征。

二、实验原理

由于亚硝酸盐在食物与水体中的含量与癌变有关，故其检测具有重要意义。PVC 电极是离子选择性电极中的一类，具有良好的选择性和灵敏度，常用于离子的定量分析。PVC 电极的选择性与电极膜中活性物质有关。利用活性物质脂溶性金属酞菁对 NO$_2^-$ 的选择性响应可制备高选择性 NO$_2^-$ PVC 离子选择性电极，并建立相应 NO$_2^-$ 定量分析方法。

1. PVC 离子选择性电极原理

PVC 离子选择性电极形状类似氢离子电极。它属于流动载体电极，由含活性物质（如液态离子交换剂或中性络合载体）的敏感膜、内参比电极和内充溶液组成。不同的离子选择性电极具有不同的敏感膜，敏感膜所含活性物质与欲测离子生成的缔合物或络合物不溶于水而溶于有机溶剂。溶液中的欲测离子与有机膜中的离子交换剂发生交换作用，并可自由通过膜界面，从而形成相间电位差。这样就将溶液中特定离子的活度转变成了电位信号，即膜电位。

PVC 电极的电位由膜电位和内参比电极电位组成，$E_{电极} = \varphi_{膜} + \varphi_{Ag\text{-}AgCl}$，内参比电极电位不变，因此

$$E_{电极} = K' \pm \frac{2.303RT}{F}\lg\alpha_{待测离子} \qquad (2 - 45 - 1)$$

式中，K' 为常数；R 为摩尔气体常数 8.314 J·mol^{-1}·K^{-1}；T 为热力学温度；F 为法拉第常数 96485 C·mol^{-1}。

测量时，PVC 离子选择性电极置于待测溶液并与 SCE 电极连接形成原电池，测量电池构成为：

$$Ag, AgCl \mid 0.01mol·L^{-1}\ KCl \mid PVC\ 膜 \mid 测试液 \mid SCE$$

其电位差为 $E_{电池} = \varphi_{SCE} - \varphi_{PVC电极}$。

在一定的实验条件（如溶液的离子强度和温度等）下，外参比电极电位 φ_{SCE} 为常数。亚硝酸根 PVC 电极的膜电位 $\varphi_{膜}$ 与 NO$_2^-$ 活度的关系符合 Nernst 公式，因此上述电池的电位差 $E_{电池}$ 与试液中 NO$_2^-$ 浓度的对数呈线性关系，即

$$E_{电池} = K + \frac{2.303RT}{F}\lg\alpha_{NO_2^-} \qquad (2 - 45 - 2)$$

因此,可以用亚硝酸根 PVC 电极定量测定 NO_2^- 的浓度。

金属酞菁在有机溶剂(甲苯)中与 NO_2^- 形成加合物,NO_2^- 中的 N 原子以直接在轴向位置与中心金属配位的形式存在,对 NO_2^- 有良好的选择性响应,因此以脂溶性酞菁钴(Ⅱ)为活性物质制备的 PVC 膜电极可用于 NO_2^- 的定量分析。

2. 活性物质金属酞菁(MPcs)的合成方法简介

金属酞菁配合物为一类常用染料,是含有 18 个电子、具有共轭体系的大环配合物,其结构如图 2-45-1 所示。金属酞菁配合物具有很高的化学及热稳定性、良好的导电性、很强的防酸腐蚀性,同时还具有优异的光、电、磁性质。这类化合物已被广泛应用于电化学、光化学、催化化学、非线性光学、信息存储学以及医学等学科的前沿领域。

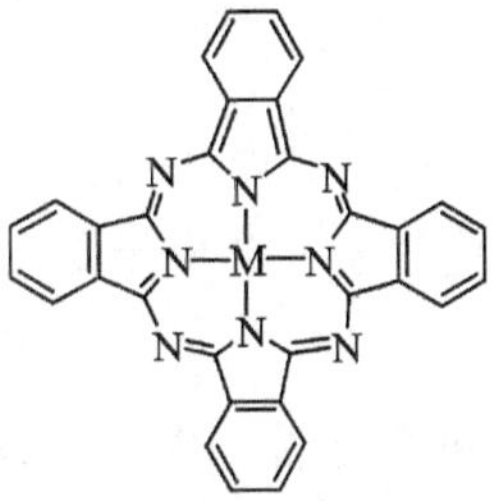

图 2-45-1　金属酞菁结构示意图

MPcs 合成简单,其几种基本合成路线如图 2-45-2 所示。图 2-45-2 中(1)和(2)在甲酰胺催化下以 1,3-二亚氨基异吲哚啉或邻苯二甲酰亚胺为前驱体与金属盐反应;(3)苯酐-尿素法为固相熔融催化法,是以钼酸盐做催化剂,邻苯二甲酸酐与尿素和金属盐的固相反应;(4)是邻位氰基苯酰亚胺和金属盐反应;(5)是邻苯二腈法,以碱为催化剂,邻苯二氰与二价金属盐环合生成 MPcs。

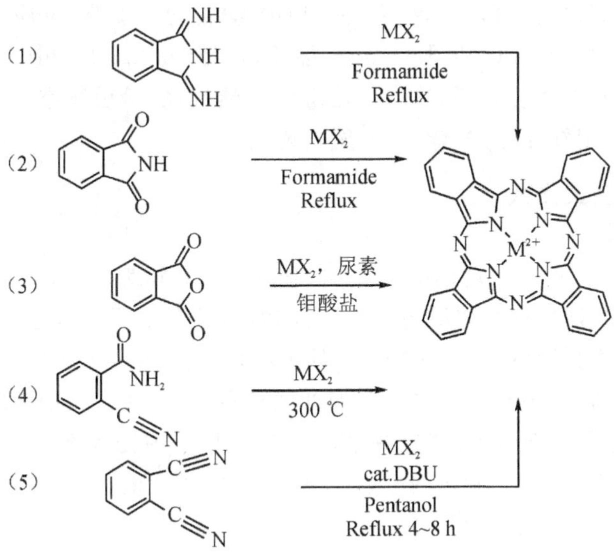

图 2-45-2　金属酞菁合成方法

方法(3)通常使用钼酸铵作催化剂,以尿素为回流剂,在高温(240 ℃)下反应生成金属酞菁,其中铜酞菁为该方法合成的典型代表。由于以苯酐-尿素法制备金属酞菁最为经济,无取代基的金属酞菁由于脂溶性不佳,迄今未见其在 PVC 膜电极上成功应用的报道。本实验采用 4-特丁基邻苯二甲酸酐、金属盐和尿素,钼酸铵为催化剂,以熔融法制备脂溶性金属酞菁。

表征金属配合物时,常用到 IR、UV-Vis、NMR、磁化率、差热-热重及元素分析来确定官能团、分子组成、电子结构和一些键的特征。本实验利用 IR、UV-Vis 等实验技术对所合成金属酞菁进行表征。

实验包含电极活性物质脂溶性金属酞菁的合成、表征和 PVC 电极制备及测试两部分。

三、仪器与试剂

1. 仪器(每组)

量筒(50 mL)、研钵、烧杯(250 mL)、瓷坩埚(30 mL)、电炉、离子计(精确到 0.1 mV)、磁力搅拌器(聚乙烯或聚四氟乙烯包裹的搅拌子)、分析天平、饱和甘汞电极各一个。

2. 试剂

4-特丁基邻苯二甲酸、邻苯二甲酸二丁酯、PVC 粉、增塑剂、尿素、钼酸铵、盐酸、NH_4Cl、氢氧化钠、亚硝酸钠、总离子强度调节缓冲液(TISAB)(称取一定量氯化钠、磷酸盐及盐酸、氢氧化钠调 pH 值至 4.5)、$CoCl_2 \cdot H_2O$、乙醇、丙酮。

四、实验内容

1. 四取代特丁基酞菁钴的制备及表征

1.8 g(8.1 mmol)的 4-特丁基邻苯二甲酸酐、325 mg(2.5 mmol)$CoCl_2 \cdot 2H_2O$(可替换为其他金属如铝、锌的盐)、2.9 g(48.5 mmol)尿素和 34 mg(0.03 mmol)钼酸铵,235 mg(4.5 mmol)NH_4Cl,研磨、混合均匀,放入马弗炉中,升温至 220 ℃,反应 2 h,冷却后向固体中加入 1 mol·L^{-1} 的盐酸 200 mL,煮沸 30 min,抽滤,再用 200 mL1 mol·L^{-1} 的氢氧化钠溶液煮沸 30 min,用蒸馏水洗至中性,产物依次用乙醇和丙酮洗涤,最后真空干燥得深蓝色固体。计算产率。目标产物采用红外光谱、紫外-可见光谱表征。

2. PVC 电极制备及测试

1)PVC 电极制备

按比例将电活性物 2.5%、增塑剂 66.5%、PVC 31%(均为质量比)一起溶解在 2 mL 新蒸馏的四氢呋喃溶液中(四取代金属酞菁为电活性物质,邻苯二甲酸二丁酯为增塑剂)。待形成均匀黏稠的液体后,将其倾倒于 5 cm×5 cm 的干净玻璃片上。待溶剂自然挥发(通常需 24 h)后,就得到了一张厚约 0.2 mm 的富有弹性且半透明的 PVC 膜。从中切取一直径为 10 mm 的小片,用含 5%(质量分数)PVC 的四氢呋喃溶液将其粘于内径为 8 mm、外径为 10 mm、长为 10 cm 的 PVC 电极杆的一端。晾干,充入 0.1 mol·L^{-1} KCl 和 0.01 mol·L^{-1} $NaNO_2$ 的内充溶液,插入内电极 Ag/AgCl,封口,得 PVC 电极。

2)电极测试

测量前,将电极置于 pH 值为4.5的 0.01 mol·L^{-1}磷酸盐缓冲溶液中活化。在室温下,将电极置于待测溶液中并与 SCE 电极连接形成原电池,用电化学测量池记录电极电位。测量电

池构成为

$$Ag,AgCl \mid 0.01 \ mol \cdot L^{-1} \ KCl \mid PVC \ 膜 \mid 测试液 \mid SCE$$

(1)电极选择性测试:在 7 份 50 ml、pH 值 4.5 的 TISAB 溶液中,分别加入 NO_3^-、Cl^-、ClO_3^-、SCN^-、I^-、NO_2^-、Br^-,使其最终浓度为 $10^{-2} \ mol \cdot L^{-1}$,测量电位值。

(2)NO_2^- 响应特性曲线:在 5 份含不同浓度 $NaNO_2$($10^{-7} \sim 10^{-1} \ mol \cdot L^{-1}$)的、pH 值为 4.5 的 TISAB 溶液中测量电位值,并将测试数据以电位值对测试液中阴离子浓度的对数值($lg\alpha$)作图。

五、注意事项

(1)电极用后应用水充分冲洗干净,并用滤纸吸去水分。如果短时间不再使用,还应套上保护电极敏感部位的保护帽。电极使用前仍应洗净,并吸去水分。

(2)不得用手触摸电极的敏感膜;如果电极膜表面被有机物等沾污,必须先清洗干净后才能使用。

六、思考题

(1)对比几种合成金属酞菁的路线,各有什么优缺点?

(2)说明加入离子强度调节剂的原因,以及离子选择电极法中用 TISAB 溶液的意义。

参考文献

[1] 李俊忠,胡敏,俞汝勤. 脂溶性酞菁钴(Ⅲ)为载体的高选择性亚硝酸根 PVC 膜电极[J]. 化学学报, 1995, 53: 1118-1123.

[2] 许文菊. 新型配合物敏感载体 PVC 膜离子选择性电极的构建及表征[D]. 重庆:西南大学,2009.

（编写:胡敏;校对:张雯 ）

实验四十六　双(2,4,6-三氯苯基)草酸酯的合成及荧光棒的制作

一、实验目的

(1)掌握草酸酯类化学发光材料双(2,4,6-三氯苯基)草酸酯的合成方法;

(2)掌握过氧草酸酯类发光材料的发光原理。

二、实验原理

化学发光(Chemiluminescence)是指在室温条件下将化学反应能量转化为光能的反应过程,它是由高能量、不放热、不做电功或其他功的化学反应所释放的能量激发体系中某种化学物质分子所产生的次级光发射。根据化学发光的原理可将其分为:双氧基化合物分解型化学发光、单重态氧生成型化学发光及电子转移型化学发光。过氧草酸酯类化学发光激发荧光机理属双氧基化合物分解型化学发光,具有较高的灵敏度和宽的线性响应范围,广泛应用于发光

分析,而其高的化学发光效率,使其适宜作为化学光源在日常生活中广泛应用。如基于此原理制作的荧光棒无毒、无害,成为用处广泛的发光品。荧光棒不但可用于演唱会,还可作为玩具、装饰、军需照明、海上救生、夜间标志信号以及钓鱼的专用灯源。市售荧光棒多是基于草酸酯类物质化学发光原理制备的。

过氧草酸酯类化合物中,双(2,4,6-三氯苯基)草酸酯具有发光强度高、成本较低的优点,是用量较大的一类草酸酯,其合成方法如下

过氧草酸酯类化学发光原理:过氧化氢对草酸酯羰基亲核进攻,生成能产生高能量的双氧基环状中间体二氧杂环丁二酮;二氧杂环丁二酮分解,将能量传递给受体荧光分子,使荧光分子处于激发状态;激发态荧光分子从激发单重态至基态,释放光子即发出荧光,发光原理如下

由此可见,过氧草酸酯类化学发光体系包含四个要素化合物,即荧光剂、草酸酯、过氧化氢和催化剂。市售荧光棒由过氧化物、酯类化合物和荧光染料组成。目前市场上常见的荧光棒中通常放置了一个玻璃管夹层,夹层内外隔离了过氧化物和酯类化合物,经过揉搓,过氧化物和酯类化合物发生上述反应而发光。

三、仪器与试剂

1. 仪器

磁力搅拌器、三口烧瓶(250 mL)、加液漏斗(50 mL)、量筒(50 mL)、研钵、烧杯(250 mL)、瓷坩埚(30 mL)、X 射线衍射仪、万用电表、高瓦数紫外灯、秒表、红外烤灯。

2. 试剂

2,4,6-三氯苯酚、甲苯、三乙胺、草酰氯、邻苯二甲酸二甲酯(DMP)、醋酸钠、荧光黄、罗丹明 B、芘、邻苯二甲酸酯、过氧化氢、叔丁醇、聚四氟乙烯管、细玻璃管。

四、实验内容

1. 双(2,4,6-三氯苯基)草酸酯的合成

(1)装好反应装置(安装尾气吸收装置)。在 250 mL 三口烧瓶中,加入 5 g 2,4,6-三氯苯酚和 40 mL 甲苯,再加入 1.8 g(2.5 mL)三乙胺。将 2.8 g(1.9 mL)草酰氯溶于 3 mL 甲苯,室温下在 5~10 min 内滴入三颈瓶中,搅拌 2 h。冷却,抽滤,水洗,干燥。称重。

(2)测量产品的熔点及红外光谱。

2. 发光性能测试

1)制备 A、B 液

A 液:取草酸酯 0.4 g 和邻苯二甲酸二甲酯 10 mL(草酸酯的浓度为 0.01~0.3 mol·L^{-1})水浴加热至 80 ℃,玻璃棒搅拌至草酸酯溶解,加入荧光染料(浓度为 10^{-2} mol·L^{-1} 的荧光黄、罗丹明 B、芘的乙醇溶液)2 mL,冷却,待用。

B 液:将 0.01 g 水杨酸钠,2 mL 30% 双氧水溶于 8 mL 邻苯二甲酸二甲酯中,待用。

在暗处混合 A、B 两液,观察并记录颜色。

2)发光条件优化

自行设计不同温度、不同浓度的双氧水及不同浓度荧光染料对荧光棒发光强度、发光时间影响的实验。

3. 市售荧光棒制作

选好玻璃管,用酒精喷灯将玻璃毛细管一端封口。用注射器移取一定量液体 B 并将其注入玻璃管,甩干玻璃管,封口。再用注射器移取液体 A 并将其注入塑料管。把装有 B 液的玻璃管插入装有 A 液的塑料管,最后将塑料管封口。把做好的荧光棒表面冲洗干净,晾干备用。

五、注意事项

(1)草酸酯与过氧化氢体积比为 1∶1。在化学光源中过氧化氢稍过量(草酸酯价格高,过氧化氢易分解),过量太多则发光寿命和发光效率均较低。实际荧光棒中草酸酯的浓度为 0.01~0.3 mol·L^{-1}。弱碱性物质水杨酸的碱金属盐、胺类等的存在会加快反应速度,从而导致发光寿命降低,发光强度增大(催化作用)。而酸性物质(草酸、邻苯二甲酸)的加入对反应有抑制作用,使光能量以较平缓的趋势长时间释放。

(2)混合过程中,须剧烈搅拌,水须缓慢滴加。

六、思考题

哪些因素会影响材料的发光寿命和发光效率?

参考文献

[1] 李斌,蔚紫,程侣柏. 化学发光材料双(2,4,6-三氯苯基)草酸酯的合成[J]. 精细化工,1997,6:37-38.

(编写:胡敏;校对:张雯)

实验四十七　以双氧水为氧化剂的 4-VCH 绿色环氧化反应研究

一、实验目的

(1)了解不饱和烯烃的环氧化反应原理;

(2)掌握离子液体的制备及以双氧水为氧化剂的烯烃环氧化方法;

(3)掌握环氧化合物的环氧值测定方法。

二、实验原理

4-乙烯基环己烯(4 - Vinyl-Cyclohexene,简称 4 - VCH)是石油化工产物丁二烯的主要副产物,我国石化企业每年都有大量 4 - VCH 产出,目前主要作为低级燃料,存在很大浪费。4 - VCH 经环氧化反应得到的环氧化产物是一类性能优异的环氧活性稀释剂,可广泛应用于化工、航空、医药和生物等行业。在众多氧化剂中,双氧水具有较多的活性氧并且在反应后生成对环境无害的水,因此是一种理想的环境友好的氧源。然而,高浓度的双氧水存在强烈腐蚀性和爆炸隐患,且价格高;而低浓度的双氧水的反应活性太低,必须借助其他催化剂使其活化,才能达到理想的环氧化效果。

过渡金属钒、钛、钼、钨等对以双氧水为氧化剂的烯烃环氧化反应具有优良的催化活性。然而,由于过渡金属催化剂只能溶于水相而不溶于有机相,因此,只有添加适当的相转移催化剂该氧化反应才可以顺利进行。

本实验将设计合成一类新型的 N-丁基吡啶过氧磷钨酸盐催化剂(简称吡啶过氧磷钨酸盐)。此过氧磷钨酸盐催化剂包括两部分:起催化作用的磷钨酸配合物和起催化促进作用的有机物配体,其结构如下

$$\left[\bigcirc N^+ \diagup\diagup\diagup \right]_3 PW_{12}O_{41}$$

此催化剂的制备包括两步反应:首先是共轭环状季铵盐配体溴代 N-正丁基吡啶盐的制备,接着该有机配体与过氧磷钨酸反应即可得到目标催化剂。具体反应式如下

$$\bigcirc_N + n\text{-}C_4H_9Br \xrightarrow[\text{回流}]{\text{乙腈}} \bigcirc_{\substack{N^+ \\ | \\ C_4H_9\text{-}n}} Br^-$$

$$H_3PW_{12}O_{41} + 3\left[\bigcirc N^+ \!-\! n\text{-}C_4H_9Br \right] \longrightarrow \left[\bigcirc N^+ \!-\! n\text{-}C_4H_9 \right]_3 PW_{12}O_{41} + 3HBr$$

在 N-丁基吡啶过氧磷钨酸盐的催化下,以双氧水为氧化剂的 4 -乙烯基环己烯(4 - VCH)在进行环氧化过程中,由于 4 -乙烯基环己烯分子中两个双键的反应性能存在差异,故可能形成多种环氧化物的混合物,其中以环上双键被环氧化为主:

$$\bigcirc\!\!\diagup\diagup + 3H_2O_2 \xrightarrow{\text{W催化剂}} O\!\triangleleft\bigcirc\!\!\diagup\diagup + \bigcirc\!\!\triangleright\!O + O\!\triangleleft\bigcirc\!\!\triangleright\!O + 3H_2O$$

$$\text{major}$$

三、仪器与试剂

1. 仪器

磁力搅拌器、三口烧瓶、球形冷凝管、恒压滴液漏斗、烧杯、玻璃棒、抽滤装置、色谱柱(含中性氧化铝)、旋转蒸发仪、碱式滴定管、量筒、锥形瓶。

2. 试剂

吡啶、溴代正丁烷、乙腈、丙酮、过氧磷钨酸、双氧水(30%)、4 -乙烯基环己烯(4 - VCH)、氯仿、石油醚。

四、实验内容

1. 催化剂的制备

1）溴代 N-正丁基吡啶盐的合成

向装有搅拌器、温度计和回流冷凝管的 250 mL 干燥三口烧瓶中，依次加入 1.58 g（0.02 mol）吡啶、3.26 g（0.024 mol）溴代正丁烷及 10 mL 乙腈。在搅拌下加热至 75 ℃ 反应 12 h，静置，分层。趁热弃去上层乙腈，冷却，得到淡黄色固体。将固体用丙酮洗涤三次，真空干燥，得到白色溴代 N-正丁基吡啶固体。

2）N-丁基吡啶过氧磷钨酸盐的制备

向 100 mL 三口烧瓶中加入 0.9 g（0.31 mmol）过氧磷钨酸、0.2 g（0.93 mmol）溴代 N-正丁基吡啶盐和 2 mL 氯仿，室温搅拌 10 min，即可得到钨酸季铵盐络合物催化剂。

2. 环氧化反应

将 10.4 g（0.1 mol）4-VCH 和 18 mL 氯仿加入上述三口烧瓶中。快速搅拌下，用恒压滴液漏斗将 15 mL 双氧水（30％）逐滴加入上述混合液中。滴加完毕后用 10％的 NaOH 溶液调 pH 值为 4，再升温至 50 ℃ 搅拌 6 h，然后冷却至室温。

将上述混合物转入 100 mL 分液漏斗中，静置，分离出有机层（下层），用无水硫酸钠干燥。减压除去有机溶剂，并通过柱层析（中性氧化铝）对粗产物进行纯化，以氯仿/石油醚（体积比为 3：1）为洗脱液进行洗脱，即得到 4-乙烯基环己烯的环氧混合物。

3. 环氧值测定

准确称取 0.4 g 环氧化合物样品于 125 mL 锥形瓶中，加入 5 mL HCl-丙酮（体积比为 1：40）和 5 mL 乙醇溶解样品。静置 30 min 后，加入几滴酚酞指示剂，用 0.1 mol·L^{-1} 的 NaOH 标准滴定液滴定至浅红色，记录消耗 NaOH 的体积，进行两次平行实验和三次空白实验。根据下式计算产品的环氧值：

$$环氧值 = \frac{(V - V_0) \times c_{NaOH} \times 100}{1000 \times m} \qquad (2-47-1)$$

式中，V 为滴定样品溶液所需的 NaOH 标准溶液的体积，mL；V_0 为滴定空白溶液所需的 NaOH 标准溶液的体积，mL；c_{NaOH} 为 NaOH 标准溶液的浓度，mol·L^{-1}；m 为样品的质量，g。

五、注意事项

（1）氯仿、溴代正丁烷、吡啶等有毒，实验过程中注意通风。

（2）双氧水遇有机物、受热将分解放出氧气和水，通常避光、避热、常温下保存。

（3）测环氧值时，NaOH 标准滴定液应装在碱式滴定管内。

六、思考题

烯烃的环氧化反应，除了双氧水还有哪些常用的氧化剂？

参考文献

[1] 孙海洋,易封萍. 离子液体 N-丁基吡啶四氟硼酸盐的合成研究[J]. 化学试剂,2009,31(6):450-452.

（编写:高国新;校对:郭丽娜）

实验四十八　酸催化下 2-甲基-2-丁醇消除反应和碱催化 2-氯-2-甲基丁烷消除反应机理探究

一、实验目的

(1)深入了解 β-氢消除反应类型及反应机理;

(2)学习利用气相色谱分析对反应产物进行分析的方法。

二、实验原理

消除反应是有机化学中一类极其重要的化学转化,是反应物分子失去小分子如 H_2O、HX、X_2、NR_3 等,生成不饱和或环状化合物的反应。根据发生消除反应的位点不同,可以分为 α-消除反应、β-消除反应和 γ-消除反应。其中,α-消除反应可以制备出活性较高的卡宾中间体,进而参与后续的化学转化。β-消除反应常用于高效地制备各类烯烃化合物。根据消除反应的机理不同可以将 β-氢消除反应分为以下两类。

1. 单分子消除反应(E1 消除)

第一步反应是中心碳原子与离去基团的键异裂,产生活性中间体碳正离子。此步转化是该反应的速控步骤。第二步是碱提供一对电子,与碳正离子中间体的 β-氢结合,碳正离子消除一个质子形成烯烃,此步反应较快。因反应速率只与第一步碳正离子生成有关,所以该反应动力学上是一级反应。

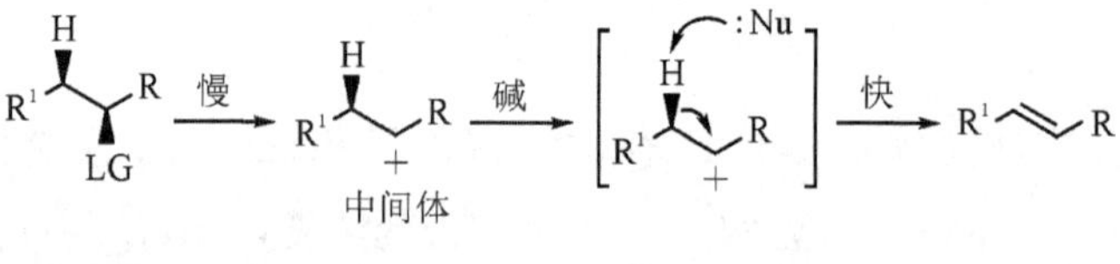

2. 双分子消除反应(E2 消除)

双分子消除反应是碱进攻中心碳原子邻位的氢原子,使氢原子成为质子与碱结合而脱去,同时分子中的离去基团在溶剂作用下带着一对电子离去,在 β-碳原子和 α-碳原子之间形成了双键。此反应经历了一个能量较高的过渡态。反应的速率与反应物浓度和碱的浓度成正比,反应动力学上是二级反应。

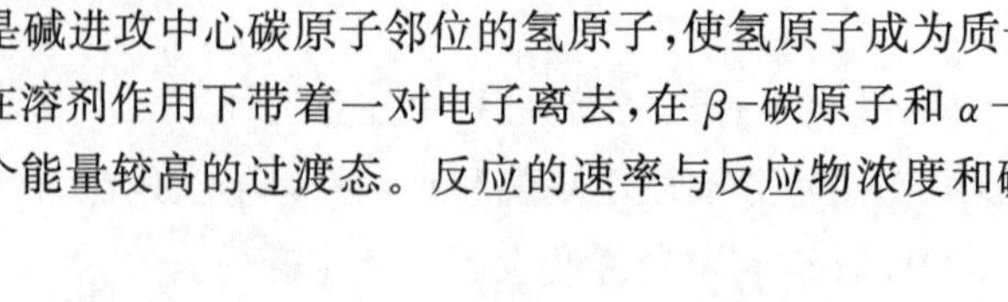

本实验利用不同的反应底物在不同条件下选择性地发生 E1 消除或者 E2 消除,通过分析实验结果对反应机理进行推测。

三、仪器与试剂

1. 仪器

圆底烧瓶(25 mL 和 50 mL)、冷凝管、分馏管、蒸馏头、温度计、尾接管、100 mL 锥形瓶。

2. 试剂

2-甲基-2-丁醇、2-氯-2-甲基丁烷、浓硫酸、氢氧化钾、蒸馏水、丙醇、正己烷。

四、实验内容

1. 2-甲基-2-丁醇的消除反应

将 2.4 g 2-甲基-2-丁醇置于 25 mL 带有搅拌磁子的圆底烧瓶中。小心加入 15 mL 6 mol·L^{-1} 的硫酸到圆底烧瓶中,圆底烧瓶上配有冷凝管及分馏装置,将接收瓶置于冰水浴中。85～90 ℃ 水浴加热反应,收集馏分在 45 ℃ 以下的产物,制备 GC 样品。

2. 2-氯-2-甲基丁烷的消除反应

将 23 mL 碱性 1-丙醇溶液(23 mL 溶液中含有 3 g 氢氧化钾)加入到 50 mL 圆底烧瓶中。将 3 mL 2-氯-2-甲基丁烷缓慢加入圆底烧瓶中,并在圆底烧瓶上加上冷凝管及分馏装置,用一个磨口的 25 mL 圆底烧瓶作为接收瓶并置于冰水浴中。75～80 ℃ 水浴加热反应 1 h,注意时刻观察确保温度不超过 80 ℃。反应 1 h 后,圆底烧瓶中有白色的沉淀生成。升高水浴温度到 90～95 ℃ 蒸馏反应物,收集馏分在 45 ℃ 以下的产物,制备 GC 样品。

3. 气相色谱分析反应结果

取一气相色谱专用瓶及盖子,取待测样品 2～3 滴至瓶中,然后加入正己烷至瓶子一般体积。盖上盖子,标记好样品,放入 GC 自动进样器中,检测样品,处理数据。

气相色谱的参数:

色谱柱为 HP-55% PhenylMethylSiloxane 弹性石英毛细管;升温程序为 65 ℃,等温 5 min;氮气流量为 7.5 mL/min;进样量为 1 μL;气化室温度为 150 ℃;检测器温度为 250 ℃。

五、注意事项

(1)反应过程中温度要控制严格,尤其是加热温度不能超过设置的最高温度;

(2)氢氧化钾的丙醇溶液需要提前配好;

(3)气相色谱样品制备时待测样品量不可加入过多,2～3 滴已经满足检测要求。

六、思考题

(1)写出上述两个反应主反应的反应方程式。

(2)写出上述两个消除反应的类型,分析气相色谱结果并对机理进行解释。

(3)气相色谱分离产物的原理是什么?

参考文献

[1] AITKEN R A, HODGSON P K G, MORRISON J J, et al. Flash vacuum pyrolysis over magnesium: Part 1 Pyrolysis of benzylic, other aryl/alkyl and aliphatic halides[J]. J Chem Soc(Perkin Trans 1), 2002, 3: 402-415.

(编写:高品;校对:杨帆)

实验四十九　聚丙烯酸钠高吸水树脂的合成

一、实验目的

(1)了解高吸水性树脂制备的基本方法;

(2)了解高吸水树脂的吸水原理及影响因素。

二、实验原理

高吸水树脂一般为含有亲水基团和交联结构的高分子电解质。吸水前,高分子链相互靠拢纠缠在一起,成网状结构而达到整体上的紧固。与水接触时,因为吸水树脂上含有较多亲水基团,故首先进行水润湿;然后水分子通过毛细扩散作用渗透到树脂中,链上的可电离基团在水中发生电离;由于链上同离子之间的静电斥力,使高分子链伸展溶胀。此外,由于电中性要求,反离子不能迁移到树脂外部,树脂内外部溶液间的离子浓度差形成反渗透压,使水在反渗透压的作用下进一步进入树脂中,形成水凝胶。但是,树脂本身的交联网状结构及氢键的饱和作用,又限制了凝胶的无限膨胀,达到吸水平衡。

衡量高吸水树脂吸水能力的一个很重要的指标即为吸水倍率 Q,它是指在吸水平衡时,1 g树脂所吸收的液体的量:

$$Q = (M_1 - M_0)/M_0$$

式中,M_0 和 M_1 分别为吸水前后树脂的质量。

聚丙烯酸钠作为一种合成高吸水树脂,由几种单体发生自由基聚合反应生成。其中,常用的关键结构单体为氢氧化钠部分中和的丙烯酸,引发剂为水溶性的热引发剂过硫酸铵,反应通常使用 N,N-亚甲基双丙烯酰胺为交联剂参与共聚合以形成三维网状结构。反应式为

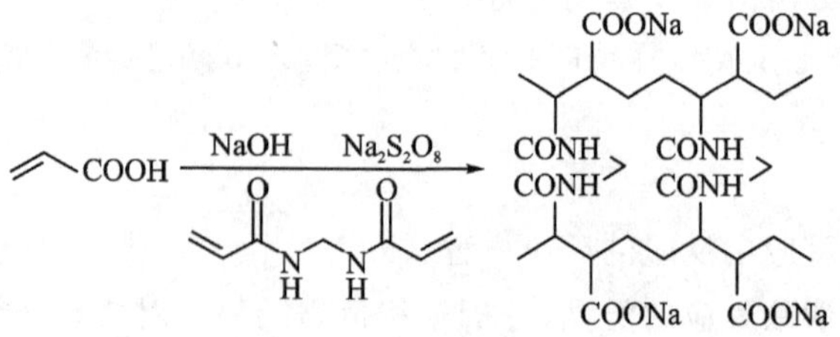

三、仪器与试剂

1. 仪器

容量瓶、移液管、量筒、烧杯、表面皿、天平、烘箱、粉碎机。

2. 试剂

丙烯酸、氢氧化钠、N,N-亚甲基双丙烯酰胺、过硫酸铵。

四、实验内容

1. 引发剂溶液的配制

称取 11.11 g 过硫酸铵放入 250 mL 烧杯中,加入一定量去离子水溶解,溶解完全后移至 1000 mL 容量瓶中加水定容,制得质量分数为 1% 的过硫酸铵溶液。

2. 交联剂溶液的配制

称取 2.25 g N,N-亚甲基双丙烯酰胺于 100 mL 烧杯中,加入一定量的去离子水溶解,溶解完全后移至 500 mL 容量瓶中加水定容,制得质量分数为 0.5% 的 N,N-亚甲基双丙烯酰胺溶液。

3. 高吸水树脂的合成

用量筒移取 10 mL 丙烯酸于 100 mL 烧杯中,分批加入 40% 氢氧化钠溶液,使其中和度为 60%~80%;再加入去离子水稀释至单体浓度为 2%~50%;加入交联剂 N,N-二甲基双丙烯酸胺,将反应瓶置于恒温水浴中加热,不断搅拌直至溶解完全;然后用移液管量取 1 mL 质量分数为 0.5% 的交联剂加入该烧杯中,搅拌均匀进行反应,2 h 后停止搅拌;最后将溶液倒入大面积的玻璃培养皿中,放入温度为 80 ℃烘箱中进行干燥,待烘烤至成形且不再黏手时取出,用粉碎机将产品打成粉末,将粉末放入 80 ℃烘箱干燥过夜,完全干燥后即得到聚丙烯酸钠高吸水树脂。

4. 树脂吸水倍率的测定

称取一定量完全干燥后的样品放入 100 mL 烧杯中进行吸水倍率的测定。

五、注意事项

(1)中和度对最终产物的吸水率有显著影响,应将其控制在较适宜范围(60%~80%)。

(2)为得到性能良好的聚丙烯酸钠高吸水树脂,实验过程中应充分搅拌。

六、思考题

(1)查阅文献分析聚丙烯酸钠高吸水树脂合成的方法有哪些,简单分析其优缺点。

(2)简单总结聚丙烯酸钠高吸水树脂的具体应用。

参考文献

[1] 张鑫,陆丹,孙哲. 聚丙烯酸钠的应用分析研究[J]. 化学工程与装备,2011,2:139-140.

[2] 邱海霞,于九皋,林通. 高吸水性树脂[J]. 化学通报,2003,9:598-605.

(编写:解云川;校对:张雯)

实验五十　苯乙烯的原子转移自由基聚合

一、实验目的

(1)了解活性聚合的基本特点；

(2)掌握原子转移自由基聚合的实验操作方法。

二、实验原理

原子转移自由基聚合(Atom Transfer Radical Polymerization，ATRP)是 1995 年首先由王锦山和 Matyjaszewski 等报道的一种新型自由基活性聚合(可控聚合)方法。其原理是以有机卤化物为引发剂，过渡金属配合物为催化剂，通过氧化还原反应使卤素原子在金属配合物与链增长自由基之间可逆转移，从而在活性种与休眠种之间建立可逆动态平衡。结果使链增长自由基浓度降低，最大程度上减少了链增长自由基之间的双基终止反应，从而实现对聚合反应的控制。由于 ATRP 具有聚合条件温和、适用单体范围广的特点，已成为高分子合成化学领域的研究热点之一。

本实验拟以 α-溴代丙酸乙酯为引发剂，在氯化亚铜联吡啶(CuCl/Bpy)配合物催化下，引发苯乙烯活性自由基聚合，反应机理如下

$$
\begin{array}{ccccccc}
\text{链引发} & R{-}X & + & CuCl/Bpy & \rightleftharpoons & R\cdot & + & CuCl(X)/Bpy \\
& \Big\downarrow{\scriptstyle +M} & & & & {\scriptstyle k_i}\Big\downarrow{\scriptstyle +M} & & \\
& R{-}M{-}X & + & CuCl/Bpy & \rightleftharpoons & R{-}M\cdot & + & CuCl(X)/Bpy \\
& & & & & {\scriptstyle k_p}\Big\downarrow{\scriptstyle +M} & & \\
\text{链增长} & P_n{-}X & + & CuCl/Bpy & \rightleftharpoons & P_n\cdot & + & CuCl(X)/Bpy \\
& & & & & \overset{\displaystyle (+M)}{\underset{k_p}{\circlearrowleft}} & &
\end{array}
$$

式中，R—X 为卤代烃引发剂；M 为单体；k_i 是引发反应的化学反应速率常数；k_p 是链增长反应的化学反应速率常数；P_n 指聚合度为 n 的聚合物。

三、仪器与试剂

1. 仪器

磁力搅拌器、恒温油浴、三口烧瓶、注射器、减压蒸馏装置、分液漏斗(250 mL)、温度计、烧杯(500 mL)。

2. 试剂

苯乙烯、α-溴代丙酸乙酯、CuCl、2,2'-联吡啶、甲苯、四氢呋喃(THF)、甲醇、氢氧化钠、无水硫酸钠。

四、实验内容

1. 试剂预处理

苯乙烯的精制：在 250 mL 分液漏斗中加入 100 mL 苯乙烯，用 30 mL 浓度为 5% 的氢氧化钠溶液洗涤 3 次，然后再用去离子水洗至中性（用 pH 试纸检验），弃去水层，加无水硫酸钠避光干燥 6 h，将干燥后的单体溶液滤入烧瓶中进行减压蒸馏（水浴温度约为 60 ℃），收集馏分，放入冰箱中保存备用。

CuCl 的纯化：使用前用冰醋酸浸泡、洗涤，静置后弃去上层清液，反复几次至上层清液无色，抽滤、用丙酮洗涤，真空干燥后避光保存。

2. 可控自由基聚合反应

室温下在 50 mL 容量的三口瓶中依次加入 34.6 mg（0.35 mmol）CuCl、163.8 mg（1.05 mmol）Bpy、4 mL 苯乙烯和 8 mL 甲苯，搅拌使充分混合；持续通入氮气 30 min，密封后在 110 ℃ 油浴中回流反应。在不同的反应时间点用注射器取出约 1.5 mL 样品，加入 1.5 mL THF 稀释，在烧杯中用 20 mL 甲醇沉淀聚合物。用布氏漏斗过滤、甲醇洗涤，抽干后真空干燥，计算不同时间点的单体转化率，反应装置如图 2-50-1 所示。

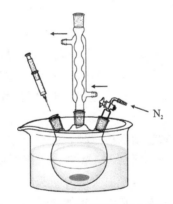

图 2-50-1　ATRP 反应聚合苯乙烯装置示意图

3. 大分子产物表征

用 GPC 测定聚苯乙烯产物的相对分子质量及其分布（THF 作流动相，单分散聚苯乙烯作标样，样品配置浓度约为 10 mg 样品/4 mL THF）。用 ^{1}H NMR 表征聚合物化学结构。

五、注意事项

(1)在取单体和其他试剂之前，注射器要充、排氮气 3 次，以去除里面的氧气；

(2)取单体和其他试剂时，操作要尽量迅速，以减少氧气的带入。

六、思考题

(1)活性聚合反应的普遍特征是什么？

(2)聚合过程中要进行较严格的除氧操作，如果体系中有微量的氧气存在，会对聚合反应产生什么影响？

参考文献

[1] 石艳,刘海涛,沈大娲,等. α,α-二溴甲苯引发的苯乙烯原子转移自由基聚合研究[J]. 高分子学报, 2003,2:302-305.

[2] 王冠军,石艳,付志峰,等. 2-溴代环己酮引发的苯乙烯原子转移自由基聚合[J]. 高等学校化学学报, 2003,24:1531-1533.

(编写:解云川;校对:张雯)

实验五十一 光聚合法制备高分子微球

一、实验目的

(1)了解光聚合技术的基本原理和方法;

(2)掌握高分子微球的制备方法。

二、实验原理

光聚合也称光固化,是以紫外光或者可见光为光源,通过光引发剂分解产生活性自由基,进而引发具有可反应化学活性基团的液态物质快速固化的过程。光聚合具有污染少、固化产物性能优异、固化速度快等突出优点,已广泛应用于涂料、黏合剂、微电子、3D 打印等诸多领域。

光聚合体系的主要化学反应物包括以下三种。

(1)光引发剂:光引发剂在紫外光区(250~400 nm)或可见光区(400~800 nm)具有一定的吸光能力,在紫外光或可见光照射下,光引发剂分子吸收光能后,从基态跃迁到激发单线态,或经系间窜跃至激发三重态。光引发剂在激发单线态或三重态通过单分子或双分子作用后,产生可以引发单体聚合的自由基、阴离子、阳离子或离子自由基等活性单元。根据活性单体聚合的机理,光引发剂可分为自由基聚合光引发剂和阳离子光引发剂。

(2)低聚物:指含有不饱和官能团的低分子化合物。在光固化体系中,低聚物应具有在光照条件下即可进一步反应或交联聚合的基团,如含双键基团、环氧基团等。低聚物是光固化配方的基体树脂,它和活性单体占整个配方质量的 50% 以上,决定了树脂的基本性能,如硬度、柔韧性和耐老化性能等。

(3)活性单体:是一种含有可聚合官能团的小分子。在光聚合体系中,活性单体通常参与聚合交联过程。它不仅可以稀释低聚物,调节体系黏度,还可以溶解光引发剂,影响聚合速度和材料的各种性能。根据活性单体官能团的种类,可把活性单体分为甲基丙烯酸酯类、乙烯基醚类和环氧类等。

光聚合反应主要通过紫外光固化技术和非均相沉淀聚合相结合,将传统的静态光固化反应变为动态反应模式。具体流程为:在氮气等气体的保护下,反应溶剂以一定流速进入光固化体系,在紫外光照射下,反应体系中的引发剂分解产生自由基,引发聚合体系中的反应物交联聚合,产生沉淀,反应物由液态转变成固态生成物,从溶剂中分离出来。未反应的聚合体系可再次循环,与新加入的活性单体、光引发剂或反应溶剂等再次混合进入光固化反应体系,从而实现光聚合反应的连续性和可控性。

高分子微球是直径在纳米级至微米级的球形或其他几何形状的高分子材料(或复合材料),主要有空心、实心、多孔、Janus 型、洋葱型和哑铃型等。常用制备方法主要有:乳液聚合、分散聚合、沉淀聚合和悬浮聚合等。尽管各种聚合方法的聚合机理不同,但都包含成核和核生长两个阶段,聚合物组成及聚合物微球粒径大小和粒径分布主要由这两个阶段控制。

本实验拟采用的化学物质结构式及名称如下

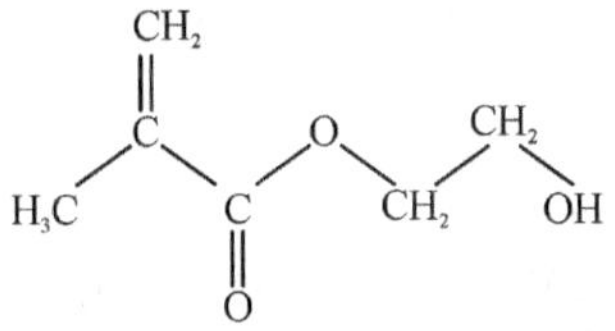

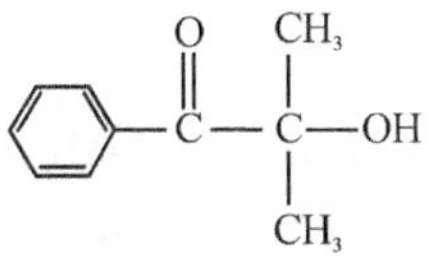

甲基丙烯酸羟乙酯（HEMA）　　2-羟基-2-甲基-1-苯基丙酮（1173）

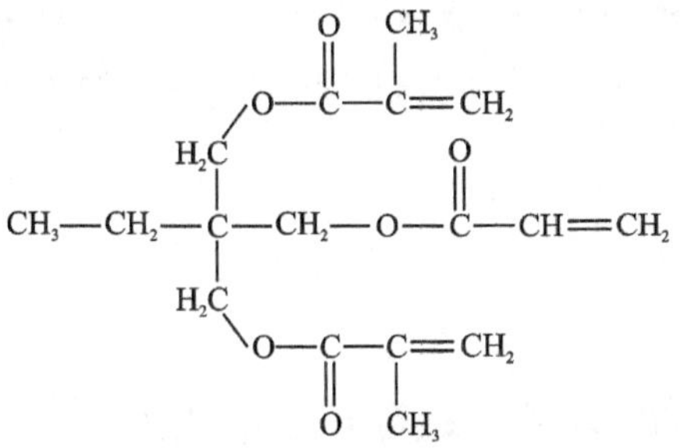

三羟甲基丙烷三甲基丙烯酸酯（TMPTMA）

三、仪器与试剂

1. 仪器

UV-A 光强计、超声波混合器、蠕动泵、电热恒温鼓风干燥箱、红外光谱分析仪、电子天平、紫外光固化机等。

2. 试剂

甲基丙烯酸羟乙酯、2-羟基-2-甲基-1-苯基丙酮、三羟甲基丙烷三甲基丙烯酸酯、乙醇等。

四、实验内容

在 500 mL 容量的三口烧瓶中,加入已称量好的 9 g 甲基丙烯酸羟乙酯(HEMA)活性单体、0.9 g 光引发剂(1173)、0.40 g 交联剂(TMPTMA)和 180 mL 由乙醇和水组成的溶剂体系(体积比 1∶2)。将装有反应物的三口烧瓶放到超声装置中超声 10 min 混合均匀,得到澄清透明的溶液。将澄清的反应混合物经蠕动泵以一定的流速泵入光聚合反应装置中,接受紫外光的立体照射(光源功率密度大于 5.5×10^4 $\mu W/cm^2$),得到浑浊乳液,经离心分离后得到固体产物,用乙醇多次洗涤后在真空烘箱中干燥,得到交联的聚甲基丙烯酸-2-羟乙酯(PHEMA)微球。

五、注意事项

(1)反应物超声过程中温度不可过高;

(2)注意控制聚合体系进入反应装置中的流速,切勿过快。

六、思考题

(1)光引发剂的作用机理是什么? 所加入引发剂的量对产物可能产生怎样的影响?

(2)通过对实验产物的分析表征,简单说明微球的成核和生长理论。

参考文献

[1] STÖVER D H D. Cross-Linked Poly(methacrylic acid-co-poly(ethylene oxide)methyl ether methacrylate) Microspheres and Microgels Prepared by Precipitation Polymerization: A Morphology Study[J]. Macromolecules, 2002, 35: 9983 - 9989.

[2] DOWNEY J S, FRANK R S, LI W H. Growth mechanism of poly(divinylbenzene) microspheres in precipitation polymerization[J]. Macromolecules, 1999, 32: 2838 - 2844.

(编写:解云川;校对:张雯)

实验五十二　　苯乙烯与甲基丙烯酸甲酯共聚物的合成及其表征

一、实验目的

(1)了解自由基共聚合制备不同共聚物的方法;

(2)掌握不同单体自由基共聚合时的聚合机理及其组成控制的基本原理,学会用溶解-析出方法对聚合物进行纯化;

(3)学会归属核磁共振谱图中各种基团的化学位移,并通过积分面积计算共聚物中不同组分的含量。

二、实验原理

自由基聚合反应是指单体借助于光、热、辐射、引发剂的作用,使单体分子活化为活性自由基,再与单体连锁聚合形成高聚物的化学反应。根据参加反应的单体种类,自由基聚合反应可分为自由基均聚合(只有一种单体参加的自由基聚合反应,如 PVC、PVAC、PS 等)和自由基共聚合(两种以上单体同时参加的自由基聚合反应,如丁苯橡胶、丁腈橡胶等)。

自由基聚合反应常用的引发剂有:偶氮类引发剂[如偶氮二异丁腈(AIBN)]、有机过氧类引发剂[如过氧化二苯甲酰(BPO)],以及无机过氧类引发剂(如过硫酸钾和过硫酸铵)。

本实验中以苯乙烯和甲基丙烯酸甲酯为单体,研究它们在偶氮二异丁腈的引发下的共聚反应。具体反应式如下

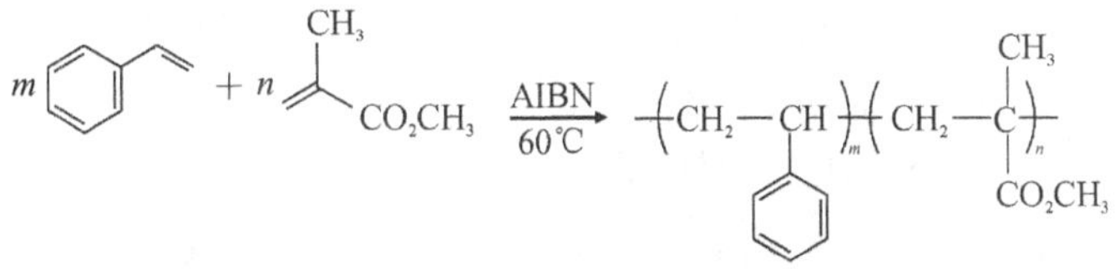

$$m \underset{\text{苯乙烯}}{\boxed{}} + n \underset{CO_2CH_3}{\overset{CH_3}{\boxed{}}} \xrightarrow[60\text{℃}]{AIBN} \left(CH_2-CH\right)_m\left(CH_2-\underset{CO_2CH_3}{\overset{CH_3}{C}}\right)_n$$

实验中得到的自由基共聚物为无规共聚物,即两结构单元按概率无规排布。根据共聚物核磁谱图中的各单元特征峰的峰面积,通过式(2-52-1)可计算出两种单体在共聚物中的物质的量比。

$$\frac{m}{n} = \frac{A_1 \times 1/5}{(A_2 - A_1 \times 8/5)/8} \qquad (2-52-1)$$

式中,m 和 n 分别为聚合物中苯乙烯和甲基丙烯酸甲酯的摩尔分数;A_1 为苯乙烯中苯环上氢的积分面积;A_2 为聚合物中所有氢的积分面积。

三、仪器与试剂

1. 仪器
三口烧瓶、磁力搅拌器、直形冷凝管、温度计、油浴、注射器、分液漏斗、减压蒸馏装置、减压抽滤装置、核磁共振仪。

2. 试剂
苯乙烯、甲基丙烯酸甲酯、偶氮二异丁腈(AIBN)、苯、石油醚、氢氧化钠、去离子水、无水硫酸镁、氘代氯仿。

四、实验内容

1. 单体的精制
取 150 mL 甲基丙烯酸甲酯(或苯乙烯)于 250 mL 的分液漏斗中,用 5% NaOH 溶液洗涤数次(每次约 30 mL)直至无色,再用去离子水洗涤至中性,用无水 MgSO_4 干燥,然后减压蒸馏,得到精制的甲基丙烯酸甲酯(苯乙烯),存储于冰箱中备用。

2. 苯乙烯和甲基丙烯酸甲酯的自由基共聚物的制备
在氮气保护下,将引发剂 64 mg(0.038 mmol)偶氮二异丁腈(AIBN)加入到 250 mL 的三口烧瓶中,用注射器依次加入用氮气排除过空气的 60 mL 甲苯、2 mL 甲基丙烯酸甲酯、2 mL苯乙烯(单体的加入比例可根据需要调整,本实验采用物质的量比为 1∶1)。将反应瓶加热至60 ℃反应 4 h 后,将溶液冷却至室温,并用少量的苯稀释反应混合物。将上述混合液滴加至石油醚中,使共聚物沉析出来,减压过滤,在 50 ℃真空干燥箱中干燥至恒重。

3. 共聚物中单体组成的测定
根据核磁共振仪表征的聚合物各种氢的化学位移及积分面积,计算两种单体在共聚物中的物质的量比。

五、注意事项

(1)为防止单体自聚,通常单体中加有阻聚剂,因而使用前单体需要精制。

（2）整个反应属于自由基聚合反应，需进行除氧操作，要确保反应在 N_2 氛围中进行。

（3）苯有毒，且易挥发，实验过程中注意通风。

（4）反应过程中会有均聚物生成，因而后处理需除去均聚物。

六、思考题

（1）试简要说明偶氮类引发剂和过氧化物类引发剂在聚合反应过程中的作用差异。

（2）列举聚合反应类型，并说明其优缺点。

参考文献

[1] 张立新，马超. 甲基丙烯酸甲酯-苯乙烯自由基共聚合微型化研究[J]. 高分子通报，2010，9：72-75.

[2] ZHANG H W, HONG K L, MAYS J W. Synthesis of block copolymers of styrene and methyl methacrylate by conventional free radical polymerization in room temperature ionic liquids[J]. Macromolecules, 2002, 35：5738-5741.

（编写：张志成；校对：郭丽娜）

实验五十三　　光控制自由基聚合制备聚 N,N-二甲基丙烯酰胺

一、实验目的

（1）了解可控自由基聚合和光控制自由基聚合的原理；

（2）掌握制备链转移剂的基本流程及注意事项；

（3）掌握光控制自由基聚合的基本流程及注意事项；

（4）利用光控制自由基聚合方法制备聚 N,N-二甲基丙烯酰胺。

二、实验原理

自二十世纪八十年代活性/可控自由基聚合被发现以来，就迅速发展成为合成聚合物广泛使用的方法，这种方法结合了传统自由基聚合（可聚合单体种类广泛、适用于多种功能性单体及溶剂、反应成本低）和活性阴离子聚合（可制备分子量分布低及聚合物链末端功能化的聚合物）两者的优点。可控自由基聚合发展至今，研究较多的方法有氮-氧调控的（Nitroxide-mediated）自由基聚合（NMP）、原子转移自由基聚合（Atom Transfer Radical Polymerization，ATRP）和可逆加成-断裂链转移自由基聚合（Reversible Addition and Fragmentation Chain Transfer Radical Polymerization，RAFT）。它们的共同特点都是通过休眠种与活性种增长链自由基之间的快速可逆平衡来实现聚合的可控性，因此与传统自由基聚合相比，可控自由基聚合具有可预设聚合物结构、链末端保有活性、聚合后所得聚合物相对分子质量可控及分子量分布窄等特点。因此采用该方法可以合成具有各种不同组成及不同拓扑结构的聚合物，除此之外还可以用来对已知聚合物进行功能化改性等（见图 2-53-1）。

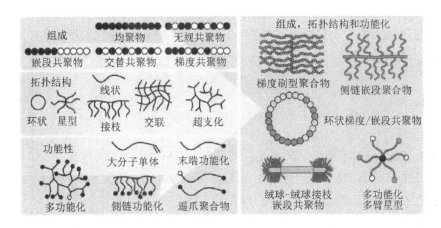

图 2-53-1 聚合物不同拓扑结构

实施活性自由基聚合的方法包括热、电、光、力等一系列手段,因光具有能够进行实时开关、远程操控方便且能够通过调节光的波长来改变反应能量等优势而得到了国内外研究者的广泛关注(见图 2-53-2)。本实验采用光控制的 RAFT 聚合来制备聚 N,N-二甲基丙烯酰胺。

图 2-53-2 光控聚合示意图

三、仪器与试剂

1. 仪器

光源、Schlenk 反应管、磁力搅拌器、圆底烧瓶、色谱柱、移液枪、烧杯、真空泵、电子天平、真空干燥箱、磁子、橡胶塞等。

2. 试剂

N,N-二甲基丙烯酰胺(DMA)、铱催化剂[$Ir(ppy)_3$]、二甲基亚砜(DMSO)、CS_2、KOH、对甲苯磺酰氯、偶氮二氰基戊酸、乙醚、丙酮、二氯甲烷(DCM)、乙酸乙酯(EA)、石油醚(PE)、去离子水、高纯氮气等。

四、实验内容

1. 制备链转移剂(CTA)

1)步骤 1

向 25 mL 圆底烧瓶中加入正十二硫醇(2.028 g,0.01 mol)和 8 mL 10% 的乙醇水溶液,加入 KOH(0.674 g,0.012 mol)室温下搅拌 0.5 h;随后将所需 CS$_2$(0.6 mL,0.01 mol)于 5 min 内加入反应瓶,室温搅拌 3 h;随后在冰浴条件下滴加对甲苯磺酰氯的 DCM 溶液(0.930 g,0.005 mol),室温反应 5 h 后停止搅拌,停止反应。

$$C_{12}H_{25}—SH + CS_2 \longrightarrow$$

反应后处理:将反应溶液全部转移至分液漏斗,DCM 萃取 3 次(每次 4 mL),合并有机相 DCM,随后用饱和 NaHCO$_3$ 和饱和 NaCl 溶液分别洗涤 3 次,用无水 Na$_2$SO$_4$ 在搅拌下干燥 0.5 h,过滤除去 Na$_2$SO$_4$ 颗粒,减压蒸馏,得到粗产物(Ⅰ)。

2)步骤 2

将上一步反应所得粗产物(Ⅰ)溶于 35 mL EA 中,加入偶氮二氰基戊酸(1.294 g,0.0046 mol),80 ℃条件下回流搅拌反应 12 h 后停止反应。

反应后处理:将反应溶液加压蒸馏,以除去大部分 EA,浓缩后过色谱柱,用 $V_{PE}/V_{EA}=3/1$ 的梯度淋洗液过柱,旋蒸收集产物 CTA,干燥后称量质量,计算产率;采用核磁共振(^{1}H NMR 和 ^{13}C NMR)对产物进行表征,确定结构。

2. 制备聚 N,N-二甲基丙烯酰胺(PDMA)

1)单体 DMA 和溶剂 DMSO 的预处理

将单体 DMA 通过碱性 Al$_2$O$_3$ 柱,除去所含阻聚剂;DMSO 用分子筛浸泡 24 h 干燥,以除去少量水分。

2)光控聚合反应

将 CTA(0.2 mmol,80.6 mg)、DMSO(8 mL)和 DMA (20 mmol,2064 μL)依次加入 25 mL Schlenk 反应管,经氮气鼓泡 30 min 后旋紧旋塞,将反应管转移至所用光源下(见图 2-53-3),光照条件下搅拌反应 2 h,采用核磁表征单体(DMF)转化率计算理论数均分子量(M_n,th)。

聚合反应结束后,打开旋塞,在 250 mL 烧杯中加入 150 mL 冰乙醚,将反应溶液逐滴滴加至冰乙醚中,边滴加边搅拌,全部滴加完后继续搅拌 30 min,静置一会,倒掉上层溶液,吹风机稍加热除去多余乙醚;固体用丙酮溶解后,重复上述沉淀步骤;得到的固体 45 ℃真空干燥过夜,得到淡黄色产物 PDMA,采用核磁共振对聚合物进行表征,计算实际数均分子量(M_n),并与理论值进行比较。

图 2-53-3　光照聚合装置图

五、注意事项

(1)在光聚合前将乙醚放入冰箱即可,以防乙醚长时间在冰箱中放置,引起爆炸。

(2)含硫的小分子一般都有特殊的气味,因此合成链转移剂一定要在通风橱中进行。

(3)注意 Schlenk 反应管和移液枪的正确使用方法。

六、思考题

(1)制备聚合物之前为什么要对单体进行预处理?

(2)哪些因素会影响聚合反应的速率?

(3)查阅资料,了解 RAFT 聚合机理。

参考文献

[1] MATYJASZEWSKI K. Architecturally complex polymers with controlled heterogeneity[J]. Science, 2011, 333: 1104 - 1105.

[2] CHEN M, ZHONG M, JOHNSON J A. Light-controlled radical polymerization: mechanisms, methods, and applications[J]. Chemical Reviews, 2016, 116: 10167.

[3] YEOW J, CHAPMAN R, GORMLEY A J, et al. Up in the air: oxygen tolerance in controlled/living radical polymerization[J]. Chemical Society reviews, 2018, 47: 4357 - 4387.

（编写:龚红红;校对:张雯）

实验五十四　　聚氨酯泡沫塑料的制备

一、实验目的

(1)了解聚氨酯合成的基本原理;

(2)熟悉聚氨酯发泡的基本方法和特点。

二、实验原理

聚氨酯泡沫塑料具有稳定的多孔结构,热容量小,导热系数低,吸音,防震,耐油、耐冷,具有一定的强度,在建材、家具、包装等领域具有广泛的应用。

聚氨酯泡沫塑料的合成可分为三个阶段。

(1)预聚体的合成。由二异氰酸酯单体与端羟基聚醚或聚酯反应生成含异氰酸酯端基的聚氨酯预聚体,反应式如下

$$OCN-R-NCO+HO\text{\raisebox{0pt}{\small$\sim$}}OH \longrightarrow OCN-R-\underset{H}{N}-\underset{\underset{O}{\parallel}}{C}-O\text{\raisebox{0pt}{\small$\sim$}}O-\underset{\underset{O}{\parallel}}{C}-\underset{H}{N}-R-NCO$$

(2)气泡的形成与扩链。在聚氨酯预聚体中加入适量的水,异氰酸酯端基与水反应,生成的氨基甲酸不稳定,分解生成端氨基与 CO_2,放出的 CO_2 气体在聚合物中形成气泡,并且生成

的端氨基聚合物可与聚氨酯预聚体进一步发生扩链反应,反应式如下

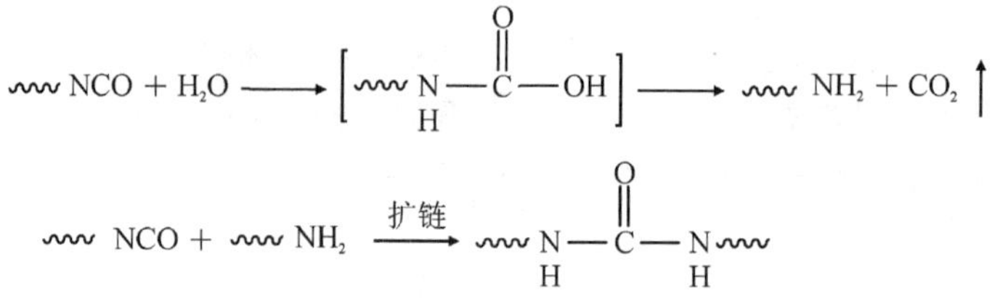

$$\sim\!\!\sim NCO + H_2O \longrightarrow \left[\sim\!\!\sim \underset{H}{N}-\underset{\ }{\overset{\overset{O}{\parallel}}{C}}-OH \right] \longrightarrow \sim\!\!\sim NH_2 + CO_2\uparrow$$

$$\sim\!\!\sim NCO + \sim\!\!\sim NH_2 \xrightarrow{\text{扩链}} \sim\!\!\sim \underset{H}{N}-\underset{\ }{\overset{\overset{O}{\parallel}}{C}}-\underset{H}{N}\sim\!\!\sim$$

(3)交联固化。游离的异氰酸酯基与脲基上的活泼氢反应,使分子链发生交联,形成体型网状结构。

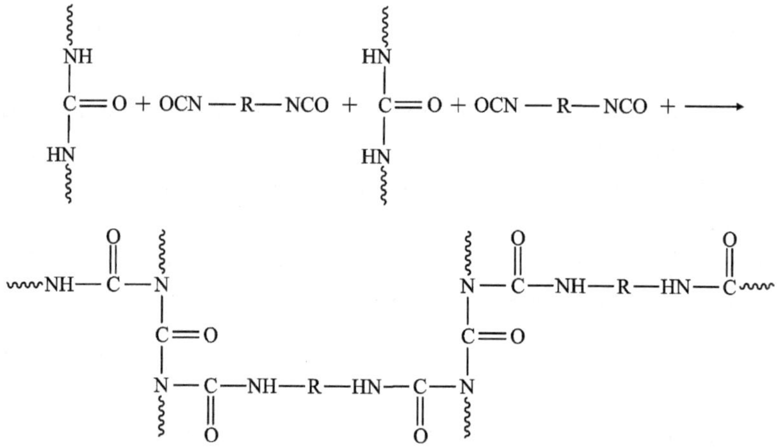

聚氨酯泡沫塑料的软硬取决于所用的羟基聚醚或聚酯,在使用较高相对分子质量及相应较低羟值的线型聚醚或聚酯时,得到的产物交联度较低,为软质泡沫塑料;若用短链或支链的多羟基聚醚或聚酯,所得聚氨酯的交联密度高,为硬质泡沫塑料。

泡沫塑料制品的均匀性和开孔、闭孔的分布可通过添加助剂(如乳化剂和稳定剂等)来调节。乳化可使水在反应混合物中分散均匀,从而可保证发泡的均匀性;稳定剂(如硅油)则可防止在反应初期泡孔结构的破坏。

三、仪器与试剂

1. 仪器
烧杯、玻璃棒、纸杯、烘箱。

2. 试剂
三羟基聚醚(相对分子质量为2000~4000)、甲苯二异氰酸酯(TDI)、三乙醇胺、硅油、二月桂酸二丁基锡、蒸馏水。

四、实验内容

在250 mL烧杯①中,将0.1 g(约3滴)三乙醇胺溶解在0.2 g(约5滴)水和10 g三羟基聚醚中。在50 mL烧杯②中,依次加入25 g三羟基聚醚、10 g(约8 mL)甲苯二异氰酸酯和0.1 g

(约 3 滴)二月桂酸二丁基锡,搅拌均匀,可观察到有反应热放出。然后在①中加入 0.1～0.2 g (约 10 滴)硅油,搅拌均匀后缓慢倒入②中,搅匀。当反应混合物变稠后,倒入纸杯中,在室温下放置 0.5 h 后,放入 70 ℃的烘箱中加热 0.5 h,即可得到一块浅黄色软质聚氨酯泡沫塑料。

五、注意事项

(1)只在烧杯①中滴加水,烧杯②中无水。如果单独搅拌烧杯②时产生气泡,说明所加物质中含水。

(2)所使用的 TDI 和二月桂酸二丁基锡均为无色澄清液体,否则不能使用。

(3)将烧杯①内混合物缓慢倒入烧杯②中,若气泡太多,应立即转移至纸杯中。

六、思考题

(1)上述配方中各组分的性质及作用是什么?

(2)切开所制得的泡沫塑料,观察孔径分布情况,试讨论影响孔径分布均匀程度的各种因素。

(3)简述聚氨酯泡沫塑料的结构性能。

参考文献

[1] 韦丽玲. 木质素网状聚氨酯泡沫塑料的制备及初步应用[D]. 北京:北京化工大学,2007.

[2] 张海荣,张磊,郑鹏. 缓冲包装用可生物降解聚氨酯泡沫塑料的制备与性能研究[J]. 聚氨酯,2008,2:94-97.

[3] 薛海蛟. 高性能硬质聚氨酯泡沫塑料的制备及性能研究[D]. 北京:北京化工大学,2009.

[4] 陈文婷. 植物油多元醇制备聚氨酯泡沫塑料的研究[D]. 南京:南京林业大学,2009.

[5] 潘炜. 聚醚型软质聚氨酯泡沫塑料生产配方中辛酸亚锡用量的确定方法[J]. 塑料,1988,5:16-19.

[6] 张猛,周永红,胡立红. 松香基硬质聚氨酯泡沫塑料的制备及热稳定性研究[J]. 热固性树脂,2010,15(5):37-40.

(编写:高国新;校对:张雯)

实验五十五　　壳聚糖交联微球的制备

一、实验目的

(1)掌握壳聚糖及其交联微球的制备方法;

(2)掌握壳聚糖脱乙酰度的测量方法。

二、实验原理

甲壳素是一种自然界中含量仅次于纤维素的天然生物高分子,广泛存在于节肢动物的甲壳中,它属于线性多糖类。由于其分子结构规整,存在着强烈的氢键作用,易于结晶,因此不溶于水和一般有机溶剂,这使其应用受到很大的限制。甲壳素经脱乙酰化反应后形成壳聚糖,与甲壳素相比,其分子中含有更多的氨基活性基团,溶解性大为改观,能溶于大多数的无机酸、有机酸及其稀溶液。因此壳聚糖比甲壳素具有更广泛的应用价值。

在 NaOH 或 KOH 的水溶液中,甲壳素乙酰胺基的羰基碳原子被氢氧根(—OH)进攻,使原来平面三角形的酰胺基变成四面体过渡态,然后快速脱除掉乙酰基而转化成氨基,反应原理如下

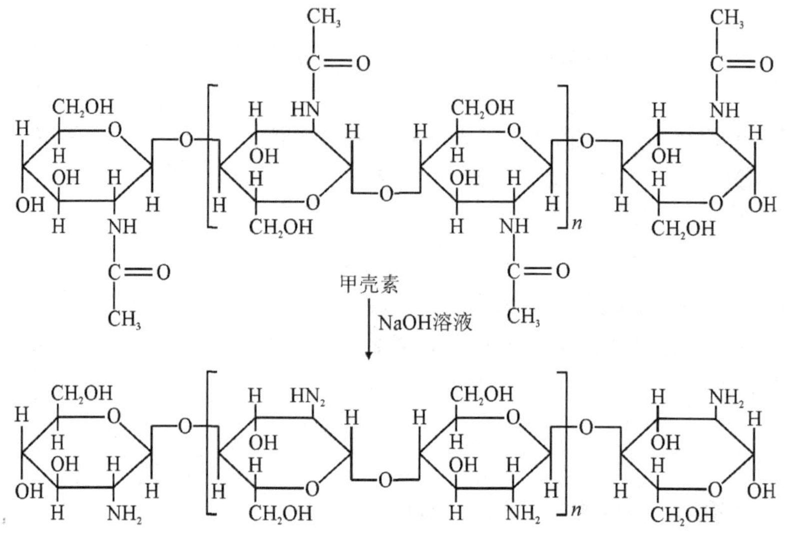

甲壳素
NaOH溶液

壳聚糖

由于壳聚糖在水中的溶解度较大,直接应用于重金属离子吸附时会导致壳聚糖的不断流失,因此必须对其进行交联反应,形成难溶于水的交联微球,而常用的交联剂为环氧氯丙烷。在碱性条件下,环氧氯丙烷中的 C—Cl 键发生断裂形成碳正离子,这些碳正离子受到壳聚糖分子中羟基的进攻形成醚;同时环氧氯丙烷另一端的环氧基团发生开环,与另一个壳聚糖分子中的氨基结合,这样就生成了交联产物。相关反应式如下

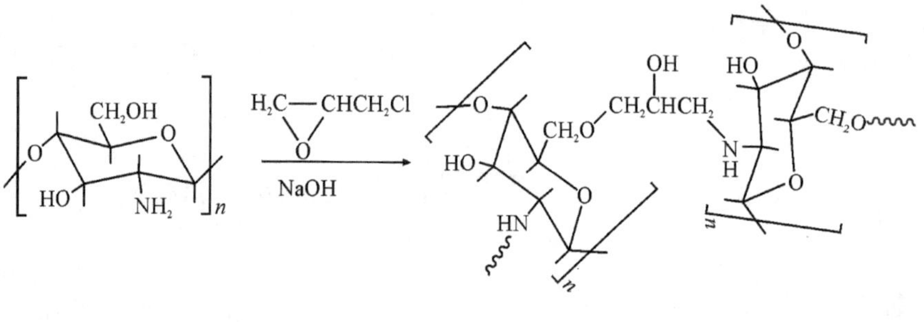

三、仪器与试剂

1. 仪器

烧杯、真空烘箱、磁力搅拌器、温度计、三角瓶、移液管、碱式滴定管、铁架台、玻璃棒、布氏漏斗、抽滤瓶、循环水泵、滤纸、pH 试纸、注射器。

2. 试剂

甲壳素、NaOH(或 KOH)、环氧氯丙烷、0.1 mol·L^{-1}盐酸标准液、0.1 mol·L^{-1} NaOH 标准液、2 mol·L^{-1} NaOH 溶液、混合指示剂、2% 醋酸溶液。

四、实验内容

1. 壳聚糖溶液的制备

称取 50 g 甲壳素置于 500 mL 三口烧瓶中,缓慢加入 200 mL 浓度为 50％的 NaOH 溶液,在 90 ℃下磁力搅拌 6 h 进行脱乙酰化处理,反应结束后趁热过滤,滤渣用蒸馏水淋洗至近中性,再转入 400 mL 蒸馏水中浸泡 6 h,真空干燥,得到脱乙酰化甲壳素样品,即壳聚糖。然后将样品投入 50％的 NaOH 溶液中重复上述操作,提高甲壳素的脱乙酰度。

2. 脱乙酰度(DD)测定

壳聚糖的脱乙酰度是指壳聚糖分子中自由氨基含量占理论氨基含量的百分数。理论氨基含量为壳聚糖分子中氨基葡萄糖残基中氨基占其相对分子质量的百分数,用下式计算

$$理论氨基含量 = \frac{16}{161} \times 100\% = 9.94\%$$

壳聚糖脱乙酰度的测量过程如下:

称取 0.2～0.3 g 干燥的壳聚糖样品,置于 250 mL 三角瓶中,加入 25 mL 0.1 mol·L^{-1}的盐酸标准液,待其完全溶解后滴加 2～3 滴混合指示剂(1％甲基橙和 1％苯胺蓝的混合液,体积比为 1∶2),用 0.1 mol·L^{-1}NaOH 标准液滴定过量的游离盐酸,滴定终点时溶液颜色由紫红色突变为蓝绿色,且半分钟内不复色。脱乙酰度(DD)的计算公式为

$$DD = \frac{16(c_1 V_1 - c_2 V_2)}{99.4m} \times 100\%$$

式中,c_1 为盐酸标准液的浓度,mol/L;c_2 为 NaOH 标准液的浓度,mol·L^{-1};V_1 为加入盐酸标准液的体积,mL;V_2 为消耗 NaOH 标准液的体积,mL;m 为样品质量,g;16 为氨基当量,g·mol^{-1}。

3. 壳聚糖交联微球的制备

将 5 g 壳聚糖溶于浓度为 2％的醋酸溶液中,充分搅拌配成壳聚糖-醋酸溶液,然后在搅拌下用注射器(20 mL)逐滴滴加进 2 mol/L 的 NaOH 溶液中;壳聚糖-醋酸溶液在碱液中经相转移反应形成粒径约 2～3 mm、形状规整的白色球状壳聚糖凝胶树脂;在室温下向凝胶树脂中再滴加 2 mL 环氧氯丙烷进行交联,搅拌 12 h 后过滤,并用大量蒸馏水洗至中性,即可得到壳聚糖交联微球。

五、注意事项

(1)称量 NaOH 时,不能直接放在天平托盘或称量纸上,应放在烧杯内称量。

(2)为了获得较高脱乙酰度的壳聚糖,在脱乙酰处理时可以将温度适当升高或将 NaOH 浓度增大。

(3)滴定操作时,NaOH 标准液必须放在碱式滴定管中。

六、思考题

(1)脱乙酰处理过程中,为什么要采用 NaOH 浓溶液处理? 采用 NaOH 稀溶液会有什么影响?

(2)在制备交联微球时,为什么要先将壳聚糖溶解在醋酸溶液中?

参考文献

[1] 杨俊香,高国新. 壳聚糖交联微球的制备及其对重金属离子的吸附作用[J]. 广州化工,2013,41(6):71 - 74.

[2] 朱金禹,毕华,张雪峰,等. 壳聚糖交联改性及其衍生物的研究进展[J]. 延安大学学报(自然科学版), 2019,38(3):55 - 59.

[3] 许可. 壳聚糖微球的制备、改性及应用研究[D]. 武汉:武汉科技大学,2019.

(编写:高国新;校对:张雯)

实验五十六　离子交换树脂的制备

一、实验目的

(1)进一步了解悬浮聚合的工艺特点,掌握悬浮聚合的操作过程;

(2)进一步学习和掌握高分子化合物化学反应的知识;

(3)了解离子交换树脂制备的基本方法。

二、实验原理

离子交换树脂的外观一般为颗粒状,因此可利用悬浮聚合的方法来制备。悬浮聚合是指油溶性的单体在溶有引发剂、分散剂的水中借助于搅拌作用,分散成细小的液滴进行的聚合反应。整体来看,水为连续相,单体为分散相,反应机理与本体聚合相同。每一个被分散的小液滴都可以看作是一个本体聚合的微反应器,其聚合速度和平均相对分子质量以及产物的性质,都与在相同条件下本体聚合所得到的聚合物相似。

离子交换树脂不能溶于水和有机溶剂,因此,必须是交联结构的高分子聚合物。目前工业上用作离子交换树脂母体的高分子聚合物有聚苯乙烯型、聚丙烯酸型、酚醛树脂型、脲醛树脂型、环氧树脂型、聚氯乙烯型等,其中最重要的是聚苯乙烯型树脂。聚苯乙烯型离子交换树脂是由苯乙烯单体和二乙烯基苯交联剂在引发剂作用下经悬浮聚合得到的珠状聚合物(微球),然后通过聚合物的苯环连接上功能基团制备的。聚苯乙烯珠状聚合物是交联的网状结构高分子,其聚合反应式如下

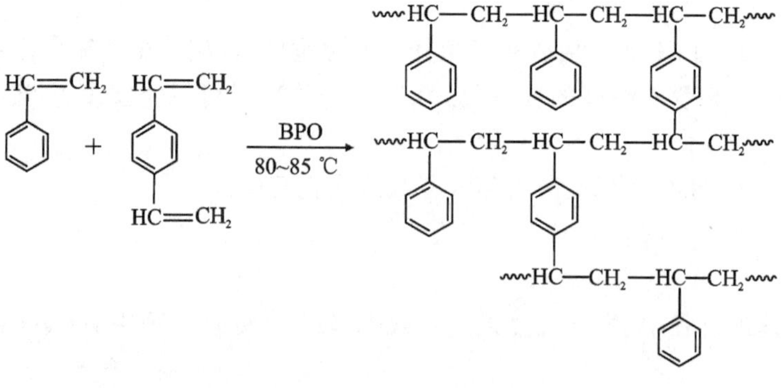

将悬浮聚合所得的苯乙烯-二乙烯基苯珠状共聚物用硫酸处理,使苯环上引入磺酸基团

（—SO₃H），即可制得磺酸型阳离子交换树脂，其反应式如下

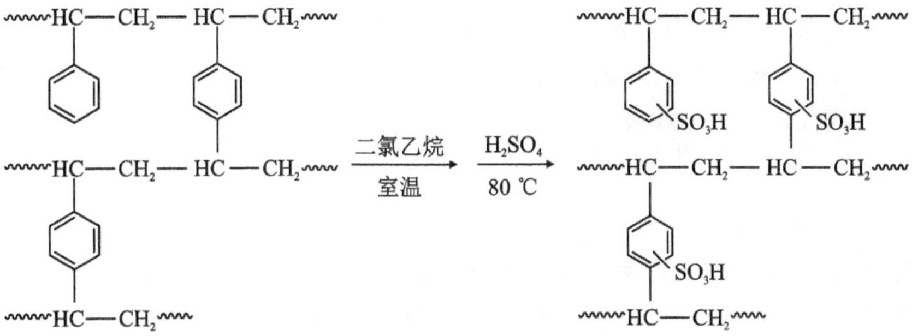

为了使硫酸分子易于进入聚合物内部进行反应，工艺上采取先将树脂置于溶剂中溶胀，然后进行磺化的方法。常用的溶剂有二氯乙烷、三氯乙烷、四氯乙烷等。经溶胀的树脂磺化容易进行，反应温度较低，磺酸基团在树脂中分布比较均匀，树脂也不易破裂。

磺化中如果使用的硫酸浓度高，则磺化反应速度快，反应完全，但树脂容易破裂，外观颜色较深。而若浓度太低（小于 90%），则不仅磺化速度低，而且往往磺化不完全，树脂交换容量低。因此最适宜的硫酸浓度为 92%～93%。

磺化后的产物为"H"型离子交换树脂（交换基团为—SO₃H），"H"型树脂的储存稳定性差，通常将其转化为"Na"型，即用氢氧化钠处理，此过程称为转型。转型后的树脂中可交换基团为—SO₃Na，储存稳定性较好。转型反应式如下

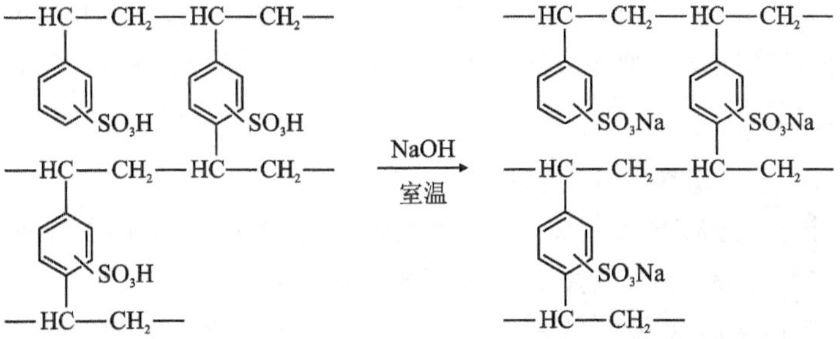

离子交换树脂中的可交换离子与外界离子的交换能力用交换容量来衡量。工业上采用的实用单位为：每克干树脂可交换的离子的毫物质的量，即 mmol·g⁻¹。磺酸型阳离子交换树脂的交换容量可用以下方法测定：将"H"型离子交换树脂与过量的 NaCl 溶液反应，产生 HCl，然后用 NaOH 标准溶液滴定所产生的 HCl，即可计算出树脂的交换容量。反应式如下

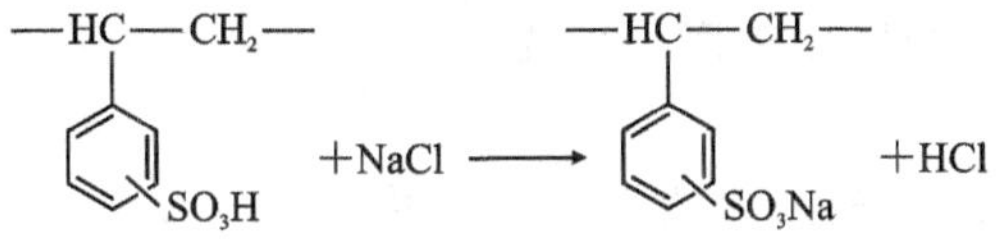

$$HCl+NaOH \longrightarrow NaOH+H_2O$$

三、仪器与试剂

1. 仪器

磨口三颈瓶、球型冷凝器、分液漏斗、温度计、恒温水浴槽、布氏漏斗、机械搅拌器一套、烧杯、玻璃棒、锥形瓶、碱式滴定管、培养皿、量筒、洗瓶、真空装置（真空泵、缓冲瓶、硅胶干燥塔）一套、硅胶干燥器。

2. 试剂

苯乙烯、二乙烯基苯、明胶、过氧化苯甲酰(BPO)、次甲基蓝溶液、NaOH 溶液(0.1%、5%、0.1 mol·L⁻¹、1 mol·L⁻¹)、二氯乙烷、十二烷、92%硫酸、盐酸(1 mol·L⁻¹)、甲基橙指示剂(0.1%)、酚酞指示剂(1%乙醇溶液)。

四、实验内容

1. 苯乙烯–二乙烯基苯珠状共聚物的制备(白球)

(1)单体精制。将苯乙烯 50 g 置于分液漏斗中,加入 10% NaOH 溶液 20 mL,剧烈振荡。静置片刻分层,弃去下层红色洗涤液。重复上述操作数次至洗涤液不显红色为止。然后用去离子水再洗涤至呈中性,用 2~3 g 无水硫酸钠干燥 6 h 以上,减压蒸馏得苯乙烯单体。

二乙烯基苯的精制同苯乙烯。

(2)聚合。在装有搅拌器、冷凝器和温度计的三颈瓶中,加入 100 mL 去离子水,升温至 50~60℃,搅拌下加入明胶 1.5 g(约 30 滴),次甲基蓝 0.5 mL(10 滴),体系呈淡蓝色。混合均匀后停止搅拌,将单体混合物(22 g 苯乙烯、3 g 二乙烯基苯和 0.25 g BPO)和 10 g 十二烷(致孔剂)一次性加入。调节搅拌速度,使单体液滴分散成合适的大小。

(3)迅速升温至 80~85℃,保温 2 h。当观察到有珠子开始下沉时再升温至 95℃,保温 1.5~2 h,使珠子进一步硬化,在搅拌下冷却至室温。

(4)将上述聚合产物用布氏漏斗过滤,并用 80℃热水淋洗两次,再用冷水淋洗两次。抽干后将珠状树脂(白球)置于培养皿中,于 60℃真空烘箱中干燥至恒重,计算产率。已干燥的树脂置于干燥器中备用。

2. 苯乙烯–二乙烯基苯珠状共聚物的磺化(黄球)

(1)在装有搅拌器、冷凝器的三颈瓶中,加入 10 g 干燥的苯乙烯–二乙烯基苯珠状共聚物(白球)和 40 mL 二氯乙烷,缓慢搅拌下在 60℃溶胀 0.5 h。

(2)用滴液漏斗逐滴滴加 92%的浓硫酸 100 mL,慢速搅拌下在 80℃保温 2 h。

(3)撤去热源,搅拌下冷却至室温。取下三口瓶,将磺化产物缓慢倾倒入 400 mL 冷水(蒸馏水)中,并控制温度不超过 30℃。

(4)用布氏漏斗抽滤,用冷水淋洗至流出液使甲基橙指示剂呈中性(橙色)为止,抽干。

(5)将树脂转入 250 mL 烧杯中,慢慢加入 100 mL 5% NaOH 溶液,用玻璃棒搅拌约 10 min。弃去上层 NaOH 溶液,用去离子水洗涤至中性,得淡黄色或淡褐色离子交换树脂(黄球)。(选做)

(6)将树脂转入培养皿中,放入 50℃真空烘箱内干燥 30 min 至恒重,加入干燥器内备用。

3. 交换容量的测定

精确称取两份干燥的离子交换树脂 0.5 g,置于 250 mL 锥形瓶中,分别加入 1.0 mol·L⁻¹氯化钠溶液 100 mL,静置 1.5 h。加入酚酞指示剂 3 滴,用 0.1 mol·L⁻¹ NaOH 标准溶液滴定至终点。

离子交换树脂交换容量的计算:

$$交换容量 = \frac{NV}{W}$$

式中,N 为 NaOH 标准溶液的浓度,mol·L⁻¹;V 为滴定时消耗 NaOH 标准溶液的体积,mL;W 为树脂样品的质量,g。

五、注意事项

(1)本实验所需时间较长,可根据实际情况将实验分成两段或三段进行。

(2)树脂磺化时,反应温度不可过高,反应后倒入冷水中速度不可过快,否则容易造成树脂破裂。

(3)树脂干燥温度不可高于 100 ℃,温度过高会使树脂焦化而发黑,影响外观和使用效果。

(4)交换容量测定时,树脂与氯化钠溶液的反应时间要充分,否则会造成结果偏低。

(5)白球粒径大小及均匀性与搅拌速度关系密切,实验前后应保持匀速搅拌。

(6)由于用到浓硫酸,操作时务必带上手套,注意安全。

六、思考题

(1)制备离子交换树脂为什么要用交联的高分子? 能否用线性高分子来制备离子交换树脂?

(2)如果欲制备弱酸型的阳离子交换树脂(交换基团为－COOH),可采用什么单体?

(3)使用过的离子交换树脂能否再生? 如何再生?

(4)指出本实验中涉及到哪些高分子化合物的反应。

参考文献

[1] 郑林禄,张薇. 本体聚合法制备有机玻璃的影响因素研究[J]. 化学工程与装备,2011,10:53－55.

[2] 刘晓杰,王言英. 观光潜艇舷窗有机玻璃制作的关键技术研究[J]. 船海工程,2010,39(1):9－12.

[3] 胡波,钟力生,张跃,等. 一种制备纯有机玻璃的新工艺研究[J]. 塑料工业,2006,34(3):27－29.

[4] 郭静,蒋建国,张睿. 实验室制备有机玻璃的影响因素研究[J]. 扬州职业大学学报,2010,14(3):45－47.

(编写:高国新;校对:张雯)

实验五十七　导电高分子聚苯胺的合成

一、实验目的

(1)认识苯胺化学氧化聚合法合成聚苯胺(PANI)的典型过程;

(2)掌握 PANI 的质子酸掺杂和脱掺杂原理;

(3)了解合成 PANI 过程中的基本反应条件控制和分离操作。

二、实验原理

1. 苯胺的化学氧化聚合

PANI 是一种典型的本征型导电高分子,合成简便、环境稳定性好,而且具有独特的掺杂和脱掺杂性能。研究表明,PANI 作为一种新型的有机半导体材料在化学生物传感、气体分离、信息存储和金属腐蚀保护等领域发挥了重要作用。PANI 可以通过苯胺的化学氧化聚合(COP)或电化学聚合来合成。苯胺的 COP 是可以大规模合成 PANI 的有效途径。

　　传统的苯胺 COP 过程在强酸性介质中进行,在此条件下苯胺几乎都以阳离子形式存在,与氧化剂发生氧化还原反应,经对位偶合形成由苯式和醌式结构交替组成的中间氧化态 PANI(见图 2-57-1)。该反应被认为是阳离子自由基聚合,链引发和链增长的大体途径如图 2-57-2 所示。苯胺的 COP 反应具有自催化特性,随着聚合度的增加,聚合产物的氧化电位逐渐降低,因此,具有较高氧化电位的苯胺阳离子被氧化形成苯胺二聚体是最缓慢的一步。在实验过程中可以观察到,向单体的酸溶液中加入氧化剂时,体系并未立即变色,而是保持无色透明,经一段时间后逐渐有蓝色产物(高氧化态的苯胺二聚体)生成。这段时间通常被称作诱导期,若反应物浓度较低,在诱导期之内也可观察到蓝色产物出现前过渡的粉色。

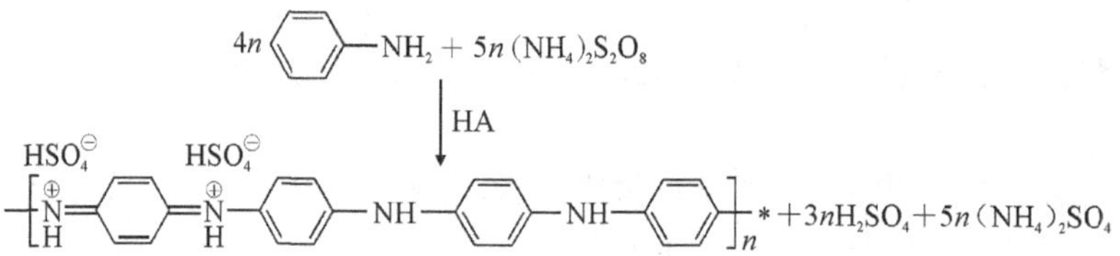

图 2-57-1　苯胺和过硫酸铵反应的化学计量式

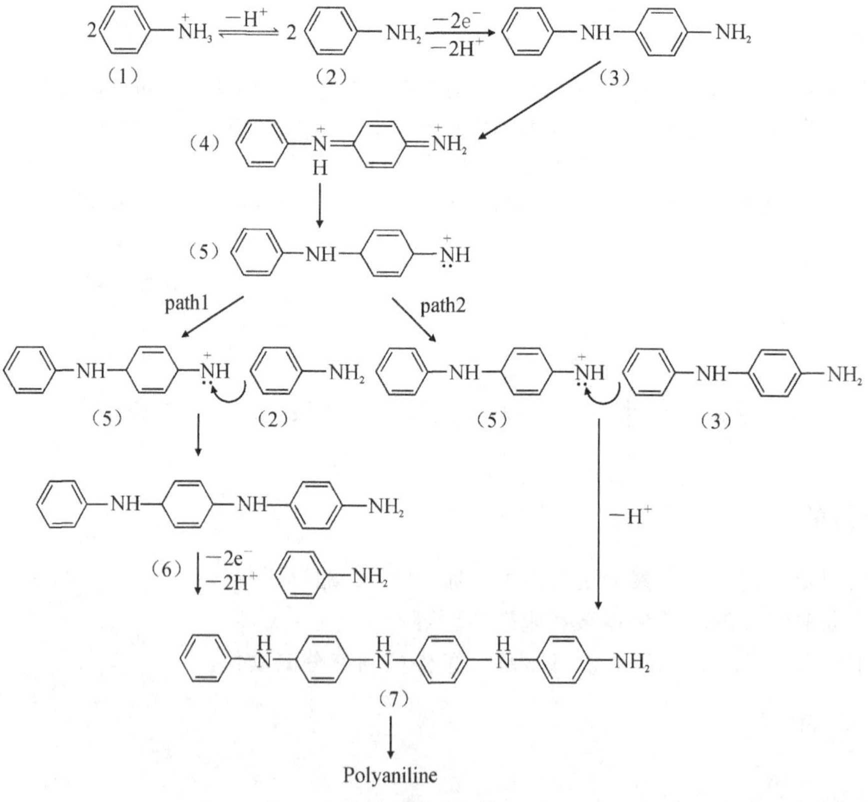

图 2-57-2　苯胺化学氧化聚合途径示意图

　　一旦蓝色产物出现,其数量会迅速增多,连结为絮状,接着很快变为翠绿色,并逐渐沉淀出来。若反应体系静止,在反应物与空气的界面上可观察到一层泛着金属光泽的薄膜。

　　随着反应进行,不断释放出氢离子,导致反应介质 pH 值下降,通过监测体系 pH 值变化历程可间接了解反应进程。苯胺的 COP 是放热反应,在传统的合成过程中,为保证良好的传热和传质,需将氧化剂溶液逐滴加入苯胺的盐酸溶液中,并施加搅拌。在体系绝热条件下,反应混合物的温度变化也可反映出反应历程。

2. PANI 的掺杂和脱掺杂

　　经化学氧化聚合直接得到的 PANI 为掺杂态(翠绿亚胺盐形式,emeraldine salt),可方便地通过与碱反应脱掺杂成为翠绿亚胺碱(emeraldine base)的形式,翠绿亚胺碱形式的 PANI 可与质子酸反应被掺杂重新成为翠绿亚胺盐(见图 2 – 57 – 3)。PANI 的掺杂与通常半导体的掺杂原理不同,质子化后正电荷在 PANI 的分子主链上离域,阴离子环绕在分子链周围,分子链并未发生电子的得失。翠绿亚胺碱是一种中间氧化态的 PANI,不导电,可被氧化成由醌式结构组成的高氧化态形式,或者被还原为由苯式结构组成的全还原态形式(见图 2 – 57 – 3)。

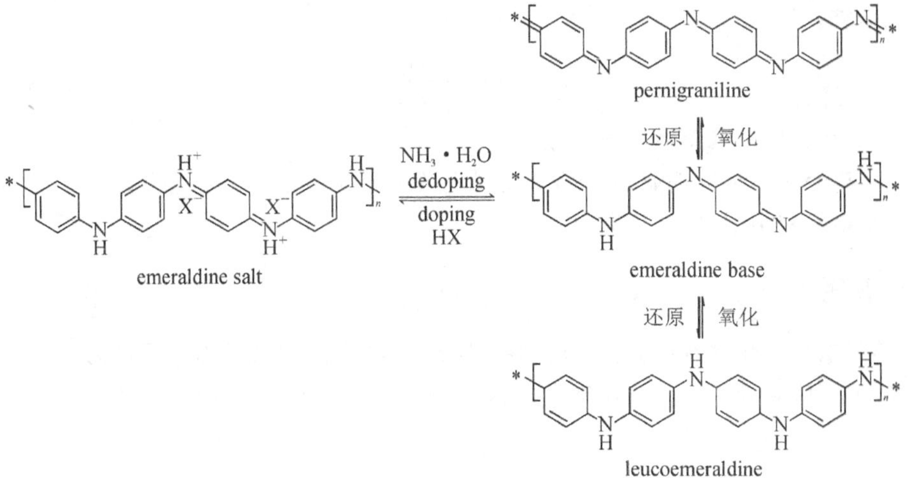

图 2 – 57 – 3　PANI 的三种氧化态之间的转换以及中间氧化态 PANI 的掺杂/脱掺杂示意图

三、仪器与试剂

1. 仪器

　　三口烧瓶、烧杯、聚四氟乙烯搅拌桨、常压滴液漏斗、滴管、玻璃棒、温度计、量筒、玻璃研钵、恒温水浴装置、抽滤装置、机械搅拌器。

2. 试剂

　　苯胺(加锌粉减压蒸馏)、过硫酸铵(APS,AR)、浓盐酸(AR)、浓氨水(AR)、丙酮(AR)。

四、实验内容

1. PANI 的合成

用去离子水将浓盐酸稀释为 $1\ mol\cdot L^{-1}$,将浓氨水稀释为 0.5%(质量分数)。固定三口烧瓶于 25 ℃恒温水浴中,装好搅拌桨。用胶头滴管吸取 5.59 g 苯胺于 250 mL 烧杯中。用量筒量取 250 mL 浓度为 $1\ mol\cdot L^{-1}$ 的盐酸,分批加入烧杯中。搅拌均匀后倒入烧瓶,使所称苯胺完全转移至烧瓶中。称取 19.95 g 的 APS 溶解于 100 mL 浓度为 $1\ mol\cdot L^{-1}$ 的盐酸中,将所得溶液置于 25 ℃恒温水浴中。在设定温度(25 ℃)下对苯胺的盐酸溶液施加搅拌(300~400 r/min),同时将 APS 溶液通过滴液漏斗缓慢滴加入苯胺溶液中(约 1 滴/秒)。待过硫酸铵(APS)滴加完毕,继续保温反应 4 h 后用布氏漏斗抽滤反应混合物,将滤饼用去离子水洗涤,直至滤液无色。

2. PANI 的掺杂

将所得滤饼转移至 500 mL 烧杯中,向其中加入约 200 mL 5%(质量分数)的氨水(保证氨水淹没固体物),施加机械搅拌(300~400 r/min)1 h 后抽滤、用去离子水和丙酮淋洗滤饼,得到脱掺杂态的 PANI。另取适量 $1\ mol\cdot L^{-1}$ 盐酸,使脱掺杂后的 PANI 重新掺杂,盐酸体积(L)根据下式估算:

$$V_{盐酸} = \frac{m_{苯胺}}{182.2} \qquad (2-57-1)$$

式中,$m_{苯胺}$ 为所称取苯胺单体的质量,g。

抽滤后用去离子水淋洗滤饼,待水分基本抽干后,将滤饼从滤纸上小心刮下,收集于培养皿中置于真空烘箱中干燥(50 ℃)至恒重。

五、注意事项

(1)稀释浓盐酸和浓氨水应在通风橱中进行,注意眼睛、呼吸系统和手的防护。

(2)称量苯胺要小心谨慎,避免洒出、接触到皮肤;吸取药品的滴管用完后应立即用水冲洗。

六、思考题

(1)氧化剂与单体的配比、反应温度和反应时间对 PANI 产率有何影响?

(2)若用十二烷基苯磺酸作为掺杂酸,对于给定质量的脱掺杂态 PANI,如何估算掺杂所需质子酸用量?

参考文献

[1] 黄惠,郭忠诚. 导电聚苯胺的制备及应用[M]. 北京:科学出版社,2010.

[2] ZHANG K, JING X. Preparation and characterization of polyaniline with high electrical conductivity[J]. Polymers for Advanced Technologies, 2009, 20: 689-695.

(编写:李瑜;校对:张雯)

实验五十八　基于酯交换反应的可重塑热固型树脂的制备

一、实验目的

(1)了解热固型树脂可重塑的原理；

(2)掌握基于酯交换反应的可重塑热固型树脂的制备方法。

二、实验原理

热固型树脂因其由稳定的共价键交联而具有优异的机械性能、耐溶剂性和热稳定性。然而,与可重复加工的热塑型树脂不同的是,热固型树脂很难再进行注塑或重复加工,从而使热固型树脂材料变形或破损后无法再次使用,造成了较大的环境污染。

近年来研究人员将在一定条件(温度、催化剂或溶剂等)下可以断裂、交换重组的动态共价键引入到交联高分子体系中,发现该类交联的热固型树脂在外界环境刺激(诸如热、光、力、酸、碱等)作用下,材料内动态共价键的断裂与交换重组可诱导高分子网络结构的动态调整;当刺激消除后,动态共价键高分子又可表现出一般共价交联高分子的稳定性,从而实现热固型树脂的重新塑形,如图 2-58-1 所示。

图 2-58-1　刺激消除后,动态共价键高分子重新塑形示意图

本实验利用二元环氧分子双酚 A 型缩水甘油醚(DGEBA)和二元羧酸分子癸二酸在 1,5,7-三氮杂二环[4.4.0]癸-5-烯(TBD)的催化下制备最为典型的基于酯交换反应的可重塑热固型树脂。

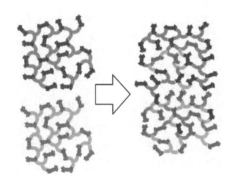

在加热的条件下,分子中游离的 β-羟基和酯键之间发生酯交换反应,从而使体系交联,但是由于酯交换反应的存在,交联高分子具有一定的结构重排能力,从而实现热固型树脂的可重塑。

三、仪器与试剂

1. 仪器

烧杯(50 mL)、玻璃棒、试管、鼓风干燥烘箱、粉碎机、热压机、钢模具。

2. 试剂

双酚 A 型缩水甘油醚(DGEBA)、癸二酸、1,5,7-三氮杂二环[4.4.0]癸-5-烯(TBD)。

四、实验内容

1. 制备

(1)预聚物的制备:于烧杯中称取 17.02 g DGEBA、10.11 g 癸二酸,在鼓风干燥烘箱中 180 ℃下恒温熔化后使用玻璃棒搅拌至均匀;在体系中加入 0.35 g TBD,恒温 180 ℃充分熔化后搅拌至均匀。

(2)聚合:将上述黏稠的预聚物小心倒入小试管内,不使预聚物溢出管外,继续在 180 ℃恒温条件下反应 4 h 使之完全固化。

(3)脱模:关闭烘箱电源,使试管和树脂自然冷却至室温,将试管轻轻敲破,即可得到黄褐色透明的棒状可重塑热固型树脂。

2. 重塑

(1)粉碎:将得到的热固型树脂加入到粉碎机中,粉碎 5 min 后,取出树脂的粉末。

(2)热压:将树脂粉末加入到钢模具中,在 180 ℃下加热 10 min,用 3.0 MPa 的压力热压 30 min,停止加热,冷却至室温,撤去压力,脱模,即可得到重新塑形的树脂。

五、注意事项

(1)制备过程中多处使用到 180 ℃的高温,注意佩戴隔热手套以防烫伤。

(2)敲碎试管时,注意碎玻璃易划伤皮肤,应尽快清理碎玻璃。

六、思考题

(1)这种材料为什么具有可重塑性能,其重塑的机理又是怎样的?

（2）为什么二元环氧和二元羧酸聚合后能产生交联高分子？

参考文献

[1] 任一萍，王正，郭文静，等. 热固型 PRF 树脂制备及其对胶合防腐竹材剪切强度影响[J]. 东北林业大学学报，2015，8(43)：95-97.

[2] 关岩，张玲. 新型热固型酚醛树脂的研究[J]. 燃料和化工，2002，5(33)：265-266.

（编写：张彦峰；校对：杨帆）

实验五十九　高吸油树脂的合成

一、实验目的

（1）了解高吸油树脂的组成、化学结构特征及吸收原理；

（2）明确悬浮聚合工艺中自由基聚合反应产物尺寸、产率等的控制因素；

（3）丰富对于功能高分子材料合成和应用过程的认识。

二、实验原理

随着社会生活和工业生产中环保和安全意识的逐渐增强，在处理有机溶剂、燃油泄漏，对工业含油废水的回收再利用等多种场合中，都需要用到吸收速率快、吸收能力强而且易于后处理的高吸油材料。早期的吸油材料多以高比表面积的天然材料为主（如稻草和锯末等），这类材料虽然来源广泛，但主要依靠表面吸附，吸油率偏低。高吸油树脂是一类具有三维交联网络的高分子材料，其对有机溶剂的吸收不限于表面吸附，而是在有机溶剂作用下发生显著的溶胀以增大其内部网络空间体积，吸油质量可达自身质量的十几至几十倍（见图 2-59-1），吸收过程快，树脂仅溶胀不溶解，强度和稳定性良好且能够再生利用。美国陶氏化学公司最早以烷基苯乙烯为单体、二乙烯基苯为交联剂合成出了高吸油树脂。1973 年，日本三井化学公司采用甲基丙烯酸烷基酯或烷基苯乙烯交联聚合制得了高吸油树脂。随后，一系列高吸油树脂相继在美国、日本和中国等国开发推出。

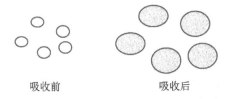

吸收前　　　　　吸收后

图 2-59-1　吸油树脂作用机理示意图

吸油树脂的作用机制可描述为：油类分子向树脂表面扩散，被树脂吸附，树脂中的亲油链段被溶剂化，使树脂的分子链舒展，树脂继续吸油溶胀，最终受限于交联网络的回弹力而达到溶胀的热力学平衡，即达到树脂的饱和吸油率。常见油品和有机溶剂多为非极性的脂肪烃和芳香烃,或者是弱极性的卤代烃和酯类等。按照相似相溶原理,合成吸油树脂也主要采用弱极性的单体。一种吸油树脂及其吸收汽油前后的外观如图2-59-2所示。

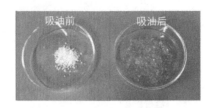

图 2-59-2　一种吸油树脂及其吸收汽油前后的外观

按照化学组成可将高吸油树脂分为聚烯烃类、聚氨酯和聚丙烯酸酯类。聚烯烃类树脂中不含极性基团,尤其是长碳链单体聚合而成的聚烯烃对各种油品都具有良好的吸收能力。但长碳链烯烃单体的来源较少,限制了聚烯烃类高吸油树脂的大规模生产和使用。聚氨酯泡沫(海绵)等能够吸收自重几十倍甚至上百倍的油品,多用于处理大范围溢油、去除海面浮油等。但是泡沫类材料高的孔隙率导致其保油能力欠佳,在吸收后的运输、回收过程中易导致油品二次泄漏。

丙烯酸树脂类高吸油树脂不仅具有高的吸油能力和良好的保油性能,而且原料易得,合成方便,结构与性能调节范围宽,是目前应用最为广泛的一种高吸油树脂。高吸油型丙烯酸树脂一般由含有长链烷基的丙烯酸酯和含有短链的丙烯酸酯单体共聚,并形成低交联程度的疏松交联网络。长链烷基赋予树脂对有机溶剂良好的亲和力,短链单体用于调节交联网络的空间体积,低的交联程度使得树脂吸附有机溶剂后交联网络能够充分膨胀,从而表现出良好的吸收和保油能力。利用其吸收和保油能力,高吸油丙烯酸树脂还可以用作芳香剂、杀虫剂等有机物的缓释基体。

合成高吸油型丙烯酸树脂可以采用本体聚合、悬浮聚合和乳液聚合等工艺。合成工艺的选择不仅应考虑产物的性能还应满足工艺过程的规模化生产要求。悬浮聚合体系中反应物以液滴形式分散于水性介质中,有助于维持体系良好的传质和传热,产物的后处理也能够方便进行,是目前制备高吸油丙烯酸树脂普遍采用的一种合成工艺。

本实验将采用悬浮聚合工艺合成丙烯酸酯类高吸油树脂,结合对合成工艺条件的控制和产物吸收性能的评价,加深学生对于功能高分子材料合成反应化学原理、聚合工艺过程特点的认识,并拓展学生对化学知识的实际应用范畴的理解。

三、仪器与试剂

1. 仪器(每组)

四口烧瓶(250 mL)、搅拌杆(30~40 mm)、油浴加热器1台、球形冷凝管1支、温度计1支、氮气管、药匙2个、滴管2个、进样枪1支(20 μL)、不锈钢丝网(1000目)10 cm×10 cm、带盖广口瓶(100~150 mL,口径40~50 mm)、离心管(5 mL)6个。其他公用仪器有:分析天平、离心机。

2. 试剂

甲基丙烯酸十八烷基酯(MSA)、丙烯酸丁酯(BA)、PVA 1788、二乙烯基苯(DVB)、偶氮二异丁腈(AIBN)、乙酸乙酯、无水乙醇、二甲苯、四氯化碳、煤油。其中,甲基丙烯酸十二烷基酯和丙烯酸丁酯需进行预处理以除去其中的阻聚剂,其他试剂则可直接使用。

四、实验内容

1. 单体预处理

单体的预处理过程为:采用质量分数为 5% 的 NaOH 溶液将甲基丙烯酸十八烷基酯清洗 3 次,再用热的(60~70℃)去离子水洗至中性以除去其中的阻聚剂,并于室温下真空干燥 48 h;将丙烯酸丁酯加入填充无水三氧化二铝的柱子,于重力下过柱处理,除去其中的阻聚剂,得到提纯后的丙烯酸丁酯。

2. 树脂的合成

加入 PVA1788 使其溶解于去离子水中,配制成质量分数为 5% 的溶液(为节省实验时间,可预先统一配制好)。向 250 mL 四口烧瓶中加入 3.5 g 的 MSA、1.5 g 的 BA 和 2 mL 乙酸乙酯,量取 70 mL PVA1788 溶液加入烧瓶中。将装有物料的烧瓶固定于油浴中,安装搅拌杆、冷凝管、温度计和氮气管。打开油浴加热电源,设定温度 40℃,对反应体系进行搅拌,使反应物混合均匀。向反应釜内通氮气 30 min 后,逐渐升温使釜内温度达到 70℃,增大搅拌转速至 350 r/min,加入 6 μL 的 DVB。将 1.5 mL 的无水乙醇加热至 50℃,称取 0.05 g 的 AIBN,加入热乙醇溶液中,使其快速溶解。在搅拌条件下,将 AIBN 的乙醇溶液加入烧瓶中,保持搅拌并保温反应 5 h,再升温至 80℃,保温反应 2 h,停止加热,将烧瓶从油浴中取出,冷却至室温。用滤网或滤布过滤反应混合物,再结合布氏漏斗、真空抽滤,将得到的固体产物分别用去离子水和乙醇淋洗 3 次,再真空(35℃)干燥 24 h,即得到高吸油的丙烯酸树脂(记为 O - AR)。

3. 树脂的结构表征

将干燥后的树脂与溴化钾研磨压片,测定产物的红外光谱。采用热失重分析(TGA)评价树脂的热稳定性(氮气氛,升温速率 10℃/min,测试温度范围为室温~500℃)。

4. 吸油性能评价

(1)吸油率。将干燥的 O - AR 置于钢丝网中,连同钢丝网一同浸没于有机溶剂中(以二甲苯为例),分别于 1 h、2 h 后将钢丝网和吸油后的树脂取出,室温下沥油 5 min 并用滤纸擦拭钢丝网底部的浮油,称量钢丝网和吸油后树脂的总重,树脂的吸油率(Q)计算如下

$$Q = \frac{M_t - M_n - M_r}{M_r} \times 100\% \tag{2-58-1}$$

式中,M_t 为吸油后钢丝网和树脂的总质量;M_n 为钢丝网的质量;M_r 为吸油前干树脂的质量。

(2)保油率。测定钢丝网吸油饱和后的质量,再称取一定量的干树脂(质量为 M_r)置于钢丝网中在有机溶剂中浸泡 24 h,使其达到吸收饱和。称取吸收饱和的树脂装于离心管中,置于离心机中,在 3000 r/min 转速下离心 5 min,将离心管倾斜倒置,用滤纸吸取树脂表面的浮油,称量离心后离心管和样品的总质量(M_2),试样的保油率(φ)可由下式计算

$$\varphi = \frac{M_2 - M_e - M_r}{M_1 - M_e - M_r} \times 100\% \tag{2-58-2}$$

式中,M_r 和 M_e 分别为干树脂质量和空离心管的质量;M_1 为离心前吸收饱和的树脂和离心管的总质量;M_2 为离心后离心管和样品的总质量。每个样品对某一有机溶剂的保油率重复测定 3 次。

五、注意事项

(1)交联程度对树脂吸油性能的影响十分显著,应严格控制交联剂的量取和加入量;

(2)加入引发剂前应充分搅拌,使单体液滴有效地分散,以免聚合开始后出现产物凝胶。

六、思考题

(1)向聚合体系中加入乙酸乙酯的作用是什么?

(2)保持 PVA 相对于单体的质量分数一定、其他反应物组成不变、减小水相体积会对产物吸油性能有何影响?

参考文献

[1] 李建颖. 高吸水与高吸油树脂[M]. 北京:化学工业出版社,2005.

[2] 贾红兵,朱绪飞. 高分子材料[M]. 南京:南京大学出版社,2009.

[3] 段雅静. 聚丙烯酸酯类高吸油树脂的制备及其吸油性能演技[D]. 兰州:兰州大学,2016.

(编写:李瑜;校对:杨帆)

实验六十　耐久型超疏水涂层的制备及其在油水分离过程中的应用

一、实验目的

(1)认识超疏水表面的组成和结构特点;

(2)了解超疏水涂层的形成特点及其对油水混合物的分离机制;

(3)学习材料表面浸润性的测定方法,以及接触角、滚动角的测定方法。

二、实验原理

超疏水表面,由于水滴在其上的接触角大于 150°,不易铺展开而呈现近似球形(见图 2-60-1、图 2-60-2 和图 2-60-3),可以自由滚动、滑落而带走表面的尘埃,从而具有自清洁、防污和防结冰等优势。随着空气污染等环境危机的日益加剧,具有超疏水或超亲油等特殊润湿性能的表面在油水分离、海洋防污等领域都表现出极大的应用优势。构造牢固耐久、可大范围应用的功能性润湿表面也是目前表面、界面科学和材料化学等领域重要的研究方向。

图 2-60-1　光学显微镜下超疏水表面水滴的图像

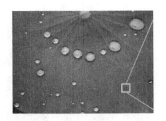

图 2-60-2　荷叶表面的水滴

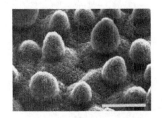

图 2-60-3　电子显微镜下荷叶表面的微凸结构

　　1997 年,德国科学家 Barthlott 和 Neinhus 等发现,荷叶表面的超疏水性源于其表面的生物蜡质和微米级的凸起结构。2002 年,我国科学家江雷院士的研究成果进一步表明,微米和纳米级的复合粗糙结构才是构建类荷叶表面、获得超疏水效应的根本。微/纳米复合粗糙结构的间隙中囊括了大量的空气,降低了液体和固体的接触面积,从而能显著增大水滴对表面的接触角。由此也启发研究者们发展出两种构建超疏水表面的主要途径,例如,通过化学(物理化学/电化学)或者微/纳加工方法(刻蚀)在普通的表面上构造出复合的粗糙结构,再对此粗糙表面进行低表面能处理;或者是对微/纳米尺度的颗粒进行低表面能修饰,将得到疏水微/纳粒子作为填料,与典型的涂料基体树脂复合,以超疏水涂层的形式获得超疏水表面。基于疏水微/纳米粒子与涂料树脂的复合物,可以通过浸涂、棒涂或喷涂等在多种底材上方便地形成大面积的超疏水表面,是一种简单、有效、易于规模化构筑耐久超疏水表面的途径。

　　形成牢固耐久的超疏水涂层不仅应确保疏水填料颗粒和涂层基体树脂有效结合,还应对底材有牢固的附着力。双组分涂料树脂,例如丙烯酸树脂、环氧树脂和聚氨酯等,经交联固化后涂膜附着力强、物理化学性质稳定,已被广泛用作交通工具、建筑物和日用品等的防护层。此外,双组分树脂涂层体系树脂主剂和交联剂的丰富的种类和多样化的化学组成也为树脂基体和填料颗粒间形成化学结合提供了有利的条件。例如,将羟基丙烯酸树脂与多异氰酸酯配合固化后得到的丙烯酸聚氨酯涂层,不仅涂膜兼具良好的韧性和较高的硬度,光泽性佳、耐化学品性能优良,多异氰酸酯组分活泼的反应性还能够有效地结合表面富含羟基、氨基等的无机填料颗粒。因此,如果以超疏水的二氧化硅粒子为填料,以双组分丙烯酸聚氨酯为基体树脂,利用作为交联剂的多异氰酸酯同时结合含羟基的基体树脂和表面残留一定量羟基的疏水二氧化硅颗粒制备超疏水涂层,将能够有效地兼顾涂层表面的超疏水性能和涂层自身的力学性能,如图 2-60-4 所示。

　　为获得表面同时含有羟基和含氟链段的二氧化硅纳米粒子,本实验将采用一锅法溶胶-凝胶过程制备法制备超疏水的二氧化硅纳米粒子。其大致反应过程如图 2-60-5 所示。

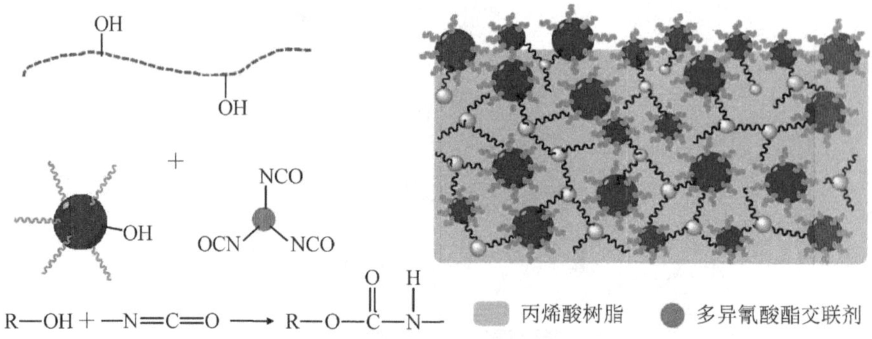

$$R-OH + -N=C=O \longrightarrow R-O-\overset{\overset{\displaystyle O}{\|}}{C}-\overset{\overset{\displaystyle H}{|}}{N}-$$

图 2-60-4　多异氰酸酯组分交联羟基丙烯酸树脂和疏水二氧化硅颗粒形成超疏水涂层
　　　　　的结构示意图

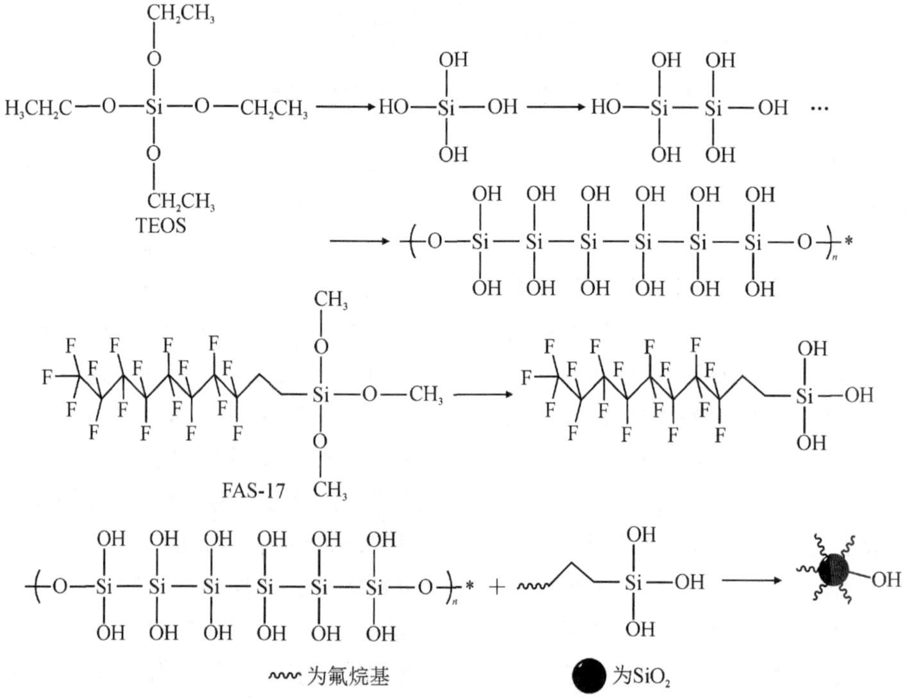

图 2-60-5　正硅酸乙酯(TEOS)和十七氟癸基三甲氧基硅烷(FAS-17)水解制备疏水二氧
　　　　　化硅颗粒的反应过程

　　以正硅酸乙酯作为硅源,使其在碱性介质中进行一定程度的水解、缩合,形成二氧化硅纳米粒子作为核心;接着向此体系中加入一定量的含氟硅氧烷类表面改性剂,如十七氟癸基三甲氧基硅烷。FAS-17 中的硅氧烷基团在碱性介质中也发生水解,由于异相成核的驱使,大部分FAS-17的水解产物将和体系中二氧化硅纳米粒子表面的羟基缩合,使得二氧化硅纳米粒子与疏水的长链 C—F$_2$ 基团发生表面接枝。得益于这些纳米粒子聚集堆积形成微/纳米复合的粗糙结构,以及纳米粒子表面的含氟疏水基团,这些水解产物经抽滤干燥后即可表现出优异的超疏水性。

　　利用羟基丙烯酸树脂良好的黏附性,结合超疏水二氧化硅颗粒提供的粗糙结构,可以在玻璃、金属、塑料和纸张等多种底材上形成超疏水涂层。由于丙烯酸树脂中大量的烷基链段,得到的疏水涂层对非极性的有机溶剂有一定的亲和力。采用这种涂层处理滤纸表面用于过滤油水混合物,可以阻隔水相而使油相渗下通过,起到油水分离的作用,如图 2-60-6 所示。牢固耐久的超疏水涂层也将在化工产品分离、工业含油废水处理等领域发挥重要效用。

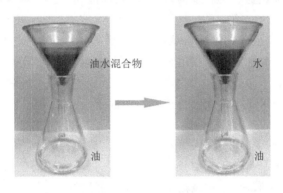

图 2-60-6　经超疏水处理后的滤纸用于油水分离过程的装置示意图

三、仪器与试剂

1. 仪器

　　超声波清洗器、磁力搅拌恒温水浴锅、带塞锥形瓶(100 mL)、1 mL 注射器(带针头)、一次性 PE 塑料滴管、pH 试纸、布氏漏斗、抽滤瓶、滤纸(直径 100 mm)、载玻片、培养皿(直径 12～13 mm)、电子天平。

2. 试剂

　　正硅酸乙酯(TEOS)、浓氨水、无水乙醇、十七氟癸基三甲氧基硅烷、双组分羟基丙烯酸树脂及其固化剂。

四、实验内容

1. 超疏水二氧化硅微/纳米粒子的制备

　　量取 20 g 的氨水和 50 g 的乙醇加入 100 mL 锥形瓶中混合均匀,将此锥形瓶置于 30 ℃ 水浴中,开启磁力搅拌,并设定水浴温度为 40 ℃,使其逐渐缓慢升温,同时向锥形瓶中加入 10 g 正硅酸乙酯,持续磁力搅拌,在此过程中确保反应物温度为 40±2 ℃。反应 30 min 后,设定水浴控制温度为 50 ℃,用注射器抽取 1 g 十七氟癸基三甲氧基硅烷加入至反应体系中,再继续搅拌反应 2.5 h,控制反应物温度不超过 50 ℃。随后用布氏漏斗真空抽滤反应液,用乙醇淋洗滤饼,于鼓风烘箱中 120 ℃ 干燥至恒重。称量产物质量,计算产率。

2. 制备具有疏水涂层的滤纸

　　称取 0.25 g 超疏水二氧化硅粒子,加入至 3 mL 醋酸丁酯中,施加超声波使其分散均匀,再加入与疏水颗粒等质量的羟基丙烯酸树脂(主剂)以及一定质量的异氰酸酯类固化剂(羟基与异氰酸根物质的量比为 1∶1.2),搅拌均匀,再施加超声波分散 3～5 min,将混合后的物料转移至培养皿中,将滤纸浸渍后取出,于室温下放置 30 min 后转移至鼓风干燥箱中于 80 ℃下处理 30 min,即得到超疏水滤纸。

3. 涂层的表面性状和油水分离性能评价

(1)接触角和滚动角测试。采用接触角测定仪,分别测定水滴和油滴(例如环己烷或二甲苯)在处理所得滤纸表面(包括正面、反面)的接触角和滚动角。

(2)油水分离性能评价。将少量环己烷(或二甲苯、四氯化碳)与染色的水溶液(例如红墨水、蓝墨水)混合成一定浓度的油水混合物(质量分数为 5%～10%),将超疏水滤纸折叠呈锥形铺于漏斗中,观察水相和油相的分离过程(条件允许时,可以采用水分测定仪测定分离出来的油相中水分的含量)。一次分离过程完成后,将滤纸置于鼓风烘箱中干燥,再将其用于分离油水混合物,从而评价该种超疏水滤纸的重复使用性能。

五、注意事项

(1)含氟硅烷偶联剂暴露于空气中极易水解变质,每次称取时勿直接打开瓶塞称量,应用注射器针头插入试剂瓶橡胶塞,以减量法量取反应所需用量。

(2)配制好疏水粒子和树脂的混合物时,应尽快浸渍处理滤纸,以免因长时间放置导致疏水颗粒沉降,影响滤纸的超疏水性能。

六、思考题

(1)试说明该种超疏水滤纸对于轻型油品(如环己烷、二甲苯)与水的混合物,以及重型油品(例如 CCl_4)和水的混合物的分离效果的差异。

(2)如果实验中的油水分离过程在减压抽滤条件下进行,对其油水分离效果有何影响?请画出示意图说明应如何设计实验装置。

参考文献

[1] BARTHLOTT W, NEINHUIS C. Purity of the sacred lotus, or escape from contamination in biological surfaces[J]. Planta, 1997, 202(1): 1-8.

[2] WANG S, LIU K, YAO X, et al. Bioinspired Surfaces with Superwettability: New Insight on Theory, Design, and Applications[J]. Chem Rev, 2015, 115(16): 8230-8293.

[3] XUE F, JIA D, LI Y, et al. Facile preparation of a mechanically robust superhydrophobic acrylic polyure-thane coating[J]. J Mater Chem A, 2015, 3(26): 13856-13863.

(编写:李瑜;校对:杨帆)

第3章　设计性试验

实验六十一　水杨酸甲酯(冬青油)的制备

一、实验目的

(1)掌握提高可逆反应产物的平衡产率的实验方法；

(2)训练查阅文献资料、设计实验方案、实施实验操作的能力；

(3)巩固回流、蒸馏、萃取等基本操作技术。

二、实验提示

水杨酸甲酯,俗称冬青油(Wintergreen Oil),为无色油状液体,有冬青叶香气,常用作食品、牙膏、化妆品的香料,也用于制造止痛药、杀虫剂、擦光剂、油墨等。该化合物在自然界广泛存在,也可通过水杨酸与甲醇的酯化反应而得。

(1)水杨酸与甲醇的酯化反应是典型的可逆反应。为提高产率,必须使反应尽量地向右方进行。结合本实验的特点,选择可行的提高水杨酸甲酯平衡产率的实验方法。

(2)一般酯化反应都需要用强酸作催化剂,可以是无机酸,如浓硫酸、盐酸等,也可以是有机酸,如对甲苯磺酸等。

(3)水杨酸是既有羧基又有羟基的双官能团化合物,在设计实验方案时要予以注意。

(4)水杨酸甲酯是高沸点(223.3 ℃)的液体,可以采用常压或减压蒸馏的方式进行精制。(请思考哪种方式更好,为什么?)

三、仪器与试剂

1. 仪器

圆底烧瓶、冷凝管(直型、球型、空气)、量筒、蒸馏头、接引管、温度计(250 ℃)、分液漏斗、真空泵、折光仪、红外光谱仪等。

2. 试剂

水杨酸、甲醇、浓硫酸、盐酸、碳酸钠、乙醚、红色石蕊试纸、无水硫酸镁、无水氯化钙、沸石、棉花。

四、实验要求

(1)查阅文献资料,依据实验室提供的条件设计水杨酸甲酯的制备方案,并实施操作。

(2)以水杨酸 0.050 mol 的量为基准,确定各种试剂的用量及仪器的规格。

（3）综合分析文献资料,确定酯化反应结束后原料水杨酸是否需要回收,如需回收,请设计方案并实施操作。

（4）依据实验室提供的条件,对水杨酸甲酯进行鉴定。

（5）提交实验报告。

五、注意事项

（1）本反应所有仪器必须干燥,任何水的存在都将降低收率。

（2）应避免明火加热,因为甲醇为低沸点的易燃液体。

参考文献

[1] 焦家俊. 有机化学实验[M]. 上海:上海交通大学出版社,2000:95.

[2] 周科衍,高占先. 有机化学实验教学指导[M]. 北京:高等教育出版社,1997:80.

[3] 兰州大学. 有机化学实验[M]. 3 版. 王清廉,李瀛,高坤,等修订. 北京:高等教育出版社,2010.

[4] 邢其毅,裴伟伟,徐瑞秋,等. 基础有机化学[M]. 2 版. 北京:高等教育出版社,2005.

（编写:郭丽娜;校对:张雯）

实验六十二　　扁桃酸的拆分

一、实验目的

（1）熟悉和掌握手性拆分的原理和常用方法;

（2）掌握利用化学拆分法获得光学纯扁桃酸的操作;

（3）了解和掌握测量手性化合物的比旋光度方法。

二、实验原理

扁桃酸化学名为 α-羟基苯乙酸,是一种手性分子,具有 R-和 S-两种构型。光学活性的扁桃酸是合成许多手性药物的重要中间体。扁桃酸的单一对映异构体(以下简称对映体)在药效上存在较大差异,如 R-扁桃酸用作头孢菌素类系列抗生素羟苄四唑头孢菌素的侧链修饰剂,S-扁桃酸是合成治疗尿急、尿频和尿失禁药物 S-奥昔布宁的前体原料。然而,通常化学方法获得的扁桃酸为外消旋体,为了得到光学纯的扁桃酸,必须将外消旋体分离成单一的旋光体,这一过程称为"拆分"。

外消旋体的拆分有很多种方法,包括机械拆分法、生物拆分法、色谱拆分法及化学拆分法等。其中,化学拆分法是最常用的一种方法。化学拆分法是通过把外消旋体的一对对映体用一个光学纯的试剂(拆分剂)转变为性质不同的一对非对映体,再利用常规的物理方法如蒸馏、重结晶、抽滤等将其分离开,然后再将非对映体分别处理,就可以得到光学纯的对映体。

$$(\pm)A \xrightarrow{(+)B^*} \begin{pmatrix} (+)A—(+)B^* \\ (-)A—(+)B^* \end{pmatrix} \xrightarrow{拆分} \begin{array}{l} (+)A—(+)B^* \xrightarrow{去除(+)B^*} (+)A \\ (-)A—(+)B^* \xrightarrow{去除(+)B^*} (-)A \end{array}$$

　　此方法特别适合于外消旋酸或碱的拆分。拆分酸时,常用的碱性拆分试剂有辛可宁碱、奎宁碱、马钱子碱、番木鳖碱等生物碱。拆分碱时,常用的酸性拆分试剂有(＋)-樟脑磺酸、(＋)-酒石酸、(－)-苹果酸等。

　　外消旋体拆分的效果可以用光学纯度(op)或对映体过量(ee)来表示。

　　光学纯度(又称旋光纯度)是旋光性样品中一个对映体超过另一个对映体的量的量度。一个化合物的光学纯度是它与纯品的比旋光度,计算公式如下

$$op = \frac{[\alpha]_{样品}}{[\alpha]_{纯品}} \times 100\%$$

　　对映体过量(ee)是指在对映体混合物中一个异构体$[R]$比另一个异构体$[S]$多出来的量占总量的百分数,计算公式如下

$$ee = \frac{[R]-[S]}{[R]+[S]} \times 100\%$$

ee 值越高,光学纯度也越高,拆分效果越好。

三、实验要求

　　(1)查阅文献,选择合适的手性拆分试剂、设计合理的外消旋扁桃酸的拆分实验过程,并回收拆分试剂。

　　(2)根据实验室提供的条件,选择合适的试剂及用量,并实施拆分操作。

　　(3)测量拆分后的旋光异构体的旋光度,并折算成比旋光度与文献值比较,判断所得化合物的光学纯度。

　　(4)测量光学活性旋光异构体的熔点,并与外消旋体比较。

(±)mp	118－119℃
(－)	131－133℃
(＋)	131－133℃

　　(5)查阅文献选择合适的手性柱。用 HPLC 色谱法对样品进行检测,给出产品的 ee 值。

　　(6)提交实验报告。

参考文献

[1] 高鸿宾. 有机化学[M]. 4 版. 北京:高等教育出版社,2006:221－223.

[2] KAZAN J, YU C S. Process for Resolving DL-mandelic Acid:US, 4259521[P]. 1981－03－31.

[3] KESSLIN G, TEANECK N. J, KELLY K W. Resolution of Racemic Mandelic Acid:US, 4322548[P]. 1982－03－30.

[4] HIROYUKI N, HIROSHI F. Method of Optical Resolution of(±)2-Amino-1-Butanol and/or (±)-Mandelic Acid:US, 4340751[P]. 1982－07－20.

[5] 邵恒,甘永平,张文魁,等. 扁桃酸的拆分和手性扁桃酸的合成研究进展[J]. 化学试剂,2007,29 (3):143－146,153.

　　　　　　　　　　　　　　　　　　　　　　　　　　(编写:郭丽娜;校对:段新华)

实验六十三　碱金属 5-取代四唑配合物的合成与表征

一、实验目的

(1)掌握有机环化反应和配合物的基础知识;

(2)掌握有机合成操作和配合物的制备;

(3)学习用红外光谱仪、核磁共振仪及单晶衍射仪等表征化合物结构的方法。

二、实验原理

四唑是由四个氮原子和一个碳原子组成的五元杂环化合物。这类化合物在配位化学、药物化学及材料化学等多方面均有广泛应用。作为羧基的生物电子等排体,四唑可替代药物中的羧基,并使药物的生物利用度提高。四唑配体具有高的正生成焓,分解时释放出大量的热能和氮气,所以可用于制备推进剂、炸药、烟火及气体发生剂等含能材料。四唑基中的四个氮原子均有与金属配位的可能,因此它可以在配合物中呈现出多种配位模式,具有重要的配位化学研究价值。选用不同的取代基来修饰四唑环,又可以控制其配合物的性能,使其拥有不同的应用。例如:5-氨基四唑及其金属配合物可用作安全气囊的气体发生剂,而 5-硝基四唑的碱金属配合物则因感度较高可用作火炸药。

四唑类化合物最早于 1932 年由布劳恩(Braun)和凯勒(Keller)报道,通过有机腈化物和叠氮酸的反应制备。因其在诸多领域的重要应用,制备四唑的方法一直在不断创新。有机腈化物和无机叠氮盐的环化反应是制备四唑的经典反应之一。本实验将采用该反应制备 5-取代四唑,合成反应式如下(反应条件由学生查阅文献后自己拟定)

$$R-C\equiv N + NaN_3 \xrightarrow[\text{回流}]{\text{催化剂　溶剂}} \underset{\text{四唑}}{\text{环}}$$

$$R = -CH_3, -N(CH_3)_2, -C_6H_5,\ 等$$

5-取代四唑一般具有弱酸性($1H$-四唑的 $pK_a = 4.9$),可以与第 1、2 族金属的氢氧化物反应生成相应的金属配合物。此类配合物燃烧时呈现出相应金属的焰色,可用作烟火的着色剂。本实验合成第 1、2 族金属四唑配合物的反应式如下(反应条件由学生查阅文献后自己拟定)

$$n \underset{\text{四唑}}{\text{环}} + M(OH)_n \xrightarrow{\text{溶剂}} M^{n+}\left[\underset{\text{环}}{\text{环}}\right]_n + nH_2O$$

$$M = Na,\ K,\ Rb,\ Ca,\ Sr,\ Ba,\ 等$$
$$n = 1,\ 2$$

实验中制备的四唑及其配合物可通过红外光谱、核磁共振、热重分析及其他一些常规分析手段进行表征。

三、仪器与试剂

1. 仪器

电子天平、熔点仪、红外光谱仪、核磁共振仪、显微镜、热重分析仪等。圆底烧瓶、球形冷凝管、磁力搅拌器、油浴、分液漏斗、大烧杯、抽滤装置、常用玻璃仪器等。

2. 试剂

乙腈、二甲基氰胺、叠氮钠、甲苯、盐酸三乙胺、蒸馏水、浓盐酸、氢氧化钠、氢氧化钾、氢氧化铷、氢氧化铯、甲醇等,以上试剂均为分析纯。

四、实验要求

(1)查阅文献资料,依据实验室提供的条件,设计欲合成的 5 -取代四唑的结构,并确定与之配位的金属。

(2)综合分析文献资料,确定具体实验步骤,选用合适的试剂及用量,制备 5 -取代四唑及其金属配合物。

(3)按设计方案进行实验,用核磁共振、红外光谱、热重分析等方法对产物进行表征。

(4)提交实验报告。

五、注意事项

使用浓盐酸应在通风橱中进行,注意眼睛、呼吸系统和手的防护。

六、思考题

(1)试写出实验中合成四唑的反应机理。讨论采用不同极性溶剂对该反应的影响。

(2)分析四唑配体及其配合物的核磁共振谱图,解释四唑中含氢基团核磁共振谱图中化学位移的原因。

(3)根据热重分析曲线,解析配合物质量流失过程及可能的原因。

参考文献

[1] KOGURO K, OGA T, MITSUI S, et al. Novel synthesis of 5-substituted tetrazoles from nitriles[J]. Synthesis, 1998, 30: 910 - 914.

[2] POTUROVIC S, LU D, HEEG M J, et al. Synthesis and structural characterization of heavier group 1 methyl tetrazolate complexes: New bridging coordination modes of the tetrazolate ligand[J]. Polyhedron, 2008, 27: 3280 - 3286.

[3] DEMKO Z P, SHARPLESS K B. Preparation of 5-substituted 1H-tetrazoles from nitriles in water[J]. J Org Chem, 2001, 66: 7945 - 7950.

[4] 姜凤超,王静. 微波辐射法合成 5 -取代四氮唑衍生物[J]. 精细化工中间体, 2006, 36(6): 22 - 25.

(编写:吕东梅;校对:郭丽娜)

实验六十四　　铝合金的图纹化

一、实验目的

(1)掌握铝合金化学刻蚀图纹化的基本原理和方法;

(2)掌握铝阳极氧化的基本原理和操作技术;

(3)学习科研工作的基本程序,制定研究计划和实施方案;

(4)了解铝及铝合金表面处理的研究热点及应用。

二、实验原理

铝及铝合金是一类非常重要的有色金属,在工业和日常生活中有着非常广泛的应用。铝合金具有较高的力学强度、硬度、耐磨性、耐蚀性及易于加工等优良性质,可作为航空、航天、汽车、船舶工业的重要结构材料,亦是家居装修装潢不可或缺的建筑材料。

铝及铝合金的图纹装饰是通过对其进行部分刻蚀,获得一定深度的图形或文字,然后在其上着色,从而达到具有立体感的彩色装饰效果。生活中的招牌制作、仪器设备表面图文刻印、薄片零件复杂的线路刻印都属于此类工艺。铝及铝合金的图纹主要通过化学刻蚀或电解刻蚀得到。化学刻蚀采用有机保护胶局部保护不需刻蚀的部位,用合适浓度的酸或碱溶解铝及铝合金。该方法具有工艺简单、刻蚀速度快、经济且效果好等优点。

化学刻蚀图纹化基本工艺流程如下:碱性化学除油→水洗→干燥→上UV感光胶→烘干→紫外曝光→显影→坚膜→刻蚀(化学或电化学刻蚀)→水洗→除膜→水洗→着色→干燥。

在刻蚀过程中,要得到线条明晰、刻痕深的图纹,必须控制好刻蚀的时间和温度,刻蚀温度太低或时间太短,刻出的图案模糊、不深;温度太高、时间太长,感光胶和铝合金的结合力下降,在要刻蚀和非刻蚀的交界处可能出现感光胶脱落,导致图案边缘模糊,影响整体效果。

电解刻蚀图纹化是另外一种在铝及铝合金表面获得图纹的方法。它利用阳极的溶解过程,能够在铝合金表面形成整体自然、类似于木纹的图案,然后再经过阳极氧化着色,赋予铝合金表面特别的装饰效果。电解刻蚀技术简便易行、稳定可靠,用交流调压器作为图纹交流电解和电解着色的电源,用直流稳压电源作为阳极氧化电源。

有机酸及其盐类,如柠檬酸、酒石酸、葡萄糖酸、苹果酸、草酸、EDTA等羧酸或氨基酸及它们的碱金属盐或可溶性碱土金属盐,无机酸及其盐类,如硼酸、磷酸、焦磷酸、多聚磷酸等及它们的可溶性盐,都可以在铝合金表面形成薄薄的阻挡层。具有刻蚀作用的物质有卤化物(如氟化物、氯化物)等。酒石酸和硼酸极易在铝合金表面形成阻挡层,几乎无极化电流。阻挡层厚度不足,铝合金表面将发生全面腐蚀,使图纹浅而细;阻挡层过厚,不易被刻蚀,所得图纹较浅。通过混合使用以上物质,可使所形成的阻挡层厚度适中,适用于电解刻蚀图纹化。

电解刻蚀过程中,电极表面析出的氢对图纹的形成起决定作用。电化学刻蚀必须采用交流电,在交流电的负半周,电极(铝合金板)为阴极,发生析氢反应,在析出氢的局部电极表面pH值升高,在刻蚀剂的协同作用下,阻挡层发生化学溶解,当H_2沿着电极表面上升离开时,对阻挡层产生冲刷作用,加速了阻挡层的溶解;在交流电的正半周,电极为阳极,发生Al的电化学溶解,在阻挡层优先溶解的区域,Al的阳极溶解速度较快,而铝溶解形成的Al_2O_3层是疏松、多孔的,它对 Al 的进一步阳极溶解阻碍作用较小。这样,经过一定时间的电解,沿着 H_2 上升的轨迹,就形成了沟槽。由于 H_2 的形成是随机的,且沟槽尺寸受搅拌等因素影响,所以沟槽的轨迹也是不规则的,这就使得电解刻蚀的图纹各式各样,形成随机图案。

电解刻蚀图纹化基本工艺流程如下:碱性化学除油→热水洗→水洗→浸蚀→水洗→电解刻蚀图纹化→水洗→除膜→水洗→阳极氧化→水洗→干燥。

三、仪器与试剂

1. 仪器

大烧杯、紫外曝光机、丝印台、稳定直流电源、多功能脉冲电源、磁力加热搅拌器、烘箱、竹镊、手套等。

2. 试剂

铝合金片、UV 油墨、丝网、不锈钢板(或石墨电极)、氢氧化钠(NaOH)、碳酸钠(Na_2CO_3)、葡萄糖酸钠、氟化氢铵、硝酸(体积比 1∶1)、四水合醋酸钴[$Co(CH_3COO)_2 \cdot 4H_2O$]、高锰酸钾($KMnO_4$)、三水合亚铁氰化钾[$K_4Fe(CN)_6 \cdot 3H_2O$]、硫酸铁($FeSO_4$)、四水合偏硼酸钠($NaBO_2 \cdot 4H_2O$)、硼酸($H_3BO_3$)、十二水合磷酸钠($Na_3PO_4 \cdot 12H_2O$)、硝酸银($AgNO_3$)、硫酸($H_2SO_4$)。

四、实验要求

(1)查阅文献资料,依据实验室提供的条件,设计铝合金表面图纹化方案,并实施操作。

(2)以设计的图案为基准,综合分析文献资料,依据实验室提供的条件,选择合适的试剂及用量,并确定合适的电压范围。

(3)按设计方案实施操作,评价图纹刻蚀结果。

(4)提交实验报告。

五、注意事项

(1)注意电极不要接错;

(2)实验中使用的酸碱浓度较高,注意使用安全。

六、思考题

(1)查阅文献,推测抗腐蚀油墨的主要成分是什么。

(2)电化学刻蚀所用试剂非常简单,为什么能在铝合金上刻蚀出图案?

补充阅读

纯铝本身是一种质地较软、比较活泼的金属。为了提高其机械性能,在纯铝当中添加了一定比例的合金元素,不同的合金元素和比例赋予铝合金独特的性质,适用于不同领域。铝及铝合金耐腐蚀的特性源于它在空气中能自发地形成一层厚度为 0.01~0.10 pm 的氧化膜,阻止了外部环境中的氧对铝的氧化。但这层天然氧化膜为非晶态,薄而多孔,机械强度也低,远远满足不了人们对铝及其合金在装饰、防护与功能性应用等方面的要求。因此,铝阳极氧化处理工艺得到了不断的发展。

　　铝阳极氧化处理是指利用电解作用,使铝或铝合金表面人为形成一层较厚的氧化铝薄膜的过程。一般采用不锈钢板或石墨电极为阴极,铝或铝合金为阳极构成电解池。阳极氧化过程中,作为阳极的铝在电解液(如硫酸溶液)中阳极氧化,金属铝的氧化膜形成过程和氧化膜溶解过程是相互对立而又密切联系的。铝阳极同时发生形成氧化铝膜和氧化铝溶解两个反应过程。

　　成膜过程:

$$Al - 3e^- \longrightarrow Al^{3+} \tag{3-64-1}$$

$$4Al^{3+} + 3O_2 \longrightarrow 2Al_2O_3 \tag{3-64-2}$$

　　膜溶解过程:

$$Al_2O_3 + 6H^+ \longrightarrow 2Al^{3+} + 3H_2O \tag{3-64-3}$$

　　阴极上氢离子得电子析出氢气:

$$2H^+ + 2e^- \longrightarrow H_2 \tag{3-64-4}$$

　　氧化膜的生长过程就是氧化膜不断生成和不断溶解的过程。第一阶段,无孔层形成:通电刚开始的几秒到几十秒时间内,铝表面立即生成一层致密的、具有高绝缘性能的氧化膜,厚度为 $0.01 \sim 0.1~\mu m$,为一层连续的、无孔的薄膜层,称为无孔层或阻挡层,此膜的出现阻挡了电流的通过和膜层的继续增厚。无孔层的厚度与形成电压成正比,与氧化膜在电解液中的溶解速度成反比。第二阶段,多孔层形成:随着氧化膜的生成,电解液对膜的溶解作用也就开始了。由于生成的氧化膜并不均匀,在膜最薄的地方将首先被溶解出空穴来。电解液就可以通过这些空穴到达铝的新鲜表面,电化学反应得以继续进行,电阻减小,电压随之下降,膜上出现多孔层。第三阶段,多孔层增厚:阳极氧化约 20 s 后,电压进入比较平稳而缓慢的上升阶段。表明无孔层在不断地被溶解形成多孔层的同时,新的无孔层又在生长,当氧化膜中无孔层的生成速度与溶解速度基本上达到平衡时,无孔层的厚度不再增加,电压变化也很小。但是,此时在孔的底部氧化膜的生成与溶解并没有停止,将使孔的底部逐渐向金属基体内部移动。随着氧化时间的延续,孔穴加深形成孔隙,具有孔隙的膜层逐渐加厚。当膜生成速度和溶解速度达到动态平衡时,即使再延长氧化时间,氧化膜的厚度也不会再增加,此时应停止阳极氧化过程。

　　这个反应的最终结果与诸多因素有关,如电解质的性质、最终反应产物的性质、工艺操作条件(例如电流、电压、槽液温度和处理时间)等。

　　铝阳极氧化技术不但可使氧化膜质量大大提高,还可对铝合金进行着色,赋予表面丰富的纹理和色泽的变化。

　　阳极氧化在工业上应用广泛,有多种分类方法,按电流形式分为直流电阳极氧化、交流电阳极氧化、脉冲电流阳极氧化等,按电解液分为硫酸、草酸、铬酸、混合酸等阳极氧化,按膜层性质分为普通膜、硬质膜(厚膜)、瓷质膜、光亮修饰层、半导体作用的阻挡层等阳极氧化。直流电硫酸阳极氧化法的应用最为普遍,这是因为它具有适用于铝及大部分铝合金的阳极氧化处理,获得的膜层较厚、硬而耐磨,封孔后可获得更好的抗蚀性,膜层无色透明、吸附能力强、极易着色,处理电压较低、耗电少、有利于连续生产和实践操作自动化,且硫酸对人身的危害较铬酸小、价格便宜等优点。近十年来,我国的建筑业使用的铝门窗及其他装饰铝材的表面处理生产线,大都是采用这种方法。

　　此外,利用铝氧化膜的多孔性来开发具有各种功能性的膜材料的研究也逐渐成为热点。一方面可利用它的多孔结构研制新型的超精密分离膜,另一方面是通过在其纳米级微孔中沉积各种性质不同的物质,如金属、半导体、高分子材料等,来制备新型的功能材料。如在铝的氧化膜纳米级微孔内填充荧光物质、感光剂等,可制成发光膜和感光显像膜;采用真空沉积、电沉积等方法在氧化铝膜孔中填充磁性物质(例如 Fe、Co、Ni 及磁性合金)可得到具有磁性功能的薄膜等。

参考文献

[1] 安茂忠,赵连城,屠振密. 铝合金表面的电解刻蚀图纹化过程与机制[J]. 中国有色金属学报,1999,9(4):688-692.

[2] 徐金来,罗韦因,刘钧泉. 铝及铝合金仿木纹着色技术[J]. 表面技术,2006,35(1):47-49.

[3] 徐金来,刘钧泉,吴成宝. 铝及铝合金仿木纹着色工艺[J]. 电镀与涂饰,2007,26(2):39-42.

[4] 徐捷,兰为军. 铝和铝合金的阳极氧化及染色[M]. 北京:化学工业出版社,2010.

[5] 杨丁. 金属刻蚀技术[M]. 北京:国防工业出版社,2008.

（编写:张雯;校对:胡敏）

实验六十五　介孔结构二氧化硅空心亚微米球的改性及应用

一、实验目的

(1)掌握具有载药、成像等功能的无机纳米结构材料制备的基本实验方法;

(2)训练查阅文献资料、设计实验方案、实施实验操作的能力。

二、实验原理

二氧化硅空心微球具有高熔点、高的热稳定性、良好的生物相容性等优点,既可以装载药物,又在成像等方面具有一定的应用价值,被应用到医药、医疗等行业。

目前,大多数常用抗肿瘤药物相对分子质量低,在体内容易扩散,导致相对平均的组织分布,往往在治疗的同时产生毒副作用,严重影响这些药物的抗肿瘤治疗价值。因此,如何提高药物的局部浓度一直是人们研究的热门课题。随着纳米材料的兴起,人们注意到可以通过制备具有良好生物相容性和特定粒径的磁性纳米粒子,并且对其进行载药处理,然后在外置磁场的作用下,引导磁性载药纳米粒子直接作用于生物体的肿瘤处,完成治疗过程。

本实验采用具有介孔结构壳层的 SiO_2 空心球作为反应器,将硝酸铁的熔盐通过壳层内的介孔通道渗透进入反应器空腔内,通过乙醇、水洗的办法去除多余的熔盐,通过煅烧的方法,可将前体转化成结晶型的 Fe_2O_3,可以得到 SiO_2/Fe_2O_3 核壳双层结构纳米粒子,如图 3-65-1 所示。在此基础上通过还原使 Fe_2O_3 还原为 Fe_3O_4,得到具有磁性的纳米粒子,作为药物的载体。最后在一定浓度的药物溶液中,对合成的纳米粒子进行振荡,使药物附着于载体材料上,完成磁性载药粒子的制备。

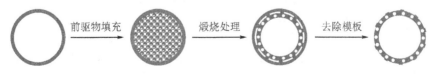

图 3-65-1　以中空 SiO_2 微球为模板制备 SiO_2/Fe_2O_3 核壳双层结构材料示意图

三、仪器与试剂

1. 仪器

电子天平、磁力搅拌器、大烧杯、抽滤装置、常用玻璃仪器、高温炉、扫描电镜、气氛管式炉、振荡摇床。

2. 试剂

自制中空二氧化硅微球、乙醇、硝酸铁等,以上试剂均为分析纯。

四、实验要求

(1)查阅文献资料,依据实验室提供的条件,选用合适的试剂及用量,确定具体实验步骤,合成 SiO_2 / Fe_3O_4 核壳双层结构材料。并在合成材料的基础上进行载药,完成磁导靶向给药实验。

(2)按设计方案进行实验,用核磁共振、红外光谱、热重分析等方法对产物进行表征。

(3)提交实验报告。

参考文献

[1] 乐园,陈建峰,汪文川. 空心微球型纳米结构材料的制备及应用进展[J]. 化工进展,2004,23(6):595 – 599.

[2] 顾文娟,廖俊,吴卫兵,等. 中空二氧化硅微球的制备方法研究进展[J]. 技术进展,2009,23(4):257 – 264.

[3] CHANG A E. A prospective randomized trial of regional verus systemic continuous 5-fluorodeoxyuridine chemotherapy in the treatment of colorectal liver metastatic [J]. Ann Surg, 1987, 20(1):685 – 693.

[4] BALCH C M. Continuous regional chemotherapy for metastatic colorectal carcinoma using a totally implantable infusion pumps [J]. Am J Surg, 1983, 145:285 – 90.

[5] ENSMINGER W D, ROSOWSKY A, RASO V, et al. A clinical pharmacological evaluation of hepatic arterial infusion of 5-fluoro-2′-deoxyuridine and 5-fluorouracil[J]. Cancer Res, 1978, 38:3784 – 3792.

[6] QI G G, WANG Y B, ESTEVEZ L, et al. Facile and Scalable Synthesis of Monodispersed Spherical Capsules with a Mesoporous Shell [J]. Chemistry of Materials, 2010, 22:2693 – 2695.

[7] DING S J, CHEN J S, QI G G, et al. Formation of SnO_2 Hollow Nanospheres Inside Mesoporous Silica Nanoreactors [J]. Journal of the American Chemical Society, 2011, 133:21 – 23.

[8] WIDDER K J, SENYEI A E, SCARPELLI D G. Magnetic microspheres: a model system for site specific drug delivery in vivo [J]. Proc Soc Exp Biol Med, 1978, 58:141 – 146.

[9] SENYEI A, WIDDER K, CZERLINSKI C. Magnetic guidance of drug carrying microspheres [J]. J Appl Phys, 1978, 49:3578 – 3583.

[10] MOSBACH K, SCHRÖDER U. Preparation and application of magnetic polymers for targeting of drugs [J]. FEBS Lett, 1979, 102:112 – 116.

[11] WIDDER K J, SENYEI A E. Intravascularly administrable, magnetically localizable biodegradable carrier: US, 4247406[P]. 1981 – 01 – 07.

(编写:高国新;校对:杨帆)

实验六十六　格氏试剂法合成三苯基铋固化催化剂

一、实验目的

(1)掌握格氏试剂法合成三苯基铋的基本原理和方法；

(2)掌握粗产物的提纯方法；

(3)了解三苯基铋的固化催化原理。

二、实验原理

端羟基聚丁二烯(俗称丁羟胶)是固体火箭发动机复合推进剂的重要黏合剂,其固化剂常采用与其相容性良好的甲苯二异氰酸酯(TDI)或异佛尔酮二异氰酸酯(IPDI)。然而由于丁羟胶的羟基和 TDI、IPDI 的反应活性较低,固化时固化温度高,固化时间长,不仅延长了推进剂的生产周期,增加了动力消耗,提高了生产成本,而且存在较大的安全风险,特别是在高温固化后残余热应力可造成药柱内大量永久性裂纹。因此,必须采用合适的低温固化催化剂。

三苯基铋是一种乳白色晶体,属于路易斯酸,可以催化异氰酸酯与活泼羟基间的化学反应,是丁羟胶实现室温固化的理想固化催化剂。

三苯基铋主要采用格氏试剂法制备。在无水无氧条件下,先将溴苯与镁粉反应,生成苯基溴化镁格氏试剂,然后再与三氯化铋回流生成三苯基铋,具体反应如下

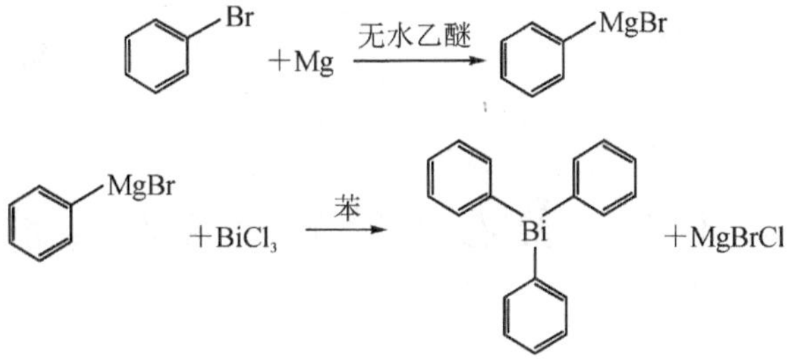

三、仪器与试剂

1. 仪器

磁力搅拌器、温度计、干燥管、球形冷凝管、三口烧瓶、滴液漏斗、水浴锅、滴管、布氏漏斗、滤纸、抽滤瓶、循环水泵、玻璃棒。

2. 试剂

镁条、碘、溴苯、无水乙醚、三氯化铋、苯、氯化铵、稀盐酸($0.5\ mol \cdot L^{-1}$)、无水硫酸钠、石油醚、活性炭、95%乙醇。

四、实验要求

(1)查阅文献资料,依据实验室提供的条件,选用合适的试剂及用量,确定具体实验步骤,合成苯基溴化镁、三苯基铋,并计算产率。

(2)粗品需进一步精制。

(3)提交实验报告。

五、注意事项

(1)溴苯有毒,操作时请带好手套,并在通风橱内进行。

(2)在制备苯基溴化镁时,若初始反应速度太慢或碘颜色始终不褪色,可采用温水浴加热。

(3)反应结束后,用冷水浴冷却;三苯基铋粗品可用石油醚提取,需进一步经活性炭脱色、过滤。

(4)如反应中絮状 $Mg(OH)_2$ 未完全溶解,可加入几滴稀盐酸促使其全部溶解。

(5)本实验需要在无水环境下进行,因此所用到的试剂都需要提前干燥,然后才能进行合成实验。

参考文献

[1] 刘训恩,王剑良,何福妹,等. 三苯基铋的合成研究及应用[J]. 北京理工大学学报,1992,12(S1):16 -
21.

[2] 李继忠. 三苯铋的合成[J]. 化学试剂,2003,25(4):249.

[3] 刘训恩,唐松青. 室温固化催化剂的研制和在固体推进剂中的应用[J]. 化学推进剂与高分子材料,
2004,2(2):4 - 6.

[4] 纪玉杰. 三间乙氧苯基铋的合成方法:CN,102050837 A[P]. 2011 - 05 - 11.

（编写:高国新;校对:张雯）

实验六十七　聚乙烯醇的制备及其缩醛化

一、实验目的

(1)了解聚乙酸乙烯酯醇解反应的特点,掌握聚乙烯醇的制备方法;

(2)掌握聚乙烯醇缩醛的制备方法。

二、实验原理

由于不存在乙烯醇单体,因而聚乙烯醇(PVA)不能直接由单体聚合而成,常用其酯类(聚醋酸乙烯酯)通过醇解而得到。醇解可在酸性或碱性催化剂下进行,用乙醇或甲醇作溶剂。酸性醇解时,由于残留在产物中痕量的酸很难从聚乙烯醇中除去,可能加速聚乙烯醇的脱水作用,导致产物变黄或不溶于水。碱性醇解时,产品中常含有副产物醋酸钠,目前工业上都采用碱性醇解法,具体反应如下

$$\sim CH_2-CH-CH_2-CH\sim \xrightarrow[NaOH]{CH_3OH} \sim CH_2-CH-CH_2-CH\sim + CH_3COONa + CH_3COOCH_3$$
$$\quad\quad\ |\quad\quad\quad\quad\ |\quad\quad\quad\quad\quad\quad\quad\quad\ |\quad\quad\quad\quad\ |$$
$$\quad OCOCH_3\quad\quad OCOCH_3\quad\quad\quad\quad\quad\quad\quad OH\quad\quad\quad\ OH$$

醇解后得到的聚乙烯醇含有大量的羟基,可进行醚化、酯化及缩醛化等反应,特别是缩醛化反应在工业上具有重要的意义,如聚乙烯醇缩甲醛可应用于涂料、胶黏剂、海绵等方面,聚乙烯醇缩丁醛在涂料、胶黏剂、安全玻璃等方面有重要应用。聚乙烯醇的缩醛化反应为

$$\text{\Large \textasciitilde CH}_2\text{—CH—CH}_2\text{—CH\textasciitilde} + HCHO \xrightarrow{H^+} \text{\textasciitilde CH}_2\text{—CH—CH}_2\text{—CH\textasciitilde} + H_2O$$

三、仪器与试剂

1. 仪器

机械搅拌器、球形冷凝管、滴液漏斗、恒温水浴锅、滴管、抽滤装置、量筒(10 mL)。

2. 试剂

聚乙酸乙烯酯溶液、氢氧化钠-甲醇溶液(6%)、浓盐酸、甲醛溶液(36%)、NaOH溶液(10%)、甲醇。

四、实验要求

(1)查阅文献资料,依据实验室提供的条件,选用合适的试剂及用量,确定具体实验步骤,制备聚乙烯醇,再将聚乙烯醇缩醛化制备107胶水。

(2)提交实验报告。

五、注意事项

(1)醇解过程温度尽量低。乙醇洗涤是为了除去未反应的醋酸乙烯单体、引发剂和聚醋酸乙烯酯聚合物。

(2)醇解时,将聚醋酸乙烯酯溶液缓慢滴加到氢氧化钠-甲醇溶液中,并快速搅拌。(请思考为什么)

(3)缩醛化反应时体系pH值不能太低,调节pH值为8~9,否则将形成体型交联网络。

六、思考题

(1)聚乙烯醇缩甲醛的改性原理是什么?请简要阐述。

(2)聚乙烯醇缩醛化的反应除用来制备胶黏剂或涂料外,还可制备哪些材料?

参考文献

[1] 王雷刚. 聚乙烯醇缩丁醛的合成与应用研究[D]. 大连:大连理工大学,2008.

[2] 曾丽娟,蓝仁华. 改性聚乙烯醇内墙涂料的研制[J]. 化学建材,2005,2:14-16.

[3] 潘学渊. 水溶性聚乙烯醇缩甲醛溶液黏度[J]. 化学世界,1990,10:457-460.

[4] 赵浩淼,陈财来. 聚乙烯醇的缩甲醛改性研究[J]. 石河子科技,2012,1:23-25.

[5] 唐聪明,李新利,周朝花. 新型水溶性聚乙烯醇缩甲醛涂料的研制[J]. 精细与专用化学品,2006,21:16-18.

(编写:高国新;校对:张雯)

实验六十八　醋酸乙烯酯的溶液聚合

一、实验目的

(1)了解溶液聚合的基本原理和特点;

(2)掌握溶液聚合的实验技术。

二、实验原理

溶液聚合是将单体和引发剂溶于适当的溶剂中,在溶液状态下进行的聚合反应。与本体聚合相比,溶液聚合的主要优点是聚合体系黏度较低,聚合热可通过溶剂迅速散出,甚至可在溶剂沸腾回流的温度下通过溶剂的汽化将聚合热导出,反应温度容易控制。但是,溶液聚合也有其不可避免的缺点,如由于溶剂的引入造成单体浓度降低,聚合速度较慢;大分子自由基容易向溶剂发生转移,使聚合物相对分子质量降低,相对分子质量分布较宽;后处理比较麻烦。

需要进一步进行化学反应的高分子常通过溶液聚合来制备,如通过溶液聚合制备醋酸乙烯酯溶液,然后进一步醇解可制得聚乙烯醇。

醋酸乙烯酯的溶液聚合一般采用甲醇为溶剂,以偶氮二异丁腈(AIBN)或过氧化苯甲酰(BPO)为引发剂,经自由基聚合而成。其聚合反应式如下

$$H_2C\!\!=\!\!\underset{\underset{OCOCH_3}{|}}{CH} \xrightarrow[61\sim63℃]{AIBN} \left[\underset{\underset{OCOCH_3}{|}}{\overset{H_2}{C}}\!\!-\!\!\overset{H}{C}\right]_n$$

在聚合反应的同时,可能存在副反应:

$$CH_3OH + H_2C\!\!=\!\!\underset{\underset{OCOCH_3}{|}}{CH} \longrightarrow CH_3CHO + CH_3COOCH_3$$

$$H_2O + H_2C\!\!=\!\!\underset{\underset{OCOCH_3}{|}}{CH} \longrightarrow CH_3CHO + CH_3COOH$$

醋酸乙烯酯的自由基活性较高,聚合过程中容易向聚合物发生转移,因此产物一般都带有支链,相对分子质量为 $10^3 \sim 10^4$。聚醋酸乙烯酯是无色透明、转化点很低的无定型树脂,玻璃化转变温度约 28℃,易溶于醇、酮、酯、芳香烃、卤代烃等溶剂。

三、仪器与试剂

1. 仪器

三颈瓶、球形冷凝管、温度计、机械搅拌器、量筒、水浴锅、减压蒸馏装置。

2. 试剂

醋酸乙烯酯、亚硫酸氢钠、无水碳酸钠、无水硫酸镁、偶氮二异丁腈、甲醇。

四、实验要求

(1)查阅文献资料,依据实验室提供的条件,选用合适的试剂及用量,确定具体实验步骤,

进行醋酸乙烯酯的聚合。

(2)提交实验报告。

五、注意事项

(1)首先需要对醋酸乙烯酯进行精制。

(2)反应需在水浴上搅拌回流,温度控制在 $63\sim70\ ℃$。

(3)引发剂 AIBN 应先溶解在甲醇中,然后再加入反应器中。

(4)得到透明胶状物若黏度太大不易搅拌,可加少量无水甲醇稀释。

(5)醋酸乙烯酯有麻醉性和刺激作用,高浓度蒸气可引起鼻腔发炎,因此实验时需保持通风。

六、思考题

(1)实验过程中应先加单体还是引发剂?

(2)溶液聚合的特点及影响因素有哪些?

参考文献

[1] 郑林禄. 实验室制备聚醋酸乙烯酯的影响因素探究[J]. 宁德师范学院学报(自然科学版),2012,24(1):
　　4-9.

[2] 杨明. 醋酸乙烯溶液聚合反应的研究[D]. 南宁:广西大学,2006.

[3] 骆春,叶旭初,张林进. 醋酸乙烯酯溶液聚合转化率和体系黏度的研究[J]. 南京工业大学学报(自然科
　　学版),2008,30(5):100-103.

[4] 曹书松. 醋酸乙烯溶液聚合动力学的探讨[J]. 合成纤维工业,1979,2:23-28.

(编写:高国新;校对:张雯)

实验六十九　分子结构模型建立、结构优化和分子光谱模拟

一、实验目的

(1)掌握建立分子结构模型和构建分子坐标的方法;

(2)掌握编制计算输入文件的方法;

(3)能够优化一些简单分子的几何构型和计算分子的能量;

(4)掌握绘制分子轨道的方法和技巧;

(5)掌握红外和紫外-可见吸收光谱的量子计算方法;

(6)了解理论光谱和实验光谱的区别和联系。

二、实验原理

计算和模拟研究,第一步工作是建立合适的研究模型。通过化学知识和图形软件,可将分

子的三维结构转化为一套坐标(内坐标或者直角坐标)。以此结构作为初始猜测,采用计算方法优化得到稳定构型(能量极小点)和相应的电子能量,作为其他性质分析的基础。

以水为例(见图 3 - 69 - 1),假设初始结构处于 yOz 平面,且 O—H 键长为 1.0 Å(1 Å = 0.1 nm),H—O—H 夹角为 104.5°,则

内坐标表示为:

```
O
H    1    1.0
H    1    1.0    2    104.5
```

直角坐标表示为:

```
O    0.0      0.0         0.0
H    0.0      0.790690   -0.250380
H    0.0     -0.790690   -0.250380
```

采用图形软件,很容易获得这些坐标参数,还可以构建其他更加复杂的分子结构。如果分子具有对称性,应将分子的坐标按照相应点群对称性建立。

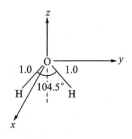

图 3 - 69 - 1　水的结构

编制输入文件是让程序执行计算的前提步骤,必须按照程序规定的格式进行编写。不同量子化学计算程序的输入文件格式不同。Gaussian 程序的输入文件主要包含表 3 - 69 - 1 所示六个部分。(以 H_2O 为例)

表 3 - 69 - 1　Gaussian 程序输入文件

输入文件	说　明
% chk = H2O.chk	① Link 0 命令行 (% section)
% mem = 100Mb	
♯ HF/3 - 21G OPT	② 计算任务行(Route section, ♯):指定计算方法和基组,计算类型
H2O Optimization	③标题行 (Title section)
0　1	④分子电荷和自旋多重度
O　0.0　　0.0　　　0.0	⑤分子结构说明(坐标)
H　0.0　　0.790690　- 0.250380	
H　0.0　- 0.790690　- 0.250380	
	⑥可选附加部分

若采用分子内坐标表示,键角的取值范围为 $0°\sim180°$,二面角取值范围为 $0°\sim360°$。对于一些分子中包含 3 个或者 4 个原子等多个原子在一条直线上的情况,须加入虚原子(Dummy Atom,X)定义键角和二面角。

量子化学计算方法很多,可以分为半经验方法、从头计算(ab initio)法和密度泛函理论(Density Functional Theory, DFT)。通过自洽场方法求解分子体系的电子运动的薛定谔方程(Schrödinger Equation)方程,得到分子轨道波函数和相应的能量。分子结构变化会影响分子能量,结构优化就是在势能面上得到能量的局域极小点。结构优化过程与建立的初始结构模型的优劣密切相关,如果初始结构偏离极小点太远,优化不仅耗时还有可能导致程序中止计算。建立适当的分子结构模型是计算和模拟的关键步骤。

常用的量子化学计算方法都是基于"分子轨道理论"。分子轨道是指分子中的单电子波函数,是由原子轨道线性组合而成。分子轨道的组成和形状在分析原子间成键作用、分子间相互作用和化学反应性等方面有重要的作用和意义。绘制和分析分子轨道并解释一些实验现象是计算化学的基本内容。根据计算可以得到分子轨道中的原子轨道的组合系数,从而可以采用图形软件绘制相应的分子轨道图形。

分子光谱是表征化合物结构和性质的重要手段,是联系微观物质结构和宏观性质的桥梁。红外(IR)和拉曼(Raman)光谱都是分子振动的反映,每一个正则振动模式都对应一个振动频率。分子的红外光谱起源于分子的振动基态 Ψ_a 和振动激发态 Ψ_b 之间的跃迁。只有在跃迁过程中有偶极矩变化的振动,即 $\int \Psi_a \mu \Psi_b d\tau \neq 0$ 的振动才会出现红外光谱,具有红外活性。在振动过程中,偶极矩改变越大,红外吸收强度越大。拉曼光谱活性是由于分子具有各向异性的极化率,在电场作用下会产生诱导偶极矩。拉曼光谱和红外光谱可以相互补充,获得分子的振动性质。如 CO_2 的 4 个振动模式(见图 3-69-2),对称伸缩振动不具有红外活性,但具有拉曼活性。

图 3-69-2　CO_2 振动模式

采用计算方法模拟红外光谱通常采用谐振子近似,通过计算力常数,然后得到每个正则振动频率,须注意以下三点:

(1)采用的结构必须为几何优化后的分子结构;

(2)频率计算必须采用相应构型优化的方法和基组;

(3)通过频率计算可以判断优化构型是否为局域极小点。

紫外-可见(UV-Vis)光谱是分子中的电子被激发后,在不同轨道能级间的跃迁形成的吸收(低能级到高能级)和发射(高能级到低能级)光谱。在量子化学计算中,涉及电子激发态的计算比仅仅考虑电子基态的情形要复杂和困难。一般来说,吸收光谱对应于基态的垂直激发(Frank-Condon 原理),也就是认为电子的激发过程非常快,分子的构型来不及变化,激发到高能态后,分子的构型与基态结构保持一致。对紫外-可见光谱模拟的方法有半经验(ZINDO)

方法、单电子激发组态相互作用(CIS)方法、含时密度泛函理论(TD－DFT)。其中 TD－DFT 的计算精度较高,目前应用广泛。

三、实验仪器

计算机、Gaussian 软件、GaussView 软件。

四、实验内容

1. 认识软件

认识 GaussView 软件(见图 3－69－3)和 Gaussian 软件(见图 3－69－4)。

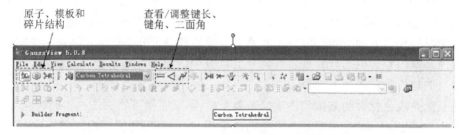

图 3－69－3　GaussView 软件主窗口

图 3－69－4　Gaussian 软件主窗口

2. 建立甲醛的结构模型并创建 Gaussian 输入文件

(1)采用 GaussView 软件建立甲醛结构。①依次点击"File→New→Create Molecule Group"(或者 Ctrl＋N),打开绘图窗口;②点击,打开元素选择面板,点击 C,在面板下方选择,然后在绘图窗口中单击鼠标左键,绘出分子片段;③点击,打开元素选择面板,点击 O,在面板下方选择,然后在绘图窗口中的双键分子片段的一端单击鼠标左键(见图 3－69－5),甲醛分子结构建立完成。

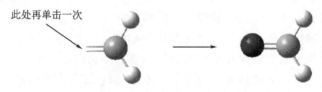

图 3－69－5　构建甲醛分子结构

(2)保存结构和创建 Gaussian 输入文件。由于甲醛具有 C_{2v} 对称性,可点击"Edit→Point Group",在出现的窗口中勾选"Enable Point Group Symmetry",调整 Tolerance,出现 C_{2v} 对称

性后，点击"Symmetrize"。保存建立完成的甲醛分子结构，依次点击"File→Save"，选择存储路径，输入文件名 h2co. gjf 并保存（注意勾选"Write Cartesians"保存为笛卡儿坐标格式）。

3. 采用 HF/3-21G 方法对甲醛结构进行几何优化

修改上面保存的输入文件（关键词 opt，见附），并另存为 h2co-opt. gjf。运行 Gaussian 软件，打开修改好的输入文件（点击"File→Open"）。运行计算，选择输出文件的保存位置，开始进行优化计算（见图 3-69-6）。

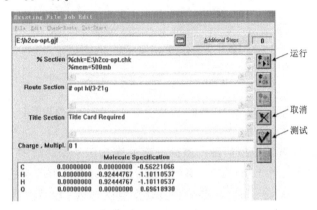

图 3-69-6　对甲醛结构进行几何优化

计算完成后（窗口显示 Run Progress: Processing Complete. ，并且在输出文件末尾出现"Normal termination of Gaussian 03 …"字样）。采用 GaussView 显示输出文件，并记录键长、键角、二面角信息（键长保留 4 位小数，角度保留 2 位小数）。

4. 绘制甲醛的 HOMO 和 LUMO 轨道

采用 GaussView 软件绘制，打开计算产生的 h2co-opt. chk 文件（注意文件类型下拉框选择 Gaussian Checkpoint Files * . chk），点击"Results→Surfaces/Contours"，在出现的窗口（见图 3-69-7）中，点击 Cube Actions ▼，选择"New Cube"，在出现窗口中选择"HOMO"（见图 3-69-8），点击"OK"后返回，然后重复点击 Cube Actions ▼，选择"New Cube"，在出现窗口中选择"LUMO"，点击"OK"后返回。

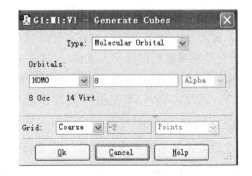

图 3-69-7　Surfaces and Contours 窗口　　　　　图 3-69-8　选择"HOMO"

如图 3-69-7 所示,将出现分子轨道信息,选择相应轨道,点击"Surface Activities→New Surface",显示分子轨道图形,见图 3-69-9(注意勾选"Add Views for new surfaces/contours",避免多个轨道显示在同一窗口)。显示方式有三种:不透明、半透明和网格,可在"View →Display Format→Surface"中更改。

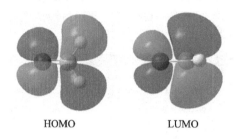

HOMO   LUMO

图 3-69-9 甲醇的 HOMO 和 LUMO 分子轨道图形

5. 采用 HF/3-21G 方法模拟甲醛的红外光谱并查看正则振动模式

建立频率计算输入文件 h2co-freq. gjf(关键词 freq,见附),并复制上面计算得到的 h2co-opt. chk 为 h2co-freq. chk,分子坐标、电荷和自旋多重度都从 Checkpoint 文件中读取(geom＝allcheck guess＝read)。采用 Gaussian 程序计算,完成后,采用 GaussView 查看计算结果,点击"Results→Vibrations",出现各种振动模式,点击 Start Animation 和 Spectrum 可以观看振动模式和模拟计算得到的红外谱图(见图 3-69-10)。采用写字板程序打开输出文件,查看振动频率和强度(Frequencies 部分)。(注:如果频率中存在负数,则优化结构不是极小点构型,需重新优化)

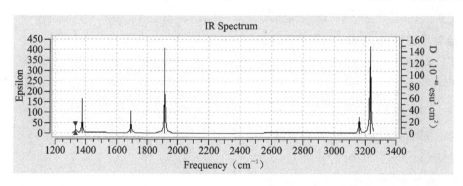

图 3-69-10 甲醛的计算模拟 IR 谱

6. 采用 TD-B3LYP/6-31G* 计算甲醛的紫外-可见吸收光谱

建立计算吸收光谱的输入文件(关键词 td,见附),并且复制上面计算得到的 h2co-opt. chk 为 h2co-td. chk,分子坐标、电荷和自旋多重度都从 Checkpoint 文件中读取(geom＝allcheck guess ＝read)。采用 Gaussian 程序对其计算,完成后,采用 GaussView 查看计算结果,点击"Results→UV-VIS",查看计算模拟得到的紫外-可见吸收光谱图(见图 3-69-11)。

7. 乙烯和苯的结构优化及分子光谱模拟

按照上面甲醛的计算步骤,优化乙烯和苯的结构,标记结构参数和绘制分子的 π 和 π* 轨道,模拟红外和紫外-可见吸收光谱(注:苯的结构可直接从模板分子结构中建立)。

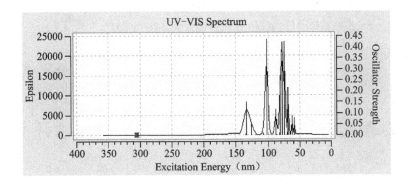

图 3 - 69 - 11 甲醛的计算模拟 UV - Vis 谱

附

实验六十九中的相关计算输入文件参考(以 E 盘路径作为工作目录)。

(1)甲醛优化的输入文件 h2co-opt. gjf:

> % chk = E:\h2co-opt.chk
>
> % mem = 500mb
>
> # hf/3-21g opt
>
> Title Card Required
>
> 0　1
>
> | | | | |
> |---|---|---|---|
> | C | 0.00000000 | 0.00000000 | − 0.56221066 |
> | H | 0.00000000 | − 0.92444767 | − 1.10110537 |
> | H | 0.00000000 | 0.92444767 | − 1.10110537 |
> | O | 0.00000000 | 0.00000000 | 0.69618930 |

(2)甲醛频率计算的输入文件 h2co-freq. gjf:

> % chk = E:\h2co-freq.chk
>
> % mem = 500mb
>
> # hf/3-21g freq geom = allcheck guess = read

(3)甲醛吸收光谱计算的输入文件 h2co-td. gjf:

> % chk = E:\h2co-td.chk
>
> % mem = 500mb
>
> # B3LYP/6-31G* geom = allcheck guess = read
>
> 　 TD(singlets,nstates = 80)

参考文献

[1] 王宝山,侯华. 分子模拟实验[M]. 北京:高等教育出版社,2010.

[2] 周公度,段连运. 结构化学基础[M]. 4 版. 北京:北京大学出版社,2008.

[3] 杨照地,孙苗,苑丹丹. 量子化学基础[M]. 北京:化学工业出版社,2011.

[4] 刘江燕,武书彬. 化学图文设计和分子模拟计算[M]. 广州:华南理工大学出版社,2009.

[5] 胡红智,马思渝. 计算化学实验[M]. 北京:北京师范大学出版社,2008.
[6] 李永健,陈喜. 分子模拟基础[M]. 武汉:华中师范大学出版社,2011.

(编写:吴勇;校对:胡敏)

实验七十　模拟化学反应机理和过渡态计算

一、实验目的

(1)掌握优化过渡态结构的技巧和方法;

(2)掌握化学反应途径的建立和验证方法;

(3)掌握反应动力学和热力学参数的计算方法;

(4)了解过渡态和势能面的性质。

二、实验原理

化学反应机理是化学研究的核心,也是理论与计算化学的难点。化学反应机理的研究不仅仅是通过计算某一个得到物质的结构和性质,而且要知道可能反应途径上的全部结构(反应物、过渡态、中间体、产物)的信息,有时还需要对几条不同的反应途径进行对比研究,因而,即使看似简单的化学反应,要完全了解其微观反应过程也可能非常复杂。

搜索和优化过渡态是研究化学反应的关键步骤。反应的活化能高低是控制化学反应动力学过程的关键因素。一个复杂的化学反应经常包含多个基元反应步骤,每个基元反应都对应一个过渡态。本实验通过对基元反应的研究来说明模拟化学反应机理的一般过程。

在实验六十九中,我们学会了优化结构得到分子的极小能量点结构(稳定结构)。然而过渡态不同于稳定结构,它对应于反应途径上的鞍点(Saddle Point),因而:①过渡态也是一个驻点,$\dfrac{\partial E}{\partial X_i} = 0$;②正确的过渡态对应于连接反应物和产物的最低能量途径(反应途径)上的能量极大点;③在最低能量途径方向上黑塞矩阵(Hessian Matrix)$\left(\dfrac{\partial^2 E}{\partial X_i \partial Y_i}\right)$有唯一的负本征值。故在振动频率分析中,有且仅有一个对应于反应途径的虚频率(计算结果中以负数表示)。

搜索和优化过渡态是比较烦琐的任务,需要一定的经验和技巧。一般来说,为了得到合理的过渡态结构,需要给定的初始结构接近于过渡态结构。然而过渡态结构是未知的,有时需要采用线性内标、逐点优化或者"猜测+尝试"的方法构建过渡态初始结构。

1. 线性内标法

在反应物 R 和产物 P 之间定义一组内坐标作为反应坐标,通过 $X_{TS} = X_R + \lambda(X_P - X_R)$ 引入参量 $\lambda(\lambda = 0 \sim 1)$,变化 λ 得到一系列 X_{TS},进而形成相应结构的坐标。以 HCN→HNC 异构过程为例,首先优化得到反应物 HCN 和产物 HNC 的结构,采用内标法建立 9 个结构的坐标,采用 HF/3−21G 方法计算得到的能量变化曲线如图 3−70−1 所示。从图中可以看到 $\lambda=0.6$ 时的结构对应的能量最大,因而可以选择此结构作为过渡态优化的初始结构。

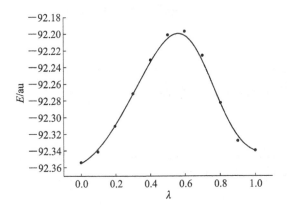

图 3 - 70 - 1　线性内标法 HCN → HNC 异构过程的能量变化曲线

2. 逐点优化法

此方法的关键是要确定从反应物到产物结构变化的主要坐标。同样以 HCN→HNC 异构过程为例,可知此反应是 H 原子的迁移过程,迁移过程中键角的变化可作为主要变化的坐标。故可以设定不同的键角,然后固定此结构参数,优化其他结构参数。采用 HF/3 - 21G 方法计算得到的能量变化曲线如图 3 - 70 - 2 所示。可见,当角度为 70°时,能量最大,此结构可作为过渡态初始结构。

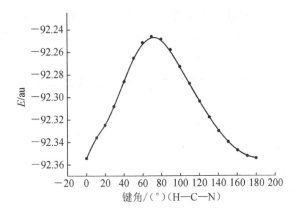

图 3 - 70 - 2　逐点优化法 HCN→HNC 异构过程的能量变化曲线

3. "猜测＋尝试"的方法

本方法基于一定的研究基础,对反应过程有一定的理解,能大致知道过渡态的形状,然后直接构建初始结构。通常先固定关键坐标进行部分优化来获得较好的过渡态初始结构,推荐经验丰富的研究者采用本方法。

当然,还有其他一些确定过渡态初始结构的方法。总之,构建合理的过渡态需要对反应过程有充分的理解。

获得初始的过渡态结构后,对其进行优化和频率分析[计算关键词 opt＝(calcfc,ts,noe-igentest) freq],通过频率分析判断过渡态结构的合理性,有时还需要进行内禀反应坐标

(IRC)计算验证过渡态的正确性(是否是直接与反应物和产物连接的过渡态),IRC 计算还可以得到反应的最低能量途径。

三、实验仪器

计算机、Gaussian 软件、GaussView 软件。

四、实验内容

本实验所涉及的过渡态结构都比较明确,故采用"猜测＋尝试"的方法直接构建过渡态。

(1)研究乙烷分子内旋转过程(见图 3－70－3)。

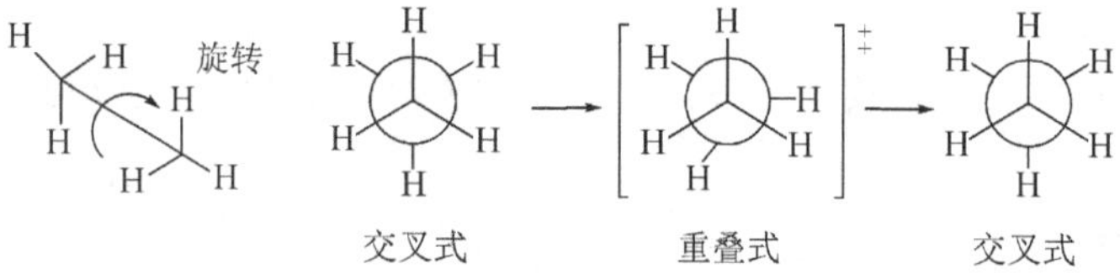

图 3－70－3　乙烷分子内旋转过程

①采用实验六十九中的步骤,在 HF/3－21G 计算水平下优化乙烷的交叉式结构(反应物,能量极小点构型),并计算振动频率。

②构建重叠式构型作为过渡态初始结构,采用 HF/3－21G 进行过渡态结构优化,并计算振动频率。计算完成后,查看虚频率的振动模式,判断过渡态的合理性。

③完成下表,计算反应的活化焓 $\Delta H^{\neq}$ 和活化自由能 $\Delta G^{\neq}$。(注:程序默认的温度和压力分别为 298.15 K 和 1 atm,1 atm＝1.013 25×10⁵ Pa)

	焓/hartree	$\Delta H^{\neq}$/(kcal·mol^{-1})	Gibbs 自由能/hartree	$\Delta G^{\neq}$/(kcal·mol^{-1})
反应物				
过渡态				

注:1 hartree＝627.51 kcal·mol^{-1}＝2 625.5 kJ·mol^{-1}。

(2)研究氨的伞形反转过程(见图 3－70－4)。

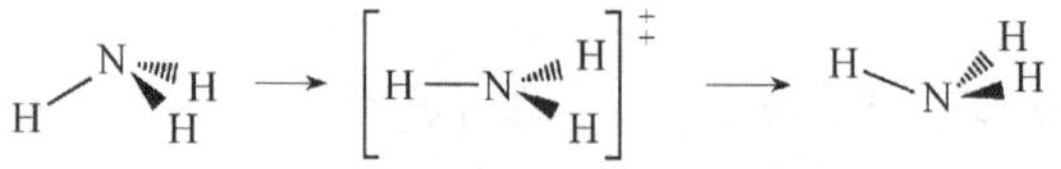

图 3－70－4　氨的伞形反转过程

按照实验内容(1)所示,分别构建和采用 HF/3－21G 计算水平优化反应物和过渡态结构,并判断过渡态的合理性,然后完成下表。(注:过渡态平面结构可通过 BH₃ 的模板构型修改 B 为 N 而快捷得到)

	焓/hartree	$\Delta H^{\neq}$/(kcal·mol^{-1})	Gibbs 自由能/hartree	$\Delta G^{\neq}$/(kcal·mol^{-1})
反应物				
过渡态				

（3）研究在气相中氯代乙烷(CH_3CH_2Cl)分子内消去 HCl 的过程(见图 3－70－5)。

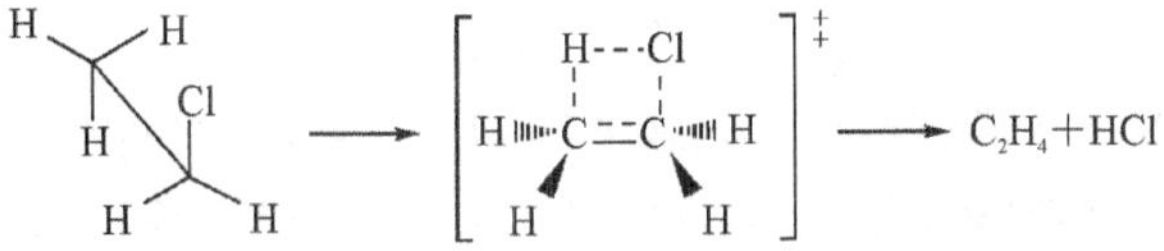

图 3－70－5　氯代乙烷分子内消去 HCl 的过程

①构建和优化(HF/3－21G)氯代乙烷的结构。

②确定需要消去 HCl 的相关 Cl 和 H 原子。将 C－Cl 间距离调整为约 2.5 Å,C－H 间距离调整为约 1.5 Å,H－Cl 间距离调整为约 1.8 Å,C－C 间距离调整为约 1.4 Å。也可先采用 GaussView 中的虚键连接功能,然后 clean 分子(点击图标 )获得较合理的初始构型。固定此四个结构参数在 HF/3－21G 计算水平下进行构型优化,并进行频率分析(关键词 Opt＝ModRedundant Freq)。完成后,查看振动频率,如果有一个虚频率主要对应氢转移振动模式则此结构合理,需要进一步进行全优化。

③复制步骤②计算得到的 Checkpoint 文件,读取力常数和结构,取消结构限制,在 HF/3－21G 计算水平下进行过渡态全优化[关键词 Opt(rcfc,nofree,ts,noeigen) Freq Geom＝allcheck Guess＝read]。计算完成后,查看虚频振动模式,判断过渡态合理性。

④对步骤③计算得到的过渡态进行内禀反应坐标(IRC)分析,确证过渡态的合理性并得到最低能量反应途径。计算前需复制过渡态的 Checkpoint 文件。本实验中,我们仅计算 100 个点的构型,并分别对 forward 和 reverse 方向进行 IRC 计算。[关键词：forward 方向,IRC(rcfc,forward,stepsize＝10,maxpoint＝100);reverse 方向,IRC(rcfc, reverse,stepsize＝10, maxpoint＝100)]

⑤分别在 HF/3－21G 计算水平下优化乙烯(C_2H_4)和 HCl 分子结构和振动频率分析,将此 2 个分子的相关能量加和作为产物的总能量,并完成下表。

	焓/hartree	$\Delta H^{\neq}$/(kcal·mol^{-1})	Gibbs 自由能/hartree	$\Delta G^{\neq}$/(kcal·mol^{-1})
反应物				
过渡态				
产物				

（4）采用过渡态理论分别计算上面 3 个反应的速率常数 k。(注：由于采用的计算水平较低,计算得到的相对能量误差较大)

$$k = \frac{k_B T}{h}(c^{\ominus})^{1-n}\exp(-\frac{\Delta_r^{\neq}G_m^{\ominus}}{RT})$$

附

实验七十中的相关计算输入文件参考(以 E 盘路径作为工作目录)

（1）乙烷交叉式构型(反应物)优化输入文件 c2h6-re.gjf：

```
% chk = E:\c2h6-re.chk
% mem = 100mb
```

```
# hf/3-21g opt freq scf(maxcyc = 200)
Title Card Required

0 1
  C      0.00000000      0.00000000     − 0.76999997
  H      0.00000000      1.00880580     − 1.12666628
  H    − 0.87365145    − 0.50440290     − 1.12666628
  H      0.87365145    − 0.50440290     − 1.12666628
  C      0.00000000      0.00000000      0.76999997
  H    − 0.00000000    − 1.00880580      1.12666628
  H      0.87365145      0.50440290      1.12666628
  H    − 0.87365145      0.50440290      1.12666628
```

(2)乙烷重叠式构型(过渡态)优化输入文件 c2h6-ts. gjf:

```
% chk = c2h6-ts. chk
% mem = 500MB
# hf/3-21g opt(calcfc,ts,noeigen) freq scf(maxcyc = 200)


Title Card Required


0 1
  C      0.00000000      0.00000000      0.77129800
  H    − 0.50678006      0.87776867      1.15591600
  H      1.01356025      0.00000022      1.15591600
  H    − 0.50678019    − 0.87776889      1.15591600
  C      0.00000000      0.00000000     − 0.77129800
  H    − 0.50678006    − 0.87776867     − 1.15591600
  H    − 0.50678019      0.87776889     − 1.15591600
  H      1.01356025    − 0.00000022     − 1.15591600
```

(3)氨的反应物构型输入文件 nh3-re. gjf:

```
% chk = E:\nh3-re. chk
% mem = 500mb
# hf/3-21g opt freq scf(maxcyc = 200)
Title Card Required
0 1
  N      0.04470556    − 1.08047688      0.00058523
  H      0.37802745    − 2.02328997      0.00058523
  H      0.37804466    − 0.60907671      0.81708196
  H      0.37804466    − 0.60907671     − 0.81591151
```

（4）氨的伞形反转过渡态构型优化输入文件 nh3-ts. gjf：

　　% chk = E：\nh3-ts.chk

　　% mem = 500mb

　　# hf/3-21g opt(calcfc,ts,noeigen) freq scf(maxcyc = 200)

　　Title Card Required

　　0 1

H	0.97135619	0.20119225	0.00000000
H	− 0.79864381	1.22310222	0.00000000
H	− 0.79864381	− 0.82071773	0.00000000
N	− 0.20864381	0.20119225	0.00000000

（5）氯代乙烷反应物输入文件 c2h5cl-re. gjf：

　　% chk = E：\c2h5cl-re.chk

　　% mem = 500mb

　　# hf/3-21g opt freq scf(maxcyc = 200)

　　Title Card Required

　　0 1

C	− 0.47685927	− 0.93144559	− 0.00624243
H	− 0.12020485	− 1.94025559	− 0.00624243
H	− 0.12018643	− 0.42704740	− 0.87989393
H	− 1.54685927	− 0.93143241	− 0.00624243
C	0.03648295	− 0.20548932	1.25116254
H	1.10648295	− 0.20550416	1.25116316
H	− 0.32019119	− 0.70988696	2.12481383
Cl	− 0.55016157	1.45386243	1.25116130

（6）氯代乙烷消去 HCl 过渡态优化（固定部分结构参数）输入文件 c2h5cl-ts-fix. gjf：

　　% chk = E：\c2h5cl-ts-fix.chk

　　% mem = 500MB

　　# hf/3-21g opt = modred freq scf(maxcyc = 200)

　　Title Card Required

　　0 1

C	− 1.95052091	− 0.01107489	0.00000000
H	− 2.56230907	− 0.10950874	− 0.89148278
H	− 2.58319473	− 0.12778269	0.86900583

H	−0.55016322	−0.54866056	0.00000000
C	−1.33677099	1.24722199	0.00000000
H	−1.33537599	1.85382699	0.88681700
H	−1.33537599	1.85382699	−0.88681700
Cl	0.99715849	0.35124588	0.00000000

```
1 5 F
1 4 F
4 8 F
5 8 F
```

(7)氯代乙烷消去 HCl 过渡态优化输入文件 c2h5cl-ts. gjf：

```
% chk = E:\c2h5cl-ts.chk
% mem = 500MB
# hf/3-21g opt(rcfc,nofree,ts,noeigen) freq scf(maxcyc = 200)
  geom = allcheck guess = read
```

(8)氯代乙烷消去 HCl 过渡态 forward 方向 IRC 计算输入文件 c2h5cl-irc-f. gjf：

```
% chk = E:\c2h5cl-irc-f.chk
% mem = 500MB
# hf/3-21g scf(maxcyc = 200) geom = allcheck guess = read
  irc(rcfc,forward,stepsize = 10,maxpoint = 100)
```

(9)氯代乙烷消去 HCl 过渡态 reverse 方向 IRC 计算输入文件 c2h5cl-irc-r. gjf：

```
% chk = E:\c2h5cl-irc-r.chk
% mem = 500MB
# hf/3-21g scf(maxcyc = 200) geom = allcheck guess = read
  irc(rcfc,reverse,stepsize = 10,maxpoint = 100)
```

(10)乙烯结构优化输入文件 c2h4. gjf：

```
% chk = E:\c2h4.chk
% mem = 500mb
# hf/3-21g opt freq scf(maxcyc = 200)
```

Title Card Required

0 1

C	−1.78837552	0.67809239	0.00000000
H	−1.25521178	−0.24961253	0.00000000
H	−2.85837552	0.67809239	0.00000000
C	−1.11310122	1.85306969	0.00000000

H	− 1.64626496	2.78077461	0.00000000
H	− 0.04310122	1.85306969	0.00000000

(11) HCl 结构优化输入文件 hcl. gjf:

```
% chk = E:\hcl.chk
% mem = 500mb
# hf/3-21g opt freq scf(maxcyc = 200)

Title Card Required

0 1
 Cl  − 0.99850967  − 0.84195466   0.01102179
 H   − 2.28850967  − 0.84195466   0.01102179
```

补充阅读

Gaussian 程序简介

Gaussian(官方主页:http://www.gaussian.com)是商业化量子化学计算程序包。它最早由美国卡内基梅隆大学的约翰·波普(John A. Pople,1998 年获诺贝尔化学奖)在 20 世纪 60 年代末、70 年代初主导开发。Gaussian 程序的出现降低了量子化学计算的门槛,使得从头计算方法和密度泛函理论可以广泛使用,从而极大地推动了理论与计算化学的发展。Gaussian 程序可在不同型号的大型计算机、超级计算机、工作站和个人计算机上运行。

Gaussian 程序是从量子力学的基本原理出发,可计算能量、分子结构、分子体系的振动频率以及分子的其他各种性质,可用于研究不同条件下的反应和性质,包括稳定态的结构和性质以及实验上难以观测的化合物,如瞬时反应的中间体和过渡态结构,其主要用于以下问题的研究:

(1)分子结构和能量;

(2)过渡态结构和能量;

(3)化学键和反应能量;

(4)分子轨道;

(5)偶极矩和多重矩;

(6)原子电荷和静电势;

(7)振动频率;

(8)红外、拉曼、紫外-可见、圆二色光谱;

(9)核磁共振性质;

(10)极化率和超极化率;

(11)热力学性质;

(12)反应路径。

Gaussian 程序可以处理基态和激发态体系,可以预测周期体系的能量、结构和分子轨道。因此,Gaussian 程序作为功能强大的工具,可以用于研究许多化学、生物、材料领域的相关问题,如取代基的影响、化学反应机理、势能面、分子光谱、溶剂效应、光化学和光物理过程,以及材料的光、电、磁性能等。

参考文献

[1] 王宝山,侯华. 分子模拟实验[M]. 北京:高等教育出版社,2010.

[2] 周公度,段连运. 结构化学基础[M]. 4 版. 北京:北京大学出版社,2008.

[3] 杨照地,孙苗,苑丹丹. 量子化学基础[M]. 北京:化学工业出版社,2011.

[4] 刘江燕,武书彬. 化学图文设计和分子模拟计算[M]. 广州:华南理工大学出版社,2009.

[5] 胡红智,马思渝. 计算化学实验[M]. 北京:北京师范大学出版社,2008.

[6] 李永健,陈喜. 分子模拟基础[M]. 武汉:华中师范大学出版社,2011.

(编写:吴勇;校对:胡敏)

附录一　实验室规则及安全常识

实验室规则

(1)按时进入化学实验室。

(2)按规定分配的仪器进行实验,不得任意乱拿其他仪器。实验开始前应首先检查仪器是否缺损,如有缺损应立即报告教师补领。在实验过程中如损坏仪器应主动向教师说明损坏原因,登记后补领。

(3)实验室应保持安静。应尊重指导教师。

(4)如实记录实验中所发生的各种现象(如发现与理论不符的现象也应实事求是记录下来)并加以解释、分析和归纳(尽量写出其可能的反应方程式),如遇不能解决的问题,应积极与同学或教师展开讨论。

(5)爱护公共财产,小心使用仪器,不动用实验室中与本实验无关的其他仪器和用具,不擅自动用不熟悉的仪器。节省药品和水电。

(6)取用药品时应按教材规定用量(未注明用量的应尽量取最少量)和浓度,取用后立即盖好塞子,切勿盖错瓶盖以免药品沾污变质。取药品时瓶盖应拿在手中或倒立放置于桌上,取液体药品时自己的滴管不能直接插入公共试剂瓶中吸取。如取出药品太多,可将多取药品分给其他同学使用,切勿倒回原瓶,以免损污药品造成浪费。取固体药品时应该用干燥清洁的骨勺。

(7)实验时,必须保持桌面及周围环境的整齐、清洁。公用仪器、药品取用后应按规定位置放好,不可随意乱放,以免影响其他同学实验。实验完毕后,必须将仪器洗涤干净、放置整齐,整理药品,清洁桌面,经教师同意后方可离开实验室。

(8)任何仪器、药品不可私自携带出实验室,更不可作私用。

(9)熟悉灭火器材、沙箱及医药箱等的放置地点和使用方法,安全用具要妥善保护,不准移作它用。

化学药品使用注意事项

(1)使用化学药品前,要详细查阅该化学药品的使用说明,充分了解化学药品的物理和化学特性。

(2)严格遵照操作规程和使用方法进行使用,避免对自己和他人造成危害。

(3)使用低沸点有机溶剂时,应远离火源和热源。用后应封严试剂瓶,并放在阴凉处保存。

(4)使用有毒、易挥发性试剂时须佩戴合适的个人保护器具,在通风橱中操作实验。

(5)实验中不得擅自离开岗位。

（6）了解化学药品的使用、保存、安全处理和废弃的程序。

（7）化学危险品使用过程中一旦出现事故,应及时采取相应控制措施,并及时向有关老师和部门报告。

化学事故的紧急处理

（1）创伤:伤处不能用手触摸,也不能用水洗涤。轻伤可涂抹紫药水(或红汞、碘酒),必要时撒消炎粉或敷消炎膏,用绷带包扎。

（2）玻璃割伤:若伤口不大,出血不多,可小心除去伤口的玻璃碎片,用温水与医用双氧水(过氧化氢)以1∶1混合擦洗伤口,再涂以碘酒,用纱布包扎或用"创可贴"直接敷贴;如伤势较重、出血过多,应紧压伤口上部或血管止血,及时送到医院医治。其他如锐器刺伤或钝器碰伤等机械损伤,也可按此法进行处理。

（3）烫伤:不要用冷水洗涤伤处。伤处皮肤未破时,可涂抹饱和碳酸氢钠溶液或用碳酸氢钠粉调成糊状敷于伤处,也可抹獾油或烫伤膏;如果伤处皮肤已破,可涂抹紫药水或1‰高锰酸钾溶液。

（4）眼睛灼伤或掉进异物:一旦眼内溅入任何化学药品,应立即用大量水缓缓彻底冲洗。实验室内应备有专用洗眼水龙头。洗眼时要保持眼睛张开,可由他人帮助翻开眼睑,持续冲洗15 min。忌用稀酸中和溅入眼内的碱性物质,反之亦然。对因溅入碱金属、溴、磷、浓酸、浓碱或其他刺激性物质的眼睛灼伤者,急救后必须迅速送往医院检查治疗。

（5）酸腐蚀致伤:先用大量水冲洗,再用饱和碳酸氢钠溶液(或稀氨水、肥皂水)冲洗,最后再用水冲洗。如果酸液溅入眼内,用大量水冲洗后送医院诊治。

（6）碱腐蚀致伤:先用大量水冲洗,再用2‰醋酸溶液或饱和硼酸溶液清洗,最后再用水冲洗。如果碱溅入眼中,用硼酸溶液冲洗。

（7）溴腐蚀致伤:用苯或甘油洗涤伤口,再用水冲洗。

（8）磷灼伤:用1‰硝酸银、5‰硫酸铜或浓高锰酸钾溶液洗涤伤口,然后包扎。

（9）吸入刺激性或有毒气体:吸入氯气、氯化氢气体时,可吸入少量酒精和乙醚的混合蒸气解毒。吸入硫化氢或一氧化碳气体而感觉不适时,应立即到室外呼吸新鲜空气。但应注意,氯气、溴中毒不可进行人工呼吸,一氧化碳中毒不可施用兴奋剂。

（10）毒物进入口内:将5~10 mL稀硫酸铜溶液加入一杯温水中,内服后,将手指伸入咽喉部促使呕吐,吐出毒物,然后立即送医院。

"三废"的处理

化学实验室经常会产生一些有毒气体、废液和废渣,特别是某些剧毒物质,如果直接排出可能会污染周围的空气和水源,造成环境污染,损害人体健康。因此,废液、废气和废渣要经过一定的处理后才能排弃。严禁将浓酸、浓碱废液和不能溶固体物质倒入水池,以防堵塞和腐蚀水管。化学实验室的"三废"排放应做到以下几点。

1）废气

产生少量有毒气体的实验应在通风柜中进行,如 NO_2、SO_2、H_2S、HF 等酸性尾气可先用导管通入碱溶液中,以使其大部分被吸收后再排出,CO可点燃使其生成CO_2再排出。

　　2)废渣

　　沾附有有害物质的滤纸、包药纸、棉纸、废活性炭及塑料容器等,不要丢入垃圾箱内,应分类收集,加以焚烧或进行其他适当的处理,然后保管好残渣。少量有毒的废渣,应安排指定地点深埋于地下。

　　3)废液

　　最好先将废液分别处理。要选择没有破损且不会被废液腐蚀的容器进行收集。将所收集的废液贴上明显的成分及含量标签,并置于安全的地点保存。特别是毒性大的废液,尤其要注意。

　　(1)以下所列的废液不能互相混合:①过氧化物与有机物;②氰化物、硫化物、次氯酸盐与酸;③盐酸、氢氟酸等挥发性酸与不挥发性酸;④浓硫酸、磺酸、羟基酸、聚磷酸等酸类与其他的酸;⑤铵盐、挥发性胺与碱。

　　(2)硫醇、胺等会发出臭味的废液,会产生氰、磷化氢等有毒气体的废液,以及易燃的二硫化碳、乙醚之类废液,应加以适当处理,防止泄漏,并应尽快进行处理。

　　(3)含有过氧化物、硝化甘油之类易爆性物质的废液,要谨慎地操作,并应尽快处理。

　　(4)含有放射性物质的废弃物,用另外的方法收集,且必须严格按照有关的规定,谨慎地进行处理,严防泄漏。

玻璃仪器的使用安全

　　(1)橡皮塞或橡皮管上安装玻璃管时,应戴防护手套。先将玻璃管的两端用火烧光滑,并用水或油脂涂在接口处作润滑剂。对粘结在一起的玻璃仪器,不要试图用力拉,以免伤手。

　　(2)杜瓦瓶外面应该包上一层胶袋或其他保护层,以防破碎时玻璃屑飞溅。玻璃蒸馏柱也应有类似的保护层。使用玻璃仪器进行非常压(高于大气压或低于大气压)操作时,应该在保护挡板后进行。

　　(3)破碎玻璃应放入专门的垃圾桶。在放入垃圾桶前,应用水冲洗干净。

　　(4)在进行减压蒸馏时,应当采用适当的保护措施(如有机玻璃挡板),以防止玻璃器皿发生爆炸或破裂而造成人员伤害。

　　(5)不要将加热的玻璃器皿放在过冷的台面上,以防止温度急剧变化而造成玻璃仪器破碎。

实验室用电安全

　　(1)不能用湿的手或手握湿的物体接触电插头。

　　(2)电源裸露部分应有绝缘装置(例如电线接头处应裹上绝缘胶布)。

　　(3)为了防止触电,装置和设备的金属外壳等应连接地线,实验后应先关闭仪器开关,再将连接电源的插头拔下。

　　(4)实验时,应先连接好电路再接通电源。实验结束时,先切断电源再拆线路。工作人员离开实验室或遇突然断电,应关闭电源,尤其要关闭加热电器的电源开关;不得将供电线任意放在通道上,以免因绝缘破损造成短路。

(5)修理或安装电器时,应先切断电源。

(6)不能用试电笔去试高压电。使用高压电源应有专门的防护措施。

(7)如有人触电,应迅速切断电源,然后再进行抢救。

(8)测量绝缘电阻可用兆欧表。

(9)当进行需要带电操作的低电压电路实验时用单手比双手操作安全。

(10)使用电器时,应防止人体与电器导电部分直接接触,防止石棉网金属丝与电炉电阻丝接触;电热套内严禁滴入水等溶剂,以防止电器短路。

实验室仪器设备使用安全

(1)进行实验的学生只有经过培训和考核,并经管理人员允许,才可以使用仪器设备做指定的实验。

(2)遵守仪器设备的安全操作规程,切勿贪图省时省力而"走捷径";清楚仪器每个按钮的位置及用途,以便在紧急的情况下立即停止操作。

(3)在操作某些仪器时,衣物穿戴要符合要求,不能佩戴长项链或者穿宽松的衣服。

(4)确保有关的安全罩安装妥当方可正常操作,如果对仪器的某活动部分的安全性有怀疑,应立即停机检查。

(5)当仪器在运转的过程中有杂音或其他的运转不正常,应立即关机并通知仪器主管人检查。

(6)在清洁、维修仪器时,应先断电并确保无人能开启仪器。

(7)由于错误操作仪器而发生事故,须及时向教师及实验师报告。

实验室防火防爆安全

(1)实验室内必须存放一定数量的消防器材。消防器材必须放置在便于取用的明显位置,并指定专人管理。全体人员要爱护消防器材,并按要求定期检查更换。

(2)实验室内存放的一切易燃、易爆物品(如氢气、氧气等)必须与火源、电源保持一定距离,不得随意堆放。使用和储存易燃、易爆物品的实验室,严禁烟火。

(3)检查可燃性气体(如煤气、氢气、乙炔气)的管道、阀门是否漏气(可用肥皂水进行检查)。禁止在可燃气体附近使用明火。使用氧气钢瓶时,不得使氧气大量溢入室内。

(4)可燃性气体钢瓶与助燃气体钢瓶不得混合放置,各种钢瓶不得靠近热源、明火,要有防晒措施,禁止碰撞与敲击,保持油漆标志完好,专瓶专用。使用的可燃性气瓶一般应放置在室外阴凉和空气流通的地方,用管道通入室内。氢气、氧气和乙炔气不能混放一处,要与使用的火源保持 10 m 以上的距离。所有钢瓶都必须用固定装置固定,以防倾倒。

(5)不得乱接乱拉电线;不得超负荷用电;实验室内不得有裸露的电线头;严禁用金属丝代替保险丝;电源开关箱内不得堆放物品。电器设备和线路、插头插座应经常检查,保持完好状态。电加热器、电烤箱等设备应做到人走电断。

(6)电烙铁应放在非燃隔热的支架上,周围不应堆放可燃物,用后立即拔下电源插头。

(7)使用、倾倒易燃液体时,应远离火源。加热易燃液体必须在水浴或电热套中进行,严禁用明火直接加热。不能在烘箱内存放、干燥、烘焙有机物。

(8)蒸馏可燃液体时,操作人员不能离开现场,应时刻注意观察仪器的运行情况。往蒸馏器内补加液体时,应先停止加热,放冷后再进行操作。

(9)使用酒精灯时,酒精切勿装满,应不超过其容量的 2/3。灯内酒精不足 1/3 容量时,应灭火后再添加酒精。易燃液体的废液应有专门容器回收,不得倒入下水道,以免引起爆炸事故。

(10)特别注意某些有机物遇氧化剂时会剧烈燃烧或爆炸。存放药品时,应将有机药品和强氧化剂(如氯酸钾、浓硝酸、过氧化物等)分开存放。

(11)离开实验室时,要关掉电源开关。严禁在楼内走廊上堆放物品,以保证消防通道畅通。

附录二　部分大型仪器简介及操作规程

全谱直读型 ICPE - 9000 发射光谱仪简介及操作规程

一、仪器简介

ICPE - 9000 发射光谱仪是应用领域非常广阔的分析仪器,具有 10^{-9} 级的高灵敏检测能力,可检测 70 种元素,5~6 个数量级的宽动态浓度分析范围,且可多元素同时分析。既可用于中高精度元素分析,还可用于高精度分析测评的应用领域,包括产品控制中重要元素的分析及环境管理分析,如水质监控、超痕量元素分析与高浓度组分分析。

二、主要技术参数

波长范围:167~800 nm。

光学系统:中阶梯分光器。

真空紫外区元素对应:真空型分光器。

分光器温度:恒温控制。

检测器:半导体检测器 CCD,100 万像素。

RF 高频发生器:晶体振荡型。

频率:27.12 MHz。

观测方向:轴向观测、纵向观测切换。

软件:具有波长自动选择、共存元素信息自动生成、定性分析、定量分析、保存全波长区域数据功能。

三、操作规程

(1)依次打开稳压器电源开关、主机电源开关。

(2)打开排风扇电源开关,打开氩气钢瓶主阀门,余压不低于 1 MPa,减压阀出口压力 0.45 MPa。

(3)打开高频线圈冷却循环水及 CCD 检测器用冷却水装置电源开关。

(4)打开显示器、打印机及计算机主机开关。

(5)点击计算机桌面 ICPE Solution Launcher 图标,再点击画面中的"分析 Analysis"项,观察屏幕右侧出现的"Instrument Monitor"画面。

(6)在仪器状态检查画面"Instrument Monitor",确认各部为"OK"状态。

(7)点火:点击画面左侧"分析 Analysis"项,在出现的"New Analysis"画面点击相应的定性或定量分析方法,然后点击画面左侧"Plasma On"图标,随后仪器进行自动点火。

(8)点燃等离子体,待 CCD 温度(-15℃)、真空度稳定后,点击画面左侧的"仪器校正"图标,进行波长校正(仪器校正)。

(9)分析参数设置与调用。根据分析方式可以进行样品分析,选择"Method"菜单中的"Analysis""登记分析元素与波长"项,选择所要分析的元素与波长。

(10)点击"Method"菜单中的"登记标准样品",选择标准样品的个数、登记相应浓度。

(11)样品吸样管放入相应样品内后,点击画面左侧"Start"按钮,进行测定。

(12)待分析完毕后,点击画面左下角的"Plasma Off"按钮,在出现的熄火条件选择菜单中选择"自动熄火",并同时关闭真空泵电源。

(13)关闭氩气钢瓶总阀,按与开机相反的顺序关闭各部分的电源开关。

(14)清理好实验台,登记测试样品数目、测量种类及仪器状况。

四、注意事项

(1)仪器点火前应特别注意等离子炬上方不能有遮盖物品,否则严禁点火。

(2)每月清洗一次透镜、雾化器、进样器吸管,平时发现沾污应及时清洗。

(3)在点火前应先通气观察雾化器的情况,当雾化器出气不畅时,应先处理,再点火。

(4)当样品分析过程中雾化器被堵时,应先熄火,处理完后再点火分析。

电化学工作站 PAR2273 仪器简介及操作规程

一、仪器简介

电化学工作站是电化学测量系统的简称,是电化学研究和教学常用的测量设备。PAR2273 电化学工作站是目前功能最为强大的电化学测试系统,可用于循环伏安测试、恒电流及恒电压测量、阻抗测量,进行腐蚀研究及脉冲测量;可用于表征材料的氧化-还原特性,可以达到分子的能级及带隙宽度;还可实施电化学沉积制备各种功能薄膜或表面。

二、主要技术参数

高槽电压:±100 V。

高电流:±2 A。

高电流分辨率:1.2 fA。

高输入阻抗:大于 1013 Ω。

高灵敏度:最小电流为 2.0 nA。

三、操作规程

(1)打开电化学工作站主电源开关(在主机主面板上)。打开计算机,鼠标双击测试控制软件,软件运行显示测试主界面。

(2)准备好待测样品,接好电极。一定注意电极间不要搭接。在测试控制主界面上选择"新建",然后弹出测试功能窗口;在测试功能窗口中选择所需的测试,如循环伏安、阻抗、腐蚀测试等。

（3）根据程序提示设置相关电流、电压及电极参数。负向电压一般小于 3.0 V,正向电压小于 2.0V。

（4）鼠标单击"开始"按钮开始测量,在系统提示下按电化学工作站主机面板上的按钮,接通主机与外部待测体系。

（5）测量完毕后一定首先用电化学工作站主机面板上的按钮切断主机与外部测量体系。

（6）先关计算机,再关电化学工作站主机。

（7）清理好实验台,登记测试样品数目、测量种类及仪器状况。

（8）对于各种电极要爱护,测量完毕应及时清洗。

四、注意事项

（1）严禁将溶液等放置在仪器上方,以防溶液溅入仪器内部导致主板损毁。

（2）应避免仪器强烈振动或撞击。

核磁共振 ADVANCE Ⅲ 400 MHz 仪器简介及操作规程

一、仪器简介

核磁共振技术（NMR）具有迅速、准确、分辨率高且不破坏物质结构等优点,现已成为化合物鉴定和结构分析的有效工具,主要用于有机化学、生物化学、药物化学等方面的结构分析和性能研究。可以进行 ^1H、^{13}C 等核素的测试,^1H – ^1H NOESY、^1H – ^1H TOCSY、^1H –^{13}C HSQC、HMBC 等二维测试;测试范围可以是液体、可溶性有机物、无机物、聚合物等 。

二、主要技术参数

磁场强度:9.4 T。

质子共振频率:400.13 MHz。

分辨率：^1H 的分辨率小于 0.45 Hz、^{13}C 的分辨率小于 0.2 Hz。

灵敏度：^1H 的灵敏度大于 250、^{13}C 的灵敏度大于 160、^{31}P 的灵敏度大于 140、^{15}N 的灵敏度大于 20、^{19}F 的灵敏度大于 20。

三、操作规程

（1）打开空压机电源（电源开关向上推）,打开空压机的排气口。

（2）取下磁体样品腔上端的盖子,将样品管插入转子中,然后用定深量筒控制样品管的高度。

（3）双击计算机桌面上的图标,进入 topspin2.1 主界面,调出最近做过的一张谱图。

（4）在命令行中输入"new"按回车,在跳出窗口中建立一个新的实验,输入 Name、Solvent、Experiment 等实验参数。其中 ^1H 选 proton。

（5）输入"ej"按回车,打开气流,放入样品管;输入"ij"按回车,关闭气流,样品管落入磁体底部。

（6）输入"lock solvent(选用的溶剂)"按回车,进行锁场,待锁场完成后进行下步操作。

(7)输入"atma"按回车,进行探头匹配调谐。

(8)输入"ts"按回车,进行自动匀场。

(9)输入"ased"按回车,调出采样参数,根据具体的样品设置 NS、DS、D1 等。

(10)输入"getprosol"按回车,调脉冲参数。所有参数不用改动,尤其 PL1 不能修改。

(11)输入"rga"按回车,自动调节增益。

(12)输入"zg"按回车,开始采样。

(13)待采样完毕,进行数据处理,键入"eft"按回车,进行傅里叶变换。

(14)输入"apk"按回车,进行自动相位校正。

(15)输入"abs"按回车,进行自动基线校正。

(16)谱图定标,积分,输入"plot"按回车,打印图谱。

(17)输入"ej",把样品管吹出,取出样品管,输入"ij",关掉气流。

四、注意事项

(1)NMR 所需试样量:^{1}H NMR 为 5~10 mg;^{13}C NMR 为 30~40 mg。

(2)放入样品一定要在有气流的情况下进行,否则有可能损坏探头。

(3)放入样品前需用定深量筒控制样品管的高度,如果样品管插入得太长,有可能损坏探头。

(4)不要将带有磁性的物质靠近磁体。

(5)为保障仪器的安全运转,禁止私自调节空调温度。

X 射线衍射仪 XRD-6000 仪器简介及操作规程

一、仪器简介

X 射线衍射仪用于测定晶体结构的基本综合参数,如晶粒大小的测定,晶体结构、形貌研究,晶体模型显示,固体药品的参数,结晶度的研究,以及晶格常数测定定性与定量分析等。可测定不同的相,以及它们在每种多相或多组分中的含量,亦可用于测定活性晶体基质中非晶态填充剂的体积分数。广泛应用于化学、钢铁、有色金属、机械制造、陶瓷、水泥、玻璃、催化剂、药物添加剂、生物制品、石油、天然气、岩矿、环境等研究领域。

二、主要技术参数

测角仪半径:扫描半径 185 mm。

最小步长:0.002°(2θ)。

角度范围:6°~180°。

绝对精度:±0.001°(2θ)。

$\theta/2\theta$ 驱动:步进电机驱动。

最大定位速度:1000°·min^{-1}。

探测器:高分辨闪烁晶体探测器。

三、操作规程

(1)开启电源总闸、分闸;开启冷却水左边开关,待温度稳定后开启温度右边的开关。

(2)开启 X 射线衍射仪(POWER 指示灯亮)及其连接的计算机和打印机。(不能开机的常见原因:冷却水不够,提示加水,或者过滤装置有问题)

(3)进入桌面 Pmgr 系统,点击画面上"Display & Setup",并最小化。

(4)点击画面上测试条件设置工具"Right Conio Condition"和测试运行工具"Right Conio Analysis"并最小化。

(5)点击画面上"Right Conio Condition",双击空白处,选择测试角度范围、测角仪转动速度(小于 4 °•min^{-1})和狭缝值,输入保存目录和保存名称。

(6)将样品放入样品池并夹好,粉末样品平整地压入样品池,块状样品表面磨平后粘贴在样品池中心,注意样品表面与样品池外围平齐。

(7)在实验条件设定后,点击"Append"将程序传递到窗口"Entry for Analysis"中,选择"Stop"复选框并点击"Start"进入"Right Conio Analysis"画面,单击选定待测样品,选择"Stop"复选框并点击"Start"开始测试。

(8)测试完毕后,点击"Right Conio Analysis"菜单下方的"Stop"按钮结束测试。

(9)点击画面上"Basic Process",进行数据处理。

(10)得到的谱图可在"Search Match"中查询,与标准物质对照。

(11)与开机顺序相反,关机时应先关闭 X 光管(X-RAY-ON 按钮上方的灯熄灭)后,至少过 15 min,再关闭冷却水。

(12)清理好实验台,登记测试样品数目、测量种类及仪器状况。

四、注意事项

(1)软件工具中一般不要改动 Display & Setup 中的参数、XG Control Program 中的参数和 Right Conio Service 中的参数。

(2)在测试同时不能在连接计算机上处理其他 XRD 数据,否则正在测试的数据将无法保存。

高效液相色谱仪 LC-2010C 仪器简介及操作规程

一、仪器简介

高效液相色谱仪适用于需要使用 UV 进行低含量杂质鉴别与定量的常规分析,以及检测具有吸收紫外光的生色团的物质,如有机酸、芳香烃类、醛类、酮类、酸酯类、多胺、核苷酸等。

二、主要技术参数

泵型:串联双柱塞方式(主泵头为 10 μL,副泵头为 5 μL)。

流量设定范围:0.001~5 mL•min^{-1}(1.0~35.0 MPa)。

进样量设定范围:0.1~100 μL。

柱温箱控制范围：室温（约 15～60 ℃）。

检测器：紫外-可见检测器（190～600 nm）。

三、操作规程

（1）准备纯度为色谱级的流动相（水为双蒸水），用 0.45 μm 的滤纸除去固态杂质，并超声波除泡。样品也需要用 0.45 μm 的滤纸除杂。

（2）开启总电源，逐次打开 LC-2010C 主机及 CLASS-VP 工作站。

（3）在 Shimadzu CLASS-VP 界面中点击"Instrument 1"。

（4）设定流动相配比、流速、柱温、检测波长等实验方法参数，设定完成后点击右下角"Download"，并保存方法文件。

（5）分离试样时，先用 100％甲醇或乙腈平衡色谱柱 30 min，再打开方法文件，载入方法，用实验方法的初始条件平衡至基线平滑后即可进样。

（6）实验完成后，将流动相改为 100％甲醇或乙腈冲洗色谱柱 30 min 后即可关闭工作站和主机。

（7）在 Shimadzu CLASS-VP 界面中点击"Offline Processing"可对实验结果进行解析。

四、注意事项

（1）流动相和样品必须进行处理，否则固态颗粒会堵塞毛细色谱柱，流动相中的气泡会使基线漂移。

（2）LC-2010C 配备的是紫外检测器，样品如果在紫外波段没有吸收峰，则需对其进行衍生化处理。

（3）仪器如果长时间未使用，启用之前必须先将所用管路中的气泡除去。

（4）所用色谱柱为 ODS 柱时，水相的比例不能小于 10％（体积比），否则会损坏色谱柱。如果水相的比例较大，实验过程中应逐步将流动相中水的比例从 0 过渡到所需值，实验完成后，再逐步过渡到 0。

（5）实验结束后，必须用甲醇或乙腈冲洗 ODS 柱。

（6）LC-2010C 主机下方洗瓶里面的水每两天更换一次。

气相色谱仪 GC-2010 Plus 仪器简介及操作规程

一、仪器简介

气相色谱仪主要应用于水体、土壤及农产品中有机氯农药、单环芳烃、总石油烃等有机污染物的微量、痕量分析检测，广泛应用于生物科技、食品卫生等领域。

二、主要技术参数

主机操作温度：5～450 ℃。

主机升温速率：±250 ℃·min^{-1}。

压力设定范围：0～970 kPa。

流量设定范围:0~1200 mL·min^{-1}。

TCD 检测器灵敏度:20000 mV·mL·mg^{-1}(癸烷)。

检测限:1.5×10^{-12} g·s^{-1}(十二烷)。

带先进压力控制的氢火焰离子化检测器(FID)。

三、操作规程

(1)开机顺序为:载气(He)→GC 主机(按钮)→工作站(GCsolution)。

(2)点击"分析 1",可进入气相操作界面。

(3)在中部窗口设置分析条件:先设定进样口温度(SPL1)、色谱柱升温程序(柱箱)、检测器温度(FID1),然后在 SPL1 处设置载气流速及分流比,并根据色谱柱分析时间设定 FID1 处信号采集的停止时间。在 SPL1 处点击"高级"可设置分流比省气模式。所有条件设置完后,点击窗口右上角"下载",保存方法文件。

(4)点击工作界面右侧的载气、吹扫流量、尾吹流量和检测器的"打开"按钮,同时点击"开启系统",开始升温。

(5)待所有温度达到设定温度后,点击"Start"开始走基线。

(6)约 30 min 走完基线,待柱箱温度下降至初始设定温度,拧开空气和氢气气阀,同时点击空气流量、氢气流量和点火的"打开"按钮,听到"砰"的一声即点火成功。

(7)点击工作界面左侧的单次分析→样品记录→设置样品名称和保存路径→确定→点击"开始"按钮→进样→点击主机上的"Start"即开始分析样品。

(8)在样品分析完成后,点击"关闭系统",关闭氢气和空气总阀,待检测器温度(FID1)下降至 70℃时,关闭工作站界面→关 GC 主机(按钮)→关闭载气(He)。

(9)在 GCsolution 工作站主界面左下方点击"再解析"可对数据进行后续分析处理。

四、注意事项

(1)实验过程中必须保持实验室空气流通,打开门、窗户和排气扇。

(2)打开空调,确保室温在 5~28℃之间(气相色谱仪的适宜工作温度)。

(3)气体流量设置:减压阀(小表)不动,拧总阀即可,其中低压表设置范围为氦气 0.4~0.5 MPa;氢气 0.2 MPa;空气 0.4 MPa。

(4)关机与开机的顺序相反。

(5)GC 支持液体样品分析,如果需要对样品(液样或固样)进行热裂解分析,需要在进样口接上裂解仪。

(6)毛细色谱柱的最高运行温度为 300℃,过高会烧坏色谱柱。

(7)特别注意:需用肥皂水对钢瓶各接口处定期进行检漏,每周一次即可。

红外光谱仪 BRUKER TENSOR 27 仪器简介及操作规程

一、仪器简介

红外分光光度法主要是利用化合物在中红外区的特征吸收来实现对化合物的定性分析,

此外也可以根据朗伯-比尔定律进行定量分析,研究化学反应过程,鉴定样品纯度和指导分离操作等。该分析方法适用的样品范围最广,气体、液体、固体、悬浊体、弹性体等样品,不管是纯样品或混合样品,有机物或无机物,皆可进行红外测定,并且可以获得丰富的结构信息。与其他结构分析方法,如质谱、核磁等相比,它的仪器价格便宜,使用、维护方便,是一种使用率非常高的分析方法。

二、主要技术参数

分辨率:$0.5\sim1$ cm^{-1}。

光谱范围:标准 $7800\sim370$ cm^{-1},中/近红外 $11000\sim400$ cm^{-1},中/远红外 $6000\sim200$ cm^{-1}。

信噪比:40000:1(峰-峰值)。

波数精度:0.01 cm^{-1}/2000 cm^{-1}。

吸收精度:0.1% T。

干涉仪:光学补偿、光路永久准直,无机械补偿装置,高稳定。

检测器:全数字化设计、集成 24 位 A/D 转换器、数字信号输出。

自检系统:IVU 校准单元,自动完成。

三、操作规程

(1)先用清洗溶剂和脱脂棉花擦干净仪器测试部位,并确保干燥。

(2)检查确认电源插座上的电压是否在规定的范围内。

(3)按仪器后侧的电源开关,开启仪器,加电后,开始自检,约 30 s。自检通过后,状态灯由红变绿。仪器加电后至少要等待 10 min,等电子部件和光源稳定后,才能进行测量。

(4)开启计算机,运行 OPUS 操作软件。检查计算机与仪器主机通信是否正常。

(5)设置各项参数:保存峰位、输入样品名称及扫描波长范围。

(6)扫描背景,装载样品:液体样品直接涂敷在测试部位,固态样品需要压片。

(7)开始样品预览扫描,最后在谱图区单击"START"开始测试。

(8)测完后立刻用脱脂棉花和溶剂擦干净测试部位和压杆。

(9)调出自己的数据文件,扣除谱图中水和 CO_2 的干扰。

(10)调整基线,标峰位,然后选择"STORE"保存。

(11)打印谱图。

(12)清理好实验台,登记测试样品数目、测量种类及仪器状况。

四、注意事项

(1)样品纯度一般要求大于 95%,且含水量要尽可能少。

(2)要及时关好样品仓门,避免溴化钾盐窗吸潮。

(3)测定用样品应干燥,制样过程须在红外灯下进行,避免样品吸潮。

(4)压片法制样时,试样和溴化钾粉末一定要研细,避免光的散射。

(5)测试前和测试完须用相应溶剂清洗制样模具等。

(6)每次测样均扫描一次背景。

纳米粒度及 Zeta 电位分析仪 Nano - ZS90 仪器简介及操作规程

一、仪器简介

纳米粒度及 Zeta 电位分析仪主要用于表征胶体、纳米颗粒与生物分子等的尺寸大小、分布情况、Zeta 电位及相对分子质量,表征结果可用于判断体系的稳定性和储存能力,从而加速配方研发过程和生产过程。

二、主要技术参数

粒度测量范围:0.3 nm～5 μm。

最小样品体积:20 μL。

Zeta 电位粒径范围:3.8 nm～100 μm。

Zeta 电位范围:无实际限制。

最大样品浓度:40％(质量分数)。

最小样品体积:750 μL。

温度范围:0～90 ℃。

分子质量测定范围:342～2×10^7 Da(1 Da＝1.66054×10^{-27} kg)。

三、纳米粒度测量的操作规程

(1)打开 Nano - ZS90 电源开关,仪器预热 15 min。

(2)开启计算机,启动 Zetasizer Software,点击"File→New→Measurement File",新建文件。

(3)在新建文件窗口点击菜单中的"Measure→Manual",出现手动测量参数设置对话框。

(4)点击"Measurement type"选择"Size"。

(5)点击"Sample",输入样品登陆信息以及操作者注解。

(6)点击"Material",输入样品颗粒的折射率及吸收率(如果关注体积分布),如果关注光强分布,不用考虑折射率及吸收率。

(7)点击"Dispersant",设置分散剂在某个温度下的折射率及黏度。

(8)点击"General option",保持默认设置。

(9)点击"Temperature",设定温度及平衡时间。

(10)点击"Cell",选择合适的样品池。

(11)点击"Measurment→Angle of detection",一般保持默认,Nano - ZS 选择 173°,Nano -ZS90 选择 90°。

(12)点击"Measurement duration",选择"Automatic"。

(13)点击"Measurements→Number of measurements",选择测量次数,一般为 1～3。

(14)点击"Advanced",保持默认设置,不用更改。

(15)点击"Data processing",选择"General purpose(normal resolution)"。

(16)其他都可以缺省设置,然后点击"确定",设置完毕,出现 Manual measurement 窗口。

(17)准备好样品(要求半透明)放入样品池中,按下 Nano-ZS90 的绿色指示灯,放置待测样品(插入聚苯乙烯样品池时,要使顶部的 ▽ 面向测试者),关闭盖子,点击 Manual measurement 窗口的"Start"开始测试。

(18)测量结束后,关闭 Manual measurement 窗口,点击"Record view"选中测试样品,点击"Intensity PSD→File→Print→Adobe PDF",输出数据。

四、Zeta 电位测量的操作规程

(1)打开 Nano-ZS90 后面的电源开关,仪器预热 15 min。

(2)开启电脑,启动 Zetasizer Software,点击"File→New→Measurement File",新建文件。

(3)在新建文件窗口点击菜单中的"Measure→Manual",出现手动测量参数设置对话框。

(4)点击"Measurement type"选择"Zeta Potential"。

(5)点击"Sample",输入样品登录信息及操作者注解。

(6)点击"Material",样品颗粒的折射率及吸收率不用更改。

(7)点击"Dispersant",设置分散剂在某个温度下的折射率、黏度及介电常数。

(8)点击"General option",极性分散剂可以选择"Smoluchowski",非极性分散剂可以选择"Huckel"。

(9)点击"Temperature",设定温度及平衡时间。

(10)点击"Cell",选择合适的样品池。

(11)点击"Measurement duration",选择"Automatic"。

(12)点击"Measurements→Number of measurements",选择测量次数,一般为 1~3。

(13)点击"Advanced",保持默认设置不用更改。

(14)点击"Data processing",选择"Auto mode"。

(15)其他都可以缺省设置,然后点击"确定",设置完毕,出现 Manual measurement 窗口。

(16)准备好电位样品放入样品池中,按下 Nano-ZS90 的绿色指示灯,放置待测样品,关闭盖子,点击 Manual measurement 窗口的"Start"开始测试。

(17)测量结束后,点击"Record view",选中测试样品,点击"Zeta potential→File→Print→Adobe PDF",输出数据。

五、注意事项

(1)样品池放入工作室前要用擦镜纸擦干样品池的外表面。

(2)样品池内的样品不能有气泡,否则影响测定的结果。

热重分析仪 TG209C 仪器简介及操作规程

一、仪器简介

热重分析仪广泛应用于塑料、橡胶、涂料、药品、催化剂、无机材料、金属材料与复合材料等各领域的研究开发、工艺优化与质量监控,可测量与分析材料的如下特性:热稳定性、吸附和解析、成分的定量分析、水分和挥发物、分解过程、氧化与还原、添加剂与填充剂的影响和反应动力学。

二、主要技术参数

温度范围:20～1000 ℃。

分辨率:0.02 μg。

加热速度:0.1～80 K·min⁻¹。

冷却时间:小于 15 min (1000 ℃至 20 ℃)。

三、操作规程

(1)打开电源,启动计算机。

(2)开启 TG209C 和 TASC414/4 的电源开关,检查控制面板的指示灯(online、system、safety)显示是否正常。

(3)开启水浴系统开关,通过 T1 按钮调节显示屏温度为室温＋2 ℃,恒温半小时。

(4)开启控制面板上的 protective、purge1/2 开关,调整保护气、吹扫气体输出压力和流速,并待其稳定。

(5)开启控制面板上的 On/Off 开关,待显示屏数字显示稳定后,启动"tare"按钮调零,然后在 6 样品室中放入空坩埚,再用"tare"按钮调零。

(6)装入样品,进入软件测试系统(TG209 on 18 TASC414－4)。

(7)编辑控温程序,开始测量。

(8)数据导出及分析:点击计算机桌面"NERZSCH－TA4 文件→Proteus Analysis",打开保存的文件,点击"Extra→Export Data",选择数据区间及采集的数据点数,保存至指定文件(常在 D 盘,为 txt 文件),用 Origin 作图。(可以调节坐标,使横坐标为温度,常用工具栏按钮;可以通过 Smooth 后再导出数据。)

(9)测量完毕后,关闭测量仪器,最后关闭计算机。

四、注意事项

(1)在测样时,应保持室内通风,因为氮气浓度过高会造成窒息。

(2)在测试期间,不要碰撞桌面,否则会影响质量的测量,使图线出现尖刺峰。

(3)TG 质量读数不稳定的原因:仪器需要预热 1 h。

差示扫描量热仪 DSC200PC 仪器简介及操作规程

一、仪器简介

差示扫描量热仪(DSC)测量的是与材料内部热转变相关的温度、热流的关系,应用范围非常广,特别是材料的研发、性能检测与质量控制。主要测量物质的以下性质:熔点和熔融熔、结晶行为和过冷、固-固转变和多晶型、无定形材料的玻璃化转变温度、热解和解聚、化学反应如热分解或聚合反应动力学和反应进程预测、化学反应的安全性、氧化分解和氧化稳定性等。

二、主要技术参数

温度范围：$-150 \sim 600\,℃$。

加热速率：$0.1 \sim 99.9\ \text{K·min}^{-1}$。

温度信号重复性：$\pm 0.2\ \text{K}$（标样铟）。

热熔灵敏度：约 $4 \sim 4.5\ \mu\text{V/mW}$（标样铟）。

热流信号重复性：$\pm 1\%$（标样铟）。

信号时间常数：约 $3\ \text{s}$。

三、操作规程

(1)准备样品，将一定量的样品放入坩埚中（样品需与测量坩埚底部接触良好），为了减小测试中样品的温度梯度，确保测量精度，样品质量为 $5 \sim 8\ \text{mg}$。对于热反应剧烈或在反应过程中易产生气泡的样品，应适当减少样品量。

(2)打开电源，启动计算机。

(3)开启 DSC200PC、TASC414/4 的电源开关，检查控制面板的指示灯（online、system、safety）显示是否正常。

(4)开启控制面板上的 protective、purge1/2 开关，调整保护气和吹扫气体输出压力及流速并待其稳定。

(5)装入样品，进入软件测试系统（DSC200PC on COM1 TASC414/5）。

(6)编辑控温程序，开始测量。

(7)数据导出及分析：点击桌面"NETZSCH －TA4"文件"Proteus Analysis"，打开保存的文件，点击"Extras→Extras DATA"，选取数据区间和采集的数据点数，确认保存为 txt 格式文件，用 ORIGIN 作图。

(8)点中分析线"Split"可将数据分段，软件可求积分面积和峰值并标出，点击"Extras→Bitmap"可将文件粘贴到附件的画图板中。

(9)测量完毕后，关闭测量仪器，最后关闭计算机。

(10)清理好实验台，登记测试样品数目、测量种类及仪器状况。

四、注意事项

(1)在测样时，应保持室内通风，因为氮气浓度过高会造成窒息。

(2)使用液氮时要戴上防护镜和手套，防止冻伤皮肤。

(3)采集数据的过程中应避免仪器周围有明显的震动，严禁打开上盖，轻微碰撞仪器前部就会在 DSC 热流曲线上产生明显的峰谷。

附录三　常用化学数据表

附表1　通用化学试剂的规格和标志

我国等级	GR （一级、优级纯）	AR （二级、分析纯）	CP （三级、化学纯）	LR （四级、实验试剂）
英文标记	GUARANTEED REAGENTS	ANALYTICAL REAGENTS	CHEMICAL PURE	LABORATORY REAGENTS
瓶签颜色	绿色	红色	蓝色	棕黄色

附表2　常用酸、碱的浓度对照

试剂名称	密度/ $(g \cdot cm^{-3})$	质量分数/%	物质的量 浓度/ $(mol \cdot L^{-1})$	试剂名称	密度/ $(g \cdot cm^{-3})$	质量分数/%	物质的量 浓度/ $(mol \cdot L^{-1})$
浓硫酸	1.84	98	18	氢溴酸	1.38	40	7
稀硫酸	1.12	17	2	氢碘酸	1.70	57	7.5
浓盐酸	1.19	38	12	冰乙酸	1.05	100	17.5
稀盐酸	1.03	7	2	稀乙酸	1.04	30	5.2
浓硝酸	1.41	68	16	稀乙酸	1.02	12	2
稀硝酸	1.2	32	6	浓氢氧化钠	1.44	～41	～14.4
稀硝酸	1.07	12	2	稀氢氧化钠	1.09	8	2.2
浓磷酸	1.7	85	14.7	浓氨水	0.91	～28	14.8
稀磷酸	1.05	9	1	稀氨水		3.5	2
浓高氯酸	1.67	70	11.6	氢氧化钙 水溶液		0.15	
稀高氯酸	1.12	19	2	氢氧化钡 水溶液		2	～0.1
浓氢氟酸	1.13	40	23				

附表3　常用酸、碱溶液的配制

溶液	物质的量浓度（近似值）/$(mol \cdot L^{-1})$	配制
浓盐酸	12	$d = 1.19 \ g \cdot cm^{-3}$,38%（质量分数）
稀盐酸	6	浓盐酸：水＝1：1（体积）
稀盐酸	2	6 $mol \cdot L^{-1}$ HCl：水＝1：2（体积）

续表

溶 液	物质的量浓度(近似值)/(mol·L^{-1})	配 制
浓硫酸	18	$d=1.84$ g·cm^{-3},98%(质量分数)
稀硫酸	3	浓硫酸:水=1:5(体积)
稀硫酸	1	6 mol·L^{-1} H$_2$SO$_4$:水=1:2(体积)
浓硝酸	14.5	$d=1.40$ g·cm^{-3},65%(质量分数)
稀硝酸	6	浓硝酸:水=10:14(体积)
稀硝酸	2	6 mol·L^{-1} HNO$_3$:水=1:2(体积)
冰乙酸	17.5	$d=1.05$ g·cm^{-3},99.8%(质量分数)
稀乙酸	6	冰乙酸 350 mL:水 650 mL
稀乙酸	2	6 mol·L^{-1} HAc:水=1:2(体积)
浓氨水	15	$d=0.90$ g·cm^{-3},28%(质量分数)
稀氨水	6	浓氨水:水=2:3(体积)
稀氨水	2	6 mol·L^{-1} NH$_3$(ap):水=1:2(体积)
氢氧化钠	6	NaOH,240 g·L^{-1}
氢氧化钾	3	KOH,168 g·L^{-1}
氢氧化钡	0.2	Ba(OH)$_2$·8H$_2$O,60 g·L^{-1},过滤
石灰水	0.02	饱和石灰水澄清液

附表4 常用缓冲溶液的配制

pH	配制方法
3.6	NaAc·3H$_2$O 8 g 溶于适量水中,加 6 mol·L^{-1} HAc 134 mL,稀释至 500 mL
4.0	NaAc·3H$_2$O 20 g 溶于适量水中,加 6 mol·L^{-1} HAc 134 mL,稀释至 500 mL
4.5	NaAc·3H$_2$O 32 g 溶于适量水中,加 6 mol·L^{-1} HAc 68 mL,稀释至 500 mL
5.0	NaAc·3H$_2$O 50 g 溶于适量水中,加 6 mol·L^{-1} HAc 34 mL,稀释至 500 mL
8.0	NH$_4$Cl 50 g,溶于适量水中,加 15 mol·L^{-1} NH$_3$·H$_2$O 3.5 mL,稀释至 500 mL
8.5	NH$_4$Cl 40 g,溶于适量水中,加 15 mol·L^{-1} NH$_3$·H$_2$O 8.8 mL,稀释至 500 mL
9.0	NH$_4$Cl 35 g,溶于适量水中,加 15 mol·L^{-1} NH$_3$·H$_2$O 24 mL,稀释至 500 mL
9.5	NH$_4$Cl 30 g,溶于适量水中,加 15 mol·L^{-1} NH$_3$·H$_2$O 65 mL,稀释至 500 mL
10	NH$_4$Cl 27 g,溶于适量水中,加 15 mol·L^{-1} NH$_3$·H$_2$O 197 mL,稀释至 500 mL

附表5　常用酸碱指示剂

名称	变色的 pH 值范围	颜色变化	配制方法
百里酚蓝 0.1%	1.2～2.8	红—黄	0.1 g 百里酚蓝与 4.3 mL 0.05 mol·L^{-1} NaOH 溶液一起研匀,加水稀释成 100 mL
	8.0～9.6	黄—蓝	
甲基橙 0.1%	3.1～4.4	红—黄	将 0.1 g 甲基橙溶于 100 mL 热水
溴酚蓝 0.1%	3.0～4.6	黄—紫蓝	0.1 g 溴酚蓝与 3 mL 0.05 mol·L^{-1} NaOH 溶液一起研磨均匀,加水稀释成 100 mL
溴甲酚绿 0.1%	3.8～5.4	黄—蓝	0.1 g 溴甲酚绿与 21 mL 0.05 mol·L^{-1} NaOH 溶液一起研匀,加水稀释成 100 mL
甲基红 0.1%	4.8～6.0	红—黄	将 0.1 g 甲基红溶于 60 mL 乙醇中,加水至 100 mL
中性红 0.1%	6.8～8.0	红—黄橙	将 0.1 g 中性红溶于 60 mL 乙醇中,加水至 100 mL
酚酞 1%	8.2～10.0	无色—淡红	将 1 g 酚酞溶于 90 mL 乙醇中,加水至 100 mL
百里酚酞 0.1%	9.4～10.6	无色—蓝色	将 0.1 g 百里酚酞溶于 90 mL 乙醇中加水至 100 mL
茜素黄 0.1% 混合指示剂	10.1～12.1	黄—紫	将 0.1 g 茜素黄溶于 100 mL 水中
甲基红-溴甲酚绿	5.1	红—绿	3 份 0.1% 溴甲酚绿乙醇溶液与 1 份 0.1% 甲基红乙醇溶液混合
百里酚酞-茜素黄 R	10.2	黄—紫	将 0.1 g 茜素黄和 0.2 g 百里酚酞溶于100 mL 乙醇中
甲酚红-百里酚蓝	8.3	黄—紫	1 份 0.1% 甲酚红钠盐水溶液与 3 份 0.1% 百里酚蓝钠盐水溶液混合
甲基黄 0.1%	2.9～4.0	红—黄	0.1 g 甲基黄溶于 100 mL 90% 乙醇中
苯酚红 0.1%	6.8～8.4	黄—红	0.1 g 苯酚红溶于 100 mL 60% 乙醇中

附表6　氧化还原指示剂

名称	变色范围 $\varphi^{\ominus}$/V	颜色 氧化态	颜色 还原态	配制方法
二苯胺 1%	0.76	紫	无色	将 1 g 二苯胺在搅拌下溶于 100 mL 浓硫酸和 100 mL 浓磷酸中,用棕色瓶保存
二苯胺黄酸钠 0.5%	0.85	紫	无色	将 0.5 g 二苯胺黄酸钠溶于 100 mL 水中,必要时过滤
邻菲罗啉-Fe(Ⅱ) 0.5%	1.06	淡蓝	红	将 0.5 g FeSO$_4$·7H$_2$O 溶于 100 mL 水中,加两滴硫酸,加 0.5 g 邻菲罗啉
N-邻苯氨基苯甲酸 0.2%	1.08	紫红	无色	将 0.2 g 邻苯氨基苯甲酸加热溶解在 100 mL 0.2% Na$_2$CO$_3$ 溶液中,必要时过滤
淀粉 1%				将淀粉加少许水调成浆状,在搅拌下加入 100 mL 沸水中,微沸 2 min,放置,取上层溶液使用

附表 7 沉淀及金属指示剂

名称	颜色		配制方法
	游离	化合物	
铬酸钾	黄	砖红	称取 5 g 铬酸钾溶于少量蒸馏水中,加入少量硝酸银溶液使之出现微红,摇匀后放置 12 h,过滤并移入 100 mL 容量瓶中,稀释至刻度
硫酸铁铵,40%	无色	血红	$NH_4Fe(SO_4)_2 \cdot 12H_2O$ 饱和水溶液,加数滴浓 H_2SO_4
荧光黄,0.5%	绿色荧光	玫瑰红	0.50 g 荧光黄溶于乙醇,并用乙醇稀释至 100 mL
铬黑 T	蓝	酒红	(1)2 g 铬黑 T 溶于 15 mL 三乙醇胺及 5 mL 甲醇中; (2)1 g 铬黑 T 与 100 g NaCl 研细、混匀(1∶100)
钙指示剂	蓝	红	0.5 g 钙指示剂与 100 g NaCl 研细、混匀
二甲酚橙,0.5%	黄	红	0.5 g 二甲酚橙溶于 100 mL 去离子水中
K - B 指示剂	蓝	红	0.5 g 酸性铬蓝 K 加 1.25 g 萘酚绿 B,再加 25 g K_2SO_4 研细、混匀
磺基水杨酸	无	红	10% 水溶液
PAN 指示剂,0.2%	黄	红	0.2 g PAN 溶于 100 mL 乙醇中
邻苯二酚紫,0.1%	紫	蓝	0.1 g 邻苯二酚紫溶于 100 mL 去离子水中

附表 8 常用基准物质的干燥条件和应用范围

基准物质		干燥后组成	干燥条件	标定对象
名称	化学式			
碳酸氢钠	$NaHCO_3$	Na_2CO_3	270～300℃	酸
碳酸钠	$Na_2CO_3 \cdot 10H_2O$	Na_2CO_3	270～300℃	酸
硼砂	$Na_2B_4O_7 \cdot 10H_2O$	$Na_2B_4O_7 \cdot 10H_2O$	放在含 NaCl 和蔗糖饱和水溶液的干燥器中	酸
碳酸氢钾	$KHCO_3$	K_2CO_3	270～300℃	酸
草酸	$H_2C_2O_4 \cdot 2H_2O$	$H_2C_2O_4 \cdot 2H_2O$	室温,空气干燥	碱或 $KMnO_4$
邻苯二甲酸氢钾	$KHC_8H_4O_4$	$KHC_8H_4O_4$	110～120℃	碱
重铬酸钾	$K_2Cr_2O_7$	$K_2Cr_2O_7$	140～150℃	还原剂
溴酸钾	$KBrO_3$	$KBrO_3$	130℃	还原剂
碘酸钾	KIO_3	KIO_3	130℃	还原剂
铜	Cu	Cu	室温,干燥器中保存	还原剂
三氧化二砷	As_2O_3	As_2O_3	室温,干燥器中保存	氧化剂

基准物质		干燥后组成	干燥条件	标定对象
名称	化学式			
草酸钠	$Na_2C_2O_4$	$Na_2C_2O_4$	130℃	氧化剂
碳酸钙	$CaCO_3$	$CaCO_3$	110℃	EDTA
锌	Zn	Zn	室温，干燥器中保存	EDTA
氧化锌	ZnO	ZnO	900～1000℃	EDTA
氧化钾	NaCl	NaCl	500～600℃	$AgNO_3$
氢化钾	KCl	KCl	500～600℃	$AgNO_3$
硝酸银	$AgNO_3$	$AgNO_3$	180～290℃	氯化物

附表 9　特种试剂的配制

试剂名称	配制方法	备注
银氨溶液	1.5 mL 2% $AgNO_3$＋（滴入）2% NH_3(aq)，振荡，至生成的沉淀完全溶解为止	现用现配，贮于棕色瓶中
费林试剂	A 液：3.5 g $CuSO_4·5H_2O$＋100 mL 水 B 液：17 g $KNaC_4H_4O_6·4H_2O$＋15～20 mL 热水＋20 mL 25% NaOH＋水（至 100 mL）	A、B 液分别贮存；临用前取 A、B 液等量混合
席夫试剂 （品红亚硫酸溶液）	(1)0.50 g 品红的盐酸盐晶体＋100 mL 热水，冷却后通入 SO_2，使溶液呈无色＋水（至 500 mL）； (2)0.20 g 品红的盐酸盐晶体＋100 mL 热水，冷却后＋2 g $NaHSO_3$＋2 mL 浓 HCl，搅匀后，至红色褪去	当配制完毕时，如呈粉红色，可加入 0.5 g 活性炭，搅拌后过滤；试剂贮于严密的棕色瓶中
淀粉溶液	1 g 可溶性淀粉＋10 mL 水，搅匀，边搅拌边加入 20 mL 热水中，煮沸 1 min；冷却，过滤	现用现配，如保存可加入 0.5 g KI 及 2～3 滴氯仿
碘化钾淀粉溶液	100 mL 淀粉溶液＋1 g KI	不得显蓝色，现用现配
漂白粉溶液	1 g 漂白粉＋水（至 100 mL），搅匀，取上层清液	现用现配
次氯酸钠溶液	含 10%～14%（质量分数）有效氯	用时与等量水混合
钼酸铵试剂	45 g $(NH_4)_6Mo_7O_{24}·4H_2O$ 或 40 g 纯 MoO_3＋[70 mL NH_3(aq)＋140 mL 水]；完全溶解后，再缓缓加入 250 mL 浓 HNO_3 和 500 mL 水的混合液中，边加边搅拌，最后加水至 1 L。放置 1～2 日，倾取上层清液备用	
奈斯勒试剂 $K_2(HgI_4)$	将 2.5 g $HgCl_2$＋10 mL 热水，慢慢加入 5 g KI＋5 mL 水溶液中，振荡，至生成的红色沉淀不溶解为止，冷却，在氢氧化钾溶液（15 g KOH＋30 mL 水）＋水（至 100 mL）中加入上面的 $HgCl_2$ 溶液 0.5 mL，振荡；将上述溶液静置 24 h，倾取上层清液备用	贮于棕色瓶中，用橡皮塞塞紧

续表

试 剂 名 称	配 制 方 法	备　注
溴水 $Br_2 + H_2O$	在带有良好磨口塞的玻瓶内，将市售溴约 50 g(16 mL)注入 1 L 水中。在 2 h 内经常剧烈振荡；每次振荡之后微开瓶塞，将积聚的溴蒸气放出。在储存瓶底总有过量的溴。将溴水倒入试剂瓶时剩余的溴应留于储存瓶中，而不应倒入试剂瓶(倾倒溴和溴水时应在通风橱中进行)	操作时为了防止被溴蒸气灼伤，应戴上乳胶或橡胶手套，也可以将凡士林涂在手上
碘液 $I_2 + H_2O$	将 1.3 g 碘和 5 g 碘化钾溶解在尽可能少量的水中，待碘完全溶解后(充分搅动)，再加水至 1 L。如此所配成的碘液其浓度为 0.01 mol·L^{-1}	

附表 10　常用洗涤剂

种　类	配 制 及 用 途
铬酸洗液	(1) 5 g 重铬酸钾＋100 mL 浓硫酸； (2) 5 g 重铬酸钾＋5 mL 水＋100 mL 浓硫酸； (3) 80 g 重铬酸钾＋1000 mL 水＋100 mL 浓硫酸； (4) 200 g 重铬酸钾＋500 mL 水＋500 mL 浓硫酸
5%草酸溶液	用数滴硫酸酸化，可洗去高锰酸钾痕迹
45%尿素洗涤液	为蛋白质的良好溶剂，可洗涤盛放蛋白质及血样的容器
5%～10%EDTA-Na_2 溶液	加热煮沸可去洗玻璃仪器内壁的白色沉淀物
有机溶剂	丙酮、乙醇、乙醚等可脱油脂、脂溶性染料等痕迹；二甲苯可洗油漆的污垢
30%硝酸溶液	洗涤微量滴管及 CO_2 测定仪器
乙醇与浓硝酸的混合液	适用于洗涤油脂或沾污的酸式滴定管。滴定管中加 3 mL 乙醇，然后沿管壁慢慢加入 4 mL 浓硝酸，盖住管口，保留一段时间，利用所产生的氮氧化物洗净滴定管
强碱性洗涤液	氢氧化钾的乙醇溶液和含高锰酸钾的氢氧化钠溶液，可清除容器内壁的污垢，但对玻璃仪器的腐蚀性较强，使用时时间不宜过长
浓盐酸	可除去容器上的水垢或无机盐沉淀

附表 11　常见试剂的英文名称及相关物理性质

溶剂	英文名称	相对分子质量	熔点/℃	沸点/℃	密度(20℃/4℃)/(g·cm⁻³)	折射率(20℃)	黏度(25℃)/(10⁻³Pa·s)
乙酸	acetic acid	60.05	17.66	118.1	1.0493	1.3719	1.314(15℃)
丙酮	acetone	58.08	−94.7	56.12	0.7906	1.3590	0.316
丙醚	n-propyl ether	102.17	−122	90.5	0.7360	1.3809	0.42
乙腈	acetonitrile	41.05	−43.835	81.60	0.7822	1.3441	0.325(30℃)
苯甲醚	anisole	108.13	−37.3	153.75	0.9954	1.5179	1.20(20℃)
苯	benzene	78.11	5.533	80.10	0.8737(25℃/4℃)	1.5011	0.601
溴苯	bromobenzene	157.02	−30.6	156.06	1.4950	1.5597	1.13(20℃)
二硫化碳	carbon disulfide	76.14	−111.57	46.225	1.248(30℃/4℃)	1.6241(25℃)	0.363(20℃)
四氯化碳	carbon tetrachloride	153.82	−22.95	76.75	1.5947	1.4604	0.965(20℃)
氯苯	chlorobenzene	112.56	−45.58	131.687	1.1063	1.5246	0.799
氯仿	chloroform	119.38	−63.55	61.152	1.4890	1.4467	0.563(20℃)
环己烷	cyclohexane	84.16	6.541	80.719	0.7785	1.4262	0.888
丁醚	dibutyl ether	130.22	−95.37	142.4	0.7704	1.3993	0.741(15℃)
丁酸	butyric acid	88.11	−5.2	163.27	0.9582	1.3980	1.814(15℃)
邻二氯苯	o-dichlorobenzene	147.00	−17.01	180.48	1.3059	1.5515	1.324
1,2-二氯乙烷	1,2-dichloroethane	98.96	−35.4	83.483	1.2569	1.4449	0.840
1,1-二氯乙烷	1,1-dichloroethane	98.96	−97.6	57.28	1.175	1.4166	0.4983
二氯甲烷	dichloromethane	84.93	−95.14	39.75	1.326	1.4244	0.425(20℃)
二乙胺	diethylamine	73.14	−49.0	55.5	0.7074	1.3864	0.3878(10.2℃)
乙醚	diethyl ether	74.12	−116.3	34.6	0.7143	1.3527	0.2230
乙醇	ethanol	46.07	−114.5	78.32	0.7893	1.3614	1.17
1,2-二甲氧基乙烷	1,2-dimethoxyethane	90.12	−69.0	82~83	0.863	1.3796	1.1
N,N-二甲基乙酰胺	N,N-dimethylacetamide	87.12	−20.0	166.1	0.937(25℃/4℃)	1.4384	0.92(25℃)
N,N-二甲基甲酰胺	N,N-dimethylformamide	73.10	−60.43	153.0	0.944(25℃/4℃)	1.4282(25℃)	0.802
二甲基亚砜	dimethyl sulfoxide	78.13	18.54	189.0	1.0958(25℃/4℃)	1.4773(25℃)	1.996
1,4-二氧六环	1,4-dioxane	88.11	11.8	101.3	1.034	1.4229	1.37
乙酸乙酯	ethyl acetate	88.07	−83.8	77.11	0.9006	1.3724	0.449(20℃)
乙醇胺	ethanolamine	61.08	10.53	170.3	1.109	1.4539	30.855(15℃)
乙二胺	ethylene diamine	60.11	10.65	117.26	0.8995(20℃/20℃)	1.4568	1.54
乙二醇	ethyleneglycol	62.07	−12.6	197.85	1.1135	1.4318	25.66(16℃)
苯甲酸乙酯	ethyl benzoate	150.17	−34.6	213.2	1.0509(15℃/4℃)	1.5068(17.3℃)	1.956
甲酰胺	formamide	45.04	2.55	210.5	1.1334	1.4475	3.302
正己烷	n-hexane	86.17	−95.3	68.7	0.659	1.3723(25℃)	0.307

续表

溶剂	英文名称	相对分子质量	熔点/℃	沸点/℃	密度(20℃/4℃)/(g·cm⁻³)	折射率(20℃)	黏度(25℃)/(10⁻³Pa·s)
六甲基磷酰三胺	hexamethylphosphoramide	179.20	7.20	233.0	1.0253	1.4582	
异丙醇	isopropyl alcohol	60.09	−89.5	82.40	0.7863	1.3775	2.431
异丙醚	isopropyl ether	102.17	−85.89	68.47	0.7257	1.3682	0.329
异戊醇	isoamyl alcohol	88.15	−117.2	130.8	0.8094	1.4070	4.2
甲醇	methanol	32.04	−97.49	64.51	0.7913	1.3286	0.5945
2-甲基-2-丙醇	2-methyl-2-propanol	74.12	25.7	82.42	0.786	1.3877	3.35(30℃)
硝基苯	nitrobenzene	123.11	5.76	210.8	1.2037	1.5529	1.98
硝基甲烷	nitromethane	61.04	−28.5	101.2	1.139	1.3817	0.66
吡啶	pyridine	79.10	−41.6	115.3	0.9831	1.5102	0.952(20℃)
正丁醇	n-butyl alcohol	74.12	−89.8	117.7	0.8097(20℃/20℃)	1.3992	2.95(20℃)
叔丁醇	tert-butyl alcohol	74.12	25.55	82.5	0.7867	1.3838	3.35(30℃)
四氢呋喃	tetrahydrofuran	72.11	−108.5	66.0	0.8892	1.4072	0.55
甲苯	toluene	92.14	−94.99	110.63	0.8669	1.4969	0.587
三氯乙烯	trichloroethylene	131.39	−86.4	87.19	1.4649	1.4782	0.58
三乙醇胺	triethanolamine	149.19	21.2	360.0	1.1242	1.4852	280.0(35℃)
三氟乙酸	trifluoroacetic acid	114.02	−15.2	72.4	1.54	1.2850	0.926
三乙胺	triethylamine	101.19	−114.8	89.5	0.7275	1.3978(25℃)	0.394(15℃)
2,2,2-三氟乙醇	2,2,2-trifluoroethanol	100.04	−44.6	73.6	1.3823(25℃/4℃)	1.2907	
水	water	18.04	0	100.0	0.998	1.3330	0.894
邻二甲苯	o-xylene	106.17	−25.18	144.4	0.8760(25℃/4℃)	1.5054	0.754(25℃)
甲酸	formic acid	46.03	8.27	100.56	1.2141(25℃/4℃)	1.3714	1.966(25℃)
甲乙酮	methyl ethyl ketone	72.10	−85.9	79.6	0.805	1.3814(15℃)	0.448
正丙醇	n-propanol	60.09	−126.2	97.1	0.804	1.3856	2.26
甘油	glycerine	92.09	18.18	290.9	1.263(20℃/20℃)	1.4746	1412